Python

爬虫超详细实战攻略

微课视频版

夏敏捷◎著

Xia Minjie

清華大學出版社

北京

内容简介

本书以 Python 3.6 为编程环境，从基本的程序设计思想入手，逐步展开 Python 语言爬虫功能，是一本面向广大爬虫学习爱好者的程序设计类图书。本书以案例带动知识点的讲解，将爬虫知识点分解到各个不同的案例，每个案例各有侧重点，同时展示实际项目的设计思想和设计理念，使读者可以举一反三。

本书案例包括校园网搜索引擎、小小翻译器、抓取百度图片、开发微信机器人、selenium 操作浏览器实现模拟登录、微博采集爬虫和 Scrapy 框架爬虫等。这些案例让读者对爬虫学习充满兴趣，在项目案例开发过程中不知不觉掌握这些实用的技术。通过本书，读者将学会 Python 编程技术、爬虫设计技术以及相关内容。本书不仅为读者列出了完整的代码，同时对所有的源代码进行了非常详细的解释，做到了通俗易懂、图文并茂。

本书适用于 Python 语言学习者、网络爬虫技术编程爱好者以及数据分析从业人员。

图书在版编目(CIP)数据

Python 爬虫超详细实战攻略：微课视频版/夏敏捷著. —北京：清华大学出版社，2021.1(2024.2重印)
(清华开发者书库. Python)
ISBN 978-7-302-53875-2

Ⅰ. ①零… Ⅱ. ①夏… Ⅲ. ①软件工具－程序设计 Ⅳ. ①TP311.561

中国版本图书馆 CIP 数据核字(2019)第 212922 号

策划编辑：魏江江
责任编辑：王冰飞
封面设计：刘　键
责任校对：白　蕾
责任印制：丛怀宇

出版发行：清华大学出版社
网　　址：https://www.tup.com.cn，https://www.wqxuetang.com
地　　址：北京清华大学学研大厦 A 座　　**邮　　编**：100084
社 总 机：010-83470000　　**邮　　购**：010-62786544
投稿与读者服务：010-62776969，c-service@tup.tsinghua.edu.cn
质量反馈：010-62772015，zhiliang@tup.tsinghua.edu.cn
课件下载：https://www.tup.com.cn，010-83470236
印 装 者：三河市铭诚印务有限公司
经　　销：全国新华书店
开　　本：185mm×260mm　　**印　　张**：22.25　　**字　　数**：539 千字
版　　次：2021 年 3 月第 1 版　　**印　　次**：2024 年 2 月第 4 次印刷
印　　数：4501～5300
定　　价：89.00 元

产品编号：083404-01

前言

自从20世纪80年代末Python语言诞生至今,它已被广泛应用于处理系统管理任务和科学计算等领域,是颇受欢迎的程序设计语言。因为Python的语法简洁易读,让众多编程入门者不再望而却步,所以各行各业的技术人员都开始将其用于Web开发、爬虫、数据清洗、自然语言处理、机器学习和人工智能等方面。其中,网络爬虫所需的获取、存储、整理等流程都可以使用Python系统地实现,相信读者一定会把Python语言作为实现爬虫的主要技术。

本书适合Python零基础的读者开发爬虫项目,全书共13章内容。第1章是Python基础入门,主要讲解Python的基础语法和面向对象编程基础、图形界面设计、文件使用、Python的第三方库等知识,读者可以轻松掌握Python基础知识。已经学过Python的读者可以直接从第2章开始学习。第2章和第3章是爬虫技术所必备的HTML基础知识和网络通信基础知识。从第4章开始是实用爬虫项目案例开发,综合应用前面的基础技术,并且每章都有新的爬虫技术,如侧重API获取数据的"小小翻译器"、应用动态网页爬虫技术开发的案例"抓取百度图片""爬取今日头条新闻"、应用中文分词技术的"校园网搜索引擎"、应用Selenium操作浏览器的"模拟登录豆瓣网站"等案例。另外,第12章还介绍了Scrapy框架爬虫,可以轻松实现强大的爬虫功能。

本书具有以下特点:

(1) Python爬虫设计涉及的范围非常广泛,本书内容编排并不求全、求深,而是考虑零基础读者的接受能力,对Python语言语法介绍以够用、实用和应用为原则,选择Python中必备、实用的知识进行讲解。

(2) 选取的爬虫案例贴近生活,有助于提高学习兴趣。

(3) 每个爬虫案例均提供详细的设计思路、关键技术分析及具体的解决方案。

本书配套资源丰富,包括教学大纲、教学课件、电子教案、程序源码、教学进度表;本书还配有650分钟的微课视频。

资源下载提示

课件等资源：扫描封底的“课件下载”二维码，在公众号“书圈”下载。

素材（源码）等资源：扫描目录上方的二维码下载。

视频等资源：扫描封底刮刮卡中的二维码，再扫描书中相应章节中的二维码，可以在线学习。

本书由夏敏捷（中原工学院）主持编写，尚展垒（郑州轻工业大学）编写第7章，刘济宗（中原工学院）编写第10章和第11章，高艳霞（中原工学院）编写第12章，其余章节由夏敏捷编写。在本书的编写过程中，为确保内容的正确性，参阅了很多资料，并且得到了资深Python程序员的支持，张锦歌、张慎武参与了本书的校对和修订工作，在此谨向他们表示衷心的感谢。

由于作者水平有限，书中难免疏漏和不足之处，敬请广大读者批评指正。

夏敏捷

2020年7月

Python
目录

源码下载

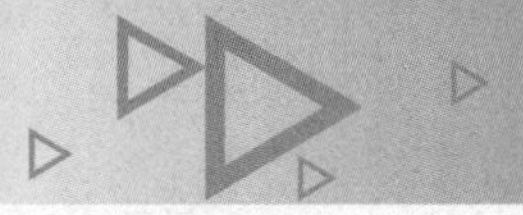

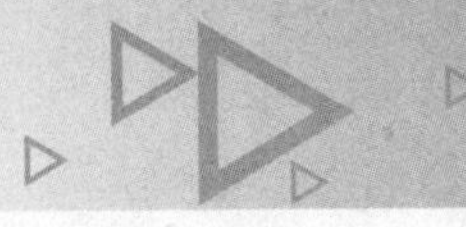

第 1 章

Python 基础知识

Python 是一门跨平台、开源、免费的解释型高级动态编程语言，更适合初学编程者。它可以让初学者把精力集中在编程对象和思维方法上，而不用担心语法、类型等其他因素。Python 易于学习，拥有大量的库，可以高效地开发各种应用程序。

1.1 Python 语言简介

视频讲解

Python 的创始人是荷兰人吉多·范罗苏姆(Guido van Rossum)。Python 被广泛应用于处理系统管理任务和科学计算等领域，是最受欢迎的程序设计语言之一。2011 年 1 月，它被 TIOBE 编程语言排行榜评为 2010 年度语言。自从 2004 年以后，Python 的使用率呈线性增长，在 TIOBE 最近公布的 2019 年编程语言指数排行榜中，Python 排名跃居第三位(前两位是 Java、C)。根据 IEEE Spectrum 发布的研究报告显示，Python 已经成为世界上最受欢迎的语言之一。

Python 支持命令式编程、函数式编程，完全支持面向对象程序设计，语法简洁清晰，并且拥有大量的几乎支持所有领域应用开发的成熟扩展库。

视频讲解

Python 提供了非常完善的基础代码库，覆盖了网络、文件、GUI、数据库、文本等大量内容。用 Python 编写程序，许多功能不必从零编写，直接使用现成的库即可。除了内置的库外，Python 还拥有大量的第三方库，也就是别人开发的，供用户直接使用的。当然，如果用户开发的代码通过很好的封装，也可以作为第三方库给别人使用。Python 就像胶水一样，可以把多种不同语言编写的程序融合到一起，实现无缝拼接，更好地发挥不同语言和工具的优势，从而满足不同应用领域的需求。所以，Python 程序看上去简单易懂，初学者学习 Python 不但容易入门，而且一旦深入进去，就可以编写非常复杂的程序，解决非常复杂的问题。

Python 也支持伪编译，将 Python 源程序转换为字节码来优化程序和提高运行速度，可

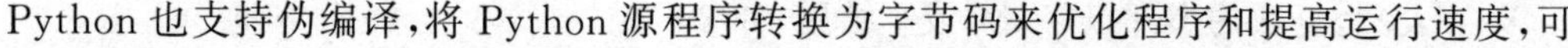

以在没有安装 Python 解释器和相关依赖包的平台上运行。

Python 语言的应用领域主要有如下几个方面。

(1) Web 开发。Python 语言支持网站开发，比较流行的开发框架有 web2py、Django 等。许多大型网站就是用 Python 开发的，如 YouTube、Instagram 等。很多大公司，如 Google 等，甚至 NASA（美国航空航天局）都大量地使用 Python。

(2) 网络编程。Python 语言提供了 Socket 模块，对 Socket 接口进行了两次封装，支持 Socket 接口的访问；还提供了 Urllib、Httplib、Scrapy 等大量模块，用于对网页内容进行读取和处理，并结合多线程编程及其他有关模块，可以快速开发网页爬虫之类的应用程序，可以使用 Python 语言编写 CGI 程序，也可以把 Python 程序嵌入网页中运行。

(3) 科学计算与数据可视化。Python 中用于科学计算与数据可视化的模块很多，如 NumPy、SciPy、Matplotlib、Traits、TVTK、Mayavi、VPython、OpenCV 等，涉及的应用领域包括数值计算、符号计算、二维图表、三维数据可视化、三维动画演示、图像处理及界面设计等。

(4) 数据库应用。Python 数据库模块有很多，例如，可以通过内置的 sqlite3 模块访问 SQLite 数据库；使用 pywin32 模块访问 Access 数据库；使用 pymysql 模块访问 MySQL 数据库；使用 pywin32 和 pymssql 模块访问 SQL Server 数据库。

(5) 多媒体开发。PyMedia 模块可以对 WAV、MP3、AVI 等多媒体格式文件进行编码、解码和播放；PyOpenGL 模块封装了 OpenGL 应用程序编程接口，通过该模块可在 Python 程序中集成二维或三维图形；Python 图形库（Python Imaging Library，PIL）为 Python 提供了强大的图像处理功能，并提供广泛的图像文件格式支持。

(6) 电子游戏应用。Pygame 就是用来开发电子游戏软件的 Python 模块。使用 Pygame 模块，可以在 Python 程序中创建功能丰富的游戏和多媒体程序。

Python 拥有大量的第三方库，需要什么应用就能找到什么 Python 库。

1.2 Python 语法基础

视频讲解

1.2.1 Python 数据类型

计算机程序理所当然地可以处理各种数值。计算机能处理的远不止数值，还可以处理文本、图形、音频、视频、网页等各种各样的数据，不同的数据需要定义不同的数据类型。

1. 数值类型

Python 数值类型用于存储数值。Python 支持以下数值类型。

- 整型(int)：通常被称为整型或整数，是正或负整数，不带小数点。在 Python 3 中，只有一种整数类型——int，没有 Python 2 中的 Long。
- 浮点型(float)：浮点型由整数部分与小数部分组成，浮点型也可以使用科学计数法表示（2.78e2 就是 $2.78\times10^2=278$）。
- 复数(complex)：复数由实数部分和虚数部分构成，可以用 a+bj 或者 complex(a,b) 表示，复数的虚部以字母 j 或 J 结尾，如 2+3j。

数据类型是不允许改变的，这就意味着如果改变数值数据类型的值，将重新分配内存空间。

2. 字符串

字符串是 Python 中最常用的数据类型。可以使用引号来创建字符串。Python 不支持字符类型，单字符在 Python 中也是作为一个字符串使用。Python 中使用单引号和双引号来表示字符串功能是一样的。

3. 布尔类型

Python 支持布尔类型的数据，布尔类型只有 True 和 False 两个值，但是布尔类型有以下几种运算。

(1) and(与)运算：只有两个布尔值都为 True 时，计算结果才为 True。

```
True and True      #结果是 True
True and False     #结果是 False
False and True     #结果是 False
False and False    #结果是 False
```

(2) or(或)运算：只要有一个布尔值为 True，计算结果就是 True。

```
True or True      #结果是 True
True or False     #结果是 True
False or True     #结果是 True
False or False    #结果是 False
```

(3) not(非)运算：把 True 变为 False，或者把 False 变为 True。

```
not True      #结果是 False
not False     #结果是 True
```

布尔运算在计算机中用来进行条件判断，根据计算结果为 True 或者 False，计算机可以自动执行不同的后续代码。

在 Python 中，布尔类型还可以与其他数据类型进行 and、or 和 not 运算，这时下面的几种情况会被认为是 False：为 0 的数字，包括 0、0.0；空字符串''、""；表示空值的 None；空集合，包括空元组()、空序列[]、空字典{}；其他的值都为 True。例如：

```
a = 'python'
print (a and True)      #结果是 True
b = ''
print (b or False)      #结果是 False
```

4. 空值

空值是 Python 中的一个特殊的值，用 None 表示。它不支持任何运算，也没有任何内置函数方法。None 和任何其他的数据类型比较永远返回 False。在 Python 中未指定返回

值的函数会自动返回 None。

1.2.2 序列数据结构

数据结构是计算机存储、组织数据的方式。序列是 Python 中最基本的数据结构。序列中的每个元素都被分配一个数字，即它的位置或索引，第一个索引是 0，第二个索引是 1，以此类推。序列可以进行的操作包括索引、截取（切片）、加、乘、成员检查。此外，Python 已经内置确定序列的长度，以及确定最大和最小元素的方法。Python 内置序列类型最常见的是列表、元组和字符串。另外，Python 提供了字典和集合这样的数据结构，它们属于无顺序的数据集合体，不能通过位置索引来访问数据元素。

视频讲解

1. 列表

列表（list）是最常用的 Python 数据类型，列表的数据项不需要具有相同的类型。列表类似于其他编程语言中的数组，但功能比数组强大得多。

创建一个列表，只要把逗号分隔的不同的数据项用方括号括起来即可。实例如下：

```
list1 = ['中国','美国', 1997, 2000]
list2 = [1, 2, 3, 4, 5 ]
list3 = ["a", "b", "c", "d"]
```

列表索引从 0 开始。列表可以进行截取（切片）、组合等。

1）访问列表中的值

使用下标索引来访问列表中的值，同样可以使用方括号的形式截取字符，实例如下：

```
list1 = ['中国','美国', 1997, 2000]
list2 = [1, 2, 3, 4, 5, 6, 7 ]
print ("list1[0]: ", list1[0] )
print ("list2[1:5]: ", list2[1:5] )
```

以上实例的输出结果如下：

```
list1[0]: 中国
list2[1:5]: [2, 3, 4, 5]
```

2）更新列表

可以对列表中的数据项进行修改或更新，实例如下：

```
list = ['中国','chemistry', 1997, 2000]
print ( "Value available at index 2 : ")
print (list[2] )
list[2] = 2001
print ( "New value available at index 2 : ")
print (list[2] )
```

以上实例的输出结果如下：

```
Value available at index 2 :
1997
New value available at index 2 :
2001
```

3）删除列表元素

方法一：使用 del 语句删除列表中的元素，实例如下：

```
list1 = ['中国','美国', 1997, 2000]
print (list1)
del list1[2]
print ("After deleting value at index 2 : ")
print (list1)
```

以上实例的输出结果如下：

```
['中国','美国', 1997, 2000]
After deleting value at index 2 :
['中国','美国', 2000]
```

方法二：使用 remove()方法删除列表中的元素，实例如下：

```
list1 = ['中国','美国', 1997, 2000]
list1.remove(1997)
list1.remove('美国')
print (list1)
```

以上实例的输出结果如下：

```
['中国', 2000]
```

方法三：使用 pop()方法删除列表中指定位置的元素，无参数时删除最后一个元素，实例如下：

```
list1 = ['中国','美国', 1997, 2000]
list1.pop(2)      # 删除位置 2 的元素 1997
list1.pop()       # 删除最后一个元素 2000
print (list1)
```

以上实例的输出结果如下：

```
['中国','美国']
```

4）添加列表元素

可以使用 append()方法在列表末尾添加元素，实例如下：

```
list1 = ['中国','美国', 1997, 2000]
list1.append(2003)
print (list1)
```

以上实例的输出结果如下：

```
['中国','美国', 1997, 2000, 2003]
```

5）定义多维列表

可以将多维列表视为列表的嵌套，即多维列表的元素值也是一个列表，只是维度比父列表小1维。二维列表(即其他编程语言的二维数组)的元素值是一维列表，三维列表的元素值是二维列表。例如，定义1个二维列表：

```
list2 = [["CPU", "内存"], ["硬盘","声卡"]]
```

二维列表比一维列表多一个索引，可以利用如下方法获取元素：

```
列表名[索引 1][索引 2]
```

例如，定义3行6列的二维列表，打印出元素值。

```
rows = 3
cols = 6
matrix = [[0 for col in range(cols)] for row in range(rows)]   #列表生成式生成二维列表
for i in range(rows):
    for j in range(cols):
        matrix[i][j] = i * 3 + j
        print (matrix[i][j],end = ",")
    print ('\n')
```

以上实例的输出结果如下：

```
0,1,2,3,4,5,
3,4,5,6,7,8,
6,7,8,9,10,11,
```

列表生成式(List Comprehensions)是Python内置的一种极其强大的生成list列表的表达式。如果要生成一个list [1 , 2 , 3 , 4 , 5 , 6 , 7 , 8 , 9]，可以用range(1 , 10)：

```
>>> L = list(range(1, 10))          #L是[1, 2, 3, 4, 5, 6, 7, 8, 9]
```

如果要生成[1×1,2×2,3×3,…,10×10]，可以使用循环：

```
>>> L = []
>>> for x in range(1 , 10):
        L.append(x * x)
>>> L
[1, 4, 9, 16, 25, 36, 49, 64, 81]
```

而列表生成式，可以用以下语句代替上述烦琐循环来完成：

```
>>> [x * x for x in range(1 , 11)]
[1, 4, 9, 16, 25, 36, 49, 64, 81, 100]
```

列表生成式的书写格式如下：把要生成的元素 x * x 放到前面，后面跟上 for 循环。这样就可以把 list 创建出来。for 循环后面还可以加上 if 判断，例如，筛选出偶数的平方值：

```
>>> [x * x for x in range(1 , 11) if x % 2 == 0]
[4, 16, 36, 64, 100]
```

再如，把一个 list 列表中所有的字符串变成小写形式：

```
>>> L = ['Hello', 'World', 'IBM', 'Apple']
>>> [s.lower() for s in L]
['hello', 'world', 'ibm', 'apple']
```

当然，列表生成式也可以使用两层循环，例如，生成'ABC'和'XYZ'中字母的全部组合：

```
>>> print ( [m + n for m in 'ABC' for n in 'XYZ'] )
['AX', 'AY', 'AZ', 'BX', 'BY', 'BZ', 'CX', 'CY', 'CZ']
```

for 循环其实可以同时使用两个甚至多个变量，例如，字典(Dict)的 items()可以同时迭代 key 和 value：

```
>>> d = {'x': 'A', 'y': 'B', 'z': 'C' } #字典
>>> for k, v in d.items():
        print(k, '键 = ', v, endl = ';')
```

程序运行结果如下：

```
y 键 = B; x 键 = A; z 键 = C;
```

因此，列表生成式也可以使用两个变量来生成 list 列表：

```
>>> d = {'x': 'A', 'y': 'B', 'z': 'C' }
>>> [k + '=' + v for k, v in d.items()]
['y=B', 'x=A', 'z=C']
```

视频讲解

2. 元组

Python 的元组(tuple)与列表类似，不同之处在于元组的元素不能修改。元组使用小括号()，列表使用中括号[]。元组中的元素类型也可以不相同。

1）创建元组

创建元组很简单，只需要在括号中添加元素，并使用逗号隔开即可。实例如下：

```
tup1 = ('中国', '美国', 1997, 2000)
tup2 = (1, 2, 3, 4, 5 )
tup3 = "a", "b", "c", "d"
```

如果创建空元组，只需写一个空括号即可。

```
tup1 = ()
```

当元组中只包含一个元素时，需要在第一个元素后面添加逗号。

```
tup1 = (50,)
```

元组与字符串类似，下标从 0 开始，可以进行截取、组合等。

2）访问元组

元组可以使用下标来访问元组中的值，实例如下：

```
tup1 = ('中国', '美国', 1997, 2000)
tup2 = (1, 2, 3, 4, 5, 6, 7 )
print ("tup1[0]: ", tup1[0])            #输出元组的第一个元素
print ("tup2[1:5]: ", tup2[1:5])        #切片,输出从第二个元素开始到第五个元素
print (tup2[2:])                        #切片,输出从第三个元素开始的所有元素
print (tup2 * 2)                        #输出元组两次
```

以上实例的输出结果如下：

```
tup1[0]: 中国
tup2[1:5]: (2, 3, 4, 5)
(3, 4, 5, 6, 7)
(1, 2, 3, 4, 5, 6, 7, 1, 2, 3, 4, 5, 6, 7)
```

3）元组连接

元组中的元素值是不允许被修改的，但可以对元组进行连接组合，实例如下：

```
tup1 = (12, 34,56)
tup2 = (78, 90)
#tup1[0] = 100                #修改元组元素操作是非法的
tup3 = tup1 + tup2            #连接元组,创建一个新的元组
print (tup3)
```

以上实例的输出结果如下：

```
(12, 34,56, 78, 90)
```

4）删除元组

元组中的元素值是不允许被删除的，但可以使用 del 语句来删除整个元组，实例如下：

```
tup = ('中国', '美国', 1997, 2000);
print (tup)
del tup
print ("After deleting tup : ")
print(tup)
```

以上实例元组被删除后，输出变量会有异常信息，输出如下：

```
('中国', '美国', 1997, 2000)
After deleting tup :
NameError: name 'tup' is not defined
```

5）元组与列表转换

因为元组数不能改变，所以，可以将元组转换为列表从而可以改变数据。列表、元组和字符串之间可以互相转换，需要使用 3 个函数——str()、tuple()和 list()。

可以使用如下方法将元组转换为列表：

```
列表对象 = list(元组对象)
tup = (1, 2, 3, 4, 5)
list1 =  list(tup)                 #元组转换为列表
print (list1)                      #返回[1, 2, 3, 4, 5]
```

可以使用如下方法将列表转换为元组：

```
元组对象 =  tuple (列表对象)
nums = [1, 3, 5, 7, 8, 13, 20]
print (tuple(nums))                #列表转换为元组,返回(1, 3, 5, 7, 8, 13, 20)
```

将列表转换成字符串如下：

```
nums = [1, 3, 5, 7, 8, 13, 20]
str1 =  str(nums)           #列表转换为字符串,返回含中括号及逗号的'[1, 3, 5, 7, 8, 13, 20]'字符串
print (str1[2])             #打印出逗号,因为字符串中索引号 2 的元素是逗号
num2 = ['中国', '美国', '日本', '加拿大']
str2 =  "%"
str2 =  str2.join(num2)    #用百分号连接起来的字符串——'中国%美国%日本%加拿大'
str2 =  ""
str2 =  str2.join(num2)    #用空字符连接起来的字符串——'中国美国日本加拿大'
```

3. 字典

视频讲解

Python 字典(dict)是一种可变容器模型，且可存储任意类型对象，如字符串、数字、元组等其他容器模型。字典也被称作关联数组或哈希表。

1）创建字典

字典由键和对应值(key=> value)成对组成。字典的每个键/值对中键和值用冒号分隔，键/值对之间用逗号分隔，整个字典包括在花括号中。基本语法如下：

```
d = {key1 : value1, key2 : value2 }
```

注意

键必须是唯一的，但值则不必。值可以取任何数据类型，但键必须是不可变的，如字符串、数字或元组。

一个简单的字典实例如下：

```
dict = {'xmj' : 40 , 'zhang' : 91 , 'wang' : 80}
```

也可用如下方法创建字典：

```
dict1 = { 'abc': 456 }
dict2 = { 'abc': 123, 98.6: 37 }
```

字典有如下特性。

(1) 字典值可以是任何 Python 对象，如字符串、数字、元组等。

(2) 不允许同一个键出现两次。创建时如果同一个键被赋值两次，后一个值会覆盖前面的值。

```
dict = {'Name': 'xmj', 'Age': 17, 'Name': 'Manni'}
print ("dict['Name']: ", dict['Name'])
```

以上实例输出结果：

```
dict['Name']: Manni
```

(3) 键必须不可变，可以用数字、字符串或元组充当，用列表就不行，实例如下：

```
dict = {['Name']: 'Zara', 'Age': 7}
```

以上实例输出错误结果：

```
Traceback (most recent call last):
  File "<pyshell#0>", line 1, in <module>
    dict = {['Name']: 'Zara', 'Age': 7}
TypeError: unhashable type: 'list'
```

2) 访问字典中的值

访问字典中的值时把相应的键放入中括号中，实例如下：

```
dict = {'Name': '王海', 'Age': 17, 'Class': '计算机一班'}
print ("dict['Name']: ", dict['Name'])
print ("dict['Age']: ", dict['Age'])
```

以上实例的输出结果如下：

```
dict['Name']: 王海
dict['Age']: 17
```

如果用字典中没有的键访问数据，会输出错误信息：

```
dict = {'Name': '王海', 'Age': 17, 'Class': '计算机一班'}
print ("dict['sex']: ", dict['sex'] )
```

由于没有 sex 键，以上实例将输出错误结果：

```
Traceback (most recent call last):
  File "<pyshell#10>", line 1, in <module>
    print ("dict['sex']: ", dict['sex'] )
KeyError: 'sex''
```

3）修改字典

向字典添加新内容的方法是增加新的键/值对，修改或删除已有键/值对，实例如下：

```
dict = {'Name': '王海', 'Age': 17, 'Class': '计算机一班'}
dict['Age'] = 18                            #更新键/值对(update existing entry)
dict['School'] = "中原工学院"               #增加新的键/值对(add new entry)
print ("dict['Age']: ", dict['Age'] )
print ( "dict['School']: ", dict['School'])
```

以上实例的输出结果如下：

```
dict['Age']: 18
dict['School']: 中原工学院
```

4）删除字典元素

del( )方法允许使用键从字典中删除元素(条目)。clear( )方法可以清空字典中的所有元素。

显示删除一个字典用 del 命令，实例如下：

```
dict = {'Name': '王海', 'Age': 17, 'Class': '计算机一班'}
del dict['Name']                #删除键是'Name'的元素(条目)
dict.clear()                    #清空词典所有元素
del dict                        #删除词典,用 del 后字典不再存在
```

5）in 运算

字典中的 in 运算用于判断某键是否在字典中，对于 value 值不适用，其功能与 has_key(key) 方法相似。

```
dict = {'Name': '王海', 'Age': 17, 'Class': '计算机一班'}
print ('Age' in dict )           #等价于 print (dict.has_key('Age') )
```

以上实例的输出结果如下：

```
True
```

6）获取字典中的所有值

dict1. values( )以列表返回字典中的所有值。

```
dict = {'Name': '王海', 'Age': 17, 'Class': '计算机一班'}
print (dict.values ())
```

以上实例的输出结果如下：

```
[17, '王海', '计算机一班']
```

7）items()方法

items()方法把字典中每对 key 和 value 组成一个元组，并把这些元组放在列表中返回。

```
dict = {'Name': '王海', 'Age': 17, 'Class': '计算机一班'}
for key,value in dict.items():
    print( key,value)
```

以上实例的输出结果如下：

```
Name 王海
Class 计算机一班
Age 17
```

注意

字典打印出来的顺序与创建之初的顺序不同，这不是错误。字典中各个元素并没有顺序之分（因为不需要通过位置查找元素），所以，存储元素时进行了优化，使字典的存储和查询效率最高。这也是字典和列表的另一个区别：列表保持元素的相对关系，即序列关系；而字典是完全无序的，也称为非序列。如果想保持一个集合中元素的顺序，需要使用列表，而不是字典。

4. 集合

集合（set）是一个无序不重复元素的序列。集合的基本功能是进行成员关系测试和删除重复元素。

1）创建集合

可以使用大括号{}或者 set()函数创建集合。

注意

注意：创建一个空集合必须用 set() 而不是 { }，因为 { } 是用来创建一个空字典的。

```
student = {'Tom', 'Jim', 'Mary', 'Tom', 'Jack', 'Rose'}
print(student)   #输出集合，重复的元素被自动去掉
```

以上实例的输出结果如下：

```
{'Jack', 'Rose', 'Mary', 'Jim', 'Tom'}
```

2）成员测试

```
if('Rose' in student) :
    print('Rose 在集合中')
else :
    print('Rose 不在集合中')
```

以上实例的输出结果如下：

```
Rose 在集合中
```

3）集合运算

可以使用“－”“|”“&”运算符进行集合的差集、并集、交集运算。

```
#set 可以进行集合运算
a = set('abcd')
b = set('cdef')
print(a)
print("a 和 b 的差集：", a - b)        #a 和 b 的差集
print("a 和 b 的并集：", a | b)        #a 和 b 的并集
print("a 和 b 的交集：", a & b)        #a 和 b 的交集
print("a 和 b 中不同时存在的元素：", a ^ b)    #a 和 b 中不同时存在的元素
```

以上实例的输出结果如下：

```
{'a', 'c', 'd', 'b'}
a 和 b 的差集：{'a', 'b'}
a 和 b 的并集：{'b', 'a', 'f', 'd', 'c', 'e'}
a 和 b 的交集：{'c', 'd'}
a 和 b 中不同时存在的元素：{'a', 'e', 'f', 'b'}
```

1.2.3 Python 控制语句

对于 Python 程序中的执行语句，默认时是按照书写顺序依次执行的，大家称这样的语句为顺序结构。但是，仅有顺序结构还是不够的，因为有时需要根据特定的情况，有选择地执行某些语句，这时就需要一种选择结构的语句。有时还可以在给定条件下往复执行某些语句，这时称这些语句为循环结构。这 3 种基本的结构存在，就能够构建任意复杂的程序了。

1. 选择结构

视频讲解

选择结构，可用 if 语句、if…else 语句和 if…elif…else 语句实现。

if 语句是一种单选结构，它选择的是做与不做。if 语句的语法形式如下：

```
if 表达式：
    语句 1
```

if 语句的流程如图 1-1 所示。

if…else 语句是一种双选结构，在两种备选行动中选择哪一个的问题。if…else 语句的

语法形式如下：

```
if 表达式:
    语句 1
else:
    语句 2
```

if…else 语句的流程如图 1-2 所示。

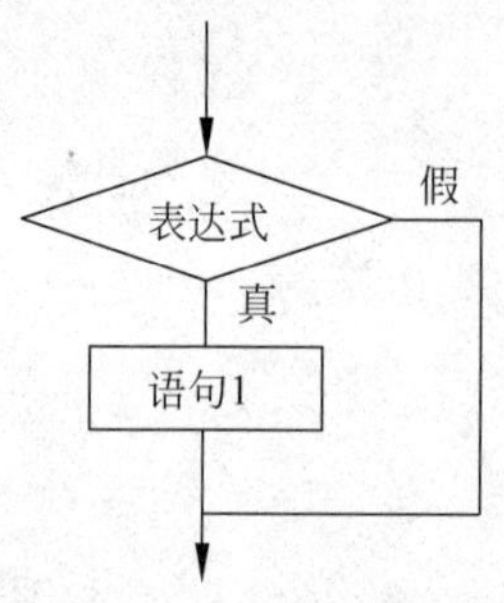

图 1-1 if 语句的流程图

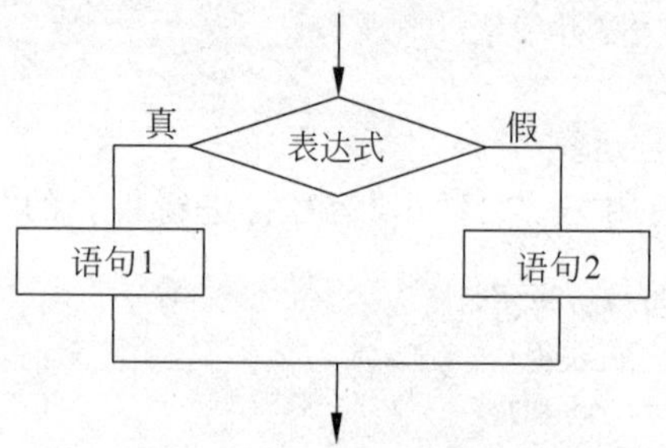

图 1-2 if…else 语句的流程图

【例 1-1】 输入一个年份，判断是否为闰年。闰年的年份必须满足以下两个条件之一：

(1) 能被 4 整除，但不能被 100 整除的年份都是闰年；

(2) 能被 400 整除的年份都是闰年。

分析：设变量 year 表示年份，判断 year 是否满足以下表达式。

条件(1)的逻辑表达式为：year%4 == 0&&year%100 ! = 0。

条件(2)的逻辑表达式为：year%400 == 0。

两者取“或”，即得到判断闰年的逻辑表达式如下：

```
(year % 4 == 0 and year % 100 != 0) or year % 400 == 0
```

程序代码如下：

```
year = int(input('输入年份:')) #输入 x,input( )获取的是字符串,所以需要转换成整型
if year % 4 == 0 and year % 100 != 0 or year % 400 == 0:  #注意运算符的优先级
    print(year, "是闰年")
else:
    print( year, "不是闰年")
```

判断闰年后，也可以输入某年某月某日，判断这一天是这一年的第几天。以 3 月 5 日为例，应该先把前两个月的天数加起来，然后加上 5 天即本年的第几天。特殊情况是闰年，在输入月份大于 3 时需考虑多加一天。

程序代码如下：

```
year = int(input('year:'))          #输入年
month = int(input('month:'))        #输入月
day = int(input('day:'))            #输入日
```

```
months = (0,31,59,90,120,151,181,212,243,273,304,334)
if 0 <= month <= 12:
    sum = months[month - 1]
else:
    print('月份输入错误')
sum += day
leap = 0
if (year % 400 == 0) or ((year % 4 == 0) and (year % 100 != 0)):
    leap = 1
if (leap == 1) and (month > 2):
    sum += 1
print('这一天是这一年的第 %d 天' % sum)
```

有时,需要在多组动作中选择一组执行,这时就会用到多选结构,对于 Python 语言来说就是 if…elif…else 语句。该语句的语法形式如下:

```
if 表达式 1:
    语句 1
elif 表达式 2:
    语句 2
    ……
elif 表达式 n:
    语句 n
else:
    语句 n+1
```

注意

最后一个 elif 子句之后的 else 子句没有进行条件判断,它实际上处理与前面所有条件都不匹配的情况,所以,else 子句必须放在最后。

if…elif…else 语句的流程如图 1-3 所示。

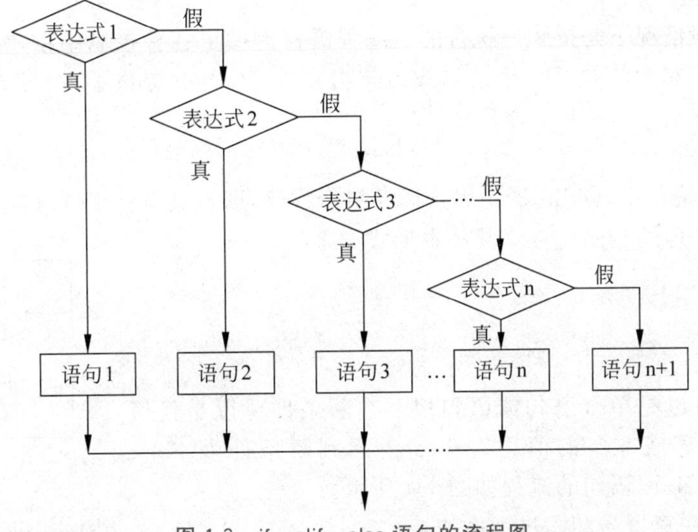

图 1-3 if…elif…else 语句的流程图

【例 1-2】 输入学生的成绩 score，按分数输出其等级：score≥90 为优，90>score≥80 为良，80>score≥70 为中，70>score≥60 为及格，score<60 为不及格。

```
score = int(input("请输入成绩"))        # int()转换字符串为整型
if score >= 90:
    print("优")
elif score >= 80:
    print("良")
elif score >= 70:
    print("中")
elif score >= 60:
    print("及格")
else :
    print("不及格")
```

三种选择语句中，条件表达式都是必不可少的组成部分。当条件表达式的值为零时，表示条件为假；当条件表达式的值为非零时，表示条件为真。那么哪些表达式可以作为条件表达式呢？最常用的是关系表达式和逻辑表达式，例如：

```
if a == x and b == y :
    print ("a = x, b = y")
```

除此之外，条件表达式可以是任何数值类型表达式，字符串也可以：

```
if 'a': # 'abc':也可以
    print ("a = x, b = y")
```

另外，C 语言是用大括号{}来区分语句体的，而 Python 的语句体是用缩进形式来表示的，如果缩进不正确，会导致逻辑错误。

视频讲解

2. 循环结构

程序在一般情况下是按顺序执行的。编程语言提供了各种控制结构，允许更复杂的执行路径。循环语句允许执行一个语句或语句组多次，Python 提供了 for 循环和 while 循环（在 Python 中没有 do…while 循环）。

1）while 语句

在 Python 编程中，while 语句用于循环执行程序，即在某条件下循环执行某段程序，以处理需要重复处理的相同任务。其基本形式如下：

```
while 判断条件:
    执行语句
```

执行语句可以是单个语句或语句块。判断条件可以是任何表达式，任何非零或非空的值均为 True。当判断条件为 False 时，循环结束。while 语句的流程如图 1-4 所示。

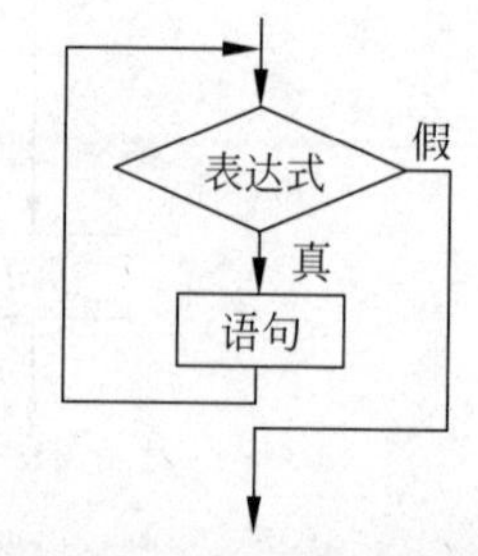

图 1-4 while 语句的流程图

同样，需要注意冒号和缩进。例如：

```
count = 0
while count < 5:
   print ('The count is:', count)
   count = count + 1
print ("Good bye!" )
```

2) for 语句

for 语句可以遍历任何序列的项目，如一个列表、元组或者一个字符串。for 循环的语法格式如下：

```
for 循环索引值 in 序列:
    循环体
```

for 循环把列表中的元素遍历出来。例如：

```
fruits = ['banana', 'apple', 'mango']
for fruit in fruits:              #第二个实例
   print ( '元素 :', fruit)
print( "Good bye!" )
```

会依次打印 fruits 中的每一个元素，程序运行结果如下：

```
元素: banana
元素: apple
元素: mango
Good bye!
```

【例 1-3】 计算 1～10 的整数之和，可以用一个 sum 变量做累加。

程序代码如下：

```
sum = 0
for x in [1, 2, 3, 4, 5, 6, 7, 8, 9, 10]:
    sum = sum + x
print(sum)
```

如果要计算 1～100 的整数之和，从 1 写到 100 有点困难。Python 提供一个 range()内置函数，可以生成一个整数序列，再通过 list()函数可以转换为 list 列表。

例如，range(0, 5)或 range(5)生成的序列是从 0 开始小于 5 的整数，不包括 5。例如：

```
>>> list(range(5))
[0, 1, 2, 3, 4]
```

range(1, 101)可以生成 1～100 的整数序列，计算 1～100 的整数之和的代码如下：

```
sum = 0
for x in range(1,101):
    sum = sum + x
print(sum)
```

3）continue 和 break 语句

break 语句在 while 循环和 for 循环中都可以使用，一般放在 if 选择结构中，一旦 break 语句被执行，将使得整个循环提前结束。

continue 语句的作用是终止当前循环，并忽略 continue 之后的语句，然后回到循环的顶端，提前进入下一次循环。

除非 break 语句让代码更简单或更清晰，否则不要轻易使用。

【例 1-4】 continue 和 break 用法示例。

```
#continue 和 break 用法
i = 1
while i < 10:
    i += 1
    if i % 2 > 0:          #非偶数时跳过输出
        continue
    print (i)              #输出偶数 2、4、6、8、10

i = 1
while 1:                   #循环条件为 1 必定成立
    print (i)              #输出 1～10
    i += 1
    if i > 10:             #当 i 大于 10 时跳出循环
        break
```

在 Python 程序开发过程中，将完成某一特定功能并经常使用的代码编写成函数，放在函数库(模块)中供大家选用，在需要使用时直接调用，这就是程序中的函数。开发人员要善于使用函数，以提高编码效率，减少编写程序段的工作量。

1.2.4 Python 函数与模块

当执行某些任务时，如求一个数的阶乘，需要在一个程序中的不同位置重复执行时，会造成代码的重复率高，应用程序代码烦琐。解决这个问题的方法就是使用函数。无论在哪门编程语言当中，函数(当然在类中称作方法，意义是相同的)都扮演着至关重要的角色。模块是 Pyhon 的代码组织单元，它将函数、类和数据封装起来以便重用，模块往往对应 Python 程序文件，Python 标准库和第三方提供了大量的模块。

视频讲解

1. 函数定义

在 Python 中，函数定义的基本形式如下：

```
def 函数名(函数参数):
    函数体
    return 表达式或者值
```

在这里说明几点：

(1) 在 Python 中采用 def 关键字进行函数的定义，不用指定返回值的类型。

(2) 函数参数可以是零个、一个或者多个。同样，函数参数也不用指定参数类型，因为

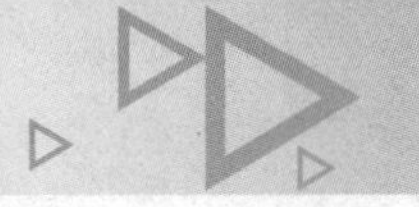

在 Python 中变量都是弱类型的，Python 会自动根据值来维护其类型。

(3) Python 函数的定义中缩进部分是函数体。

(4) 函数的返回值是通过函数中的 return 语句获得的。return 语句是可选的，它可以在函数体内任何地方出现，表示函数调用执行到此结束；如果没有 return 语句，会自动返回 None(空值)，如果有 return 语句，但是 return 后面没有接表达式或者值也是返回 None(空值)。

视频讲解

下面定义 3 个函数：

```
def printHello():                #打印'hello'字符串
    print ('hello')

def printNum():                  #输出数字 0～9
    for i in range(0,10):
        print (i)
    return

def add(a,b):                    #实现两个数的和
    return a + b
```

2. 函数的使用

在定义了函数之后，就可以使用该函数了，但是在 Python 中要注意一个问题，就是在 Python 中不允许前向引用，即在函数定义之前，不允许调用该函数。示例如下：

```
print (add(1,2))
def add(a,b):
    return a + b
```

这段程序运行的错误提示如下：

```
Traceback (most recent call last):
  File "C:/Users/xmj/4 - 1.py", line 1, in <module>
    print (add(1,2))
NameError: name 'add' is not defined
```

从报的错可以知道，名字为“add”的函数未进行定义。所以，在任何时候调用某个函数，必须确保其定义在调用之前。

【例 1-5】 编写函数，计算形式如 a + aa + aaa + aaaa +…+ aaa…aaa 的表达式的值，其中 a 为小于 10 的自然数。例如，2+22+222+2222+22222(此时 n=5)，a、n 由用户从键盘输入。

分析：关键是计算出求和中每一项的值。容易看出每一项都是前一项扩大 10 倍后加 a。

程序代码如下：

```
def sum (a, n):
    result, t = 0, 0        #同时将 result、t 赋值为 0,这种形式比较简洁
```

```
    for i in range(n):
        t = t*10 + a
        result += t
    return result
#用户输入两个数字
a = int(input("输入 a: "))
n = int(input("输入 n: "))
print(sum(a, n))
```

程序运行结果如下：

```
输入 a: 2↙
输入 n: 5↙
24690
```

视频讲解

3. 闭包

在 Python 中，闭包(closure)指函数的嵌套。可以在函数内部定义一个嵌套函数，将嵌套函数视为一个对象，所以，可以将嵌套函数作为定义它的函数的返回结果。

【例 1-6】 使用闭包的例子。

```
def func_lib():
    def add(x, y):
        return x + y
    return add              #返回函数对象

fadd = func_lib()
print(fadd(1, 2))
```

在函数 func_lib()中定义了一个嵌套函数 add(x, y)，并作为函数 func_lib()的返回值。运行结果为 3。

4. 函数的递归调用

函数在执行过程中直接或间接调用自己本身，称为递归调用。Python 语言允许递归调用。

【例 1-7】 求 1 到 5 的平方和。

```
def f(x):
    if x == 1:                              #递归调用结束的条件
        return 1
    else:
        return(f(x-1) + x*x)                #调用 f( ) 函数本身
print(f(5))
```

视频讲解

5. 模块

模块(module)能够有逻辑地组织 Python 代码段。把相关的代码分配到一个模块里能让代码更好用、更易懂。模块就是一个保存了 Python 代码的文件。在模块中能定义函数、

类和变量。

在 Python 中的模块和 C 语言中的头文件及 Java 中的包类似，如在 Python 中要调用 sqrt 函数，必须用 import 关键字引入 math 这个模块。

1）导入某个模块

在 Python 中用关键字 import 来导入某个模块。方式如下：

```
import 模块名                            #导入模块
```

例如，要引用模块 math，就可以在文件最开始的地方用 import math 来导入。

在调用模块中的函数时，必须这样调用：

```
模块名.函数名
```

例如：

```
import math            #导入 math 模块
print ("50 的平方根：", math.sqrt(50))
```

为什么必须加上模块名呢？因为可能存在这样一种情况：在多个模块中含有相同名称的函数，此时如果只是通过函数名来调用，解释器无法知道到底要调用哪个函数。所以，如果像上述这样导入模块时，调用函数必须加上模块名。

有时只需要用到模块中的某个函数，就只引入该函数，此时可通过 from 语句引入：

```
from 模块名 import 函数名 1,函数名 2,…
```

通过这种方式引入的时候，调用函数时只能给出函数名，不能给出模块名，但是当两个模块中含有相同名称函数的时候，后面一次引入会覆盖前一次引入。

也就是说，假如模块 A 中有函数 fun（ ），在模块 B 中也有函数 fun（ ），如果引入 A 中的 fun()在先、B 中的 fun()在后，那么当调用 fun()函数的时候，会执行模块 B 中的 fun()函数。

如果想一次性导入 math 中所有的东西，还可以通过如下方式：

```
from math import *
```

这是一个用来导入模块中所有项目的简单方式，但不建议过多地使用。

2）定义自己的模块

在 Python 中，每个 Python 文件都可以作为一个模块，模块的名字就是文件的名字。

例如，有这样一个文件 fibo.py，在 fibo.py 中定义了 3 个函数 add()、fib()、fib2()：

```
#fibo.py
#斐波那契(fibonacci)数列模块
def fib(n):      #定义到 n 的斐波那契数列
    a, b = 0, 1
    while b < n:
        print(b, end = ' ')
```

```
        a, b = b, a + b
    print()
def fib2(n):              #返回到 n 的斐波那契数列
    result = []
    a, b = 0, 1
    while b < n:
        result.append(b)
        a, b = b, a + b
    return result
def add(a,b):
    return a + b
```

那么在其他文件（如 test.py）中就可以使用

```
#test.py
import fibo
```

加上模块名称来调用函数：

```
fibo.fib(1000)      #结果是 1 1 2 3 5 8 13 21 34 55 89 144 233 377 610 987
fibo.fib2(100)      #结果是[1, 1, 2, 3, 5, 8, 13, 21, 34, 55, 89]
fibo.add(2,3)       #结果是 5
```

当然也可以通过 from fibo import add、fib、fib2 来引入。

直接使用函数名来调用函数：

```
fib(500) #结果是 1 1 2 3 5 8 13 21 34 55 89 144 233 377
```

如果想列举 fibo 模块中定义的属性列表如下：

```
import fibo
dir(fibo)              #得到自定义模块 fibo 中定义的变量和函数
```

输出结果：

```
['__name__','fib','fib2','add']
```

1.3 Python 面向对象设计

面向对象程序设计（Object Oriented Programming，OOP）的思想主要针对大型软件设计而提出，使得软件设计更加灵活，能够很好地支持代码复用和设计复用，并且使得代码具有更好的可读性和可扩展性。

现实生活中的每一个相对独立的事物都可以看作一个对象，例如，一个人、一辆车、一台计算机等。对象是具有某些特性和功能的具体事物的抽象。每个对象都具有描述其特征的属性及附属于它的行为。例如，一辆车有颜色、车轮数、座椅数等属性，也有启动、行

驶、停止等行为。一个人有姓名、性别、年龄、身高、体重等特征描述，也有走路、说话、学习、开车等行为；一台计算机由主机、显示器、键盘、鼠标等部件组成。

当人们生产一台计算机的时候，并不是先生产主机，再生产显示器，再生产键盘、鼠标，即不是顺序执行的。而是分别设计生产主机、显示器、键盘、鼠标等，最后把它们组装起来。这些部件通过事先设计好的接口连接，协调工作。这就是面向对象程序设计的基本思路。

每个对象都有一个类型，类是创建对象实例的模板，是对对象的抽象和概括，它包含对所创建对象的属性描述和行为特征的定义。例如，人们在马路上看到的汽车都是一个一个的汽车对象，它们都归属于一个汽车类，那么车身颜色就是该类的属性，开动是它的方法，该保养了或者该报废了就是它的事件。

Python 完全采用了面向对象程序设计的思想，是真正面向对象的高级动态编程语言，完全支持面向对象的基本功能，如封装、继承、多态，以及对基类方法的覆盖或重写。但与其他面向对象程序设计语言不同的是，Python 中对象的概念很广泛，Python 中的一切内容都可以称为对象。例如，字符串、列表、字典、元组等内置数据类型都具有和类完全相似的语法和用法。

1.3.1 定义和使用类

视频讲解

1. 类定义

创建类时用变量形式表示的对象属性称为数据成员或属性(成员变量)。用函数形式表示的对象行为称为成员函数(成员方法)。成员属性和成员方法统称为类的成员。

类定义的最简单形式如下：

```
class 类名:
    属性(成员变量)
    属性
    …
    …
    成员函数(成员方法)
```

例如，定义一个 Person 人员类的代码如下：

```
class Person:
    num = 1                    #成员变量(属性)
    def SayHello(self):        #成员函数
        print("Hello!");
```

在 Person 类中定义一个成员函数 SayHello(self)，用于输出字符串"Hello!"。同样，Python 使用缩进标识类的定义代码。

2. 对象定义

对象是类的实例。如果人类是一个类，那么某个具体的人就是一个对象。定义了具体的对象，可以通过“对象名.成员”的方式来访问其中的数据成员或成员方法。

Python 创建对象的语法如下：

```
对象名 = 类名()
```

例如，下面的代码定义了一个类 Person 的对象 p：

```
p = Person()
p.SayHello()                #访问成员函数 SayHello()
```

运行结果如下：

```
Hello!
```

1.3.2 构造函数__init__

类可以定义一个特殊的名为__init__()的方法（构造函数，以两个下画线“__”开头和结束）。一个类定义了__init__()方法以后，类实例化时就会自动为新生成的类实例调用__init__()方法。构造函数一般用于完成对象数据成员设置初值或进行其他必要的初始化工作。如果用户未涉及构造函数，Python 将提供一个默认的构造函数。

例如，定义一个复数类 Complex，构造函数完成对象变量初始化工作。

```
class Complex:
    def __init__(self, realpart, imagpart):
        self.r = realpart
        self.i = imagpart
x = Complex(3.0, -4.5)
print(x.r, x.i)
```

运行结果如下：

```
3.0  -4.5
```

1.3.3 析构函数

Python 中类的析构函数是__del__，用来释放对象占用的资源，在 Python 收回对象空间之前自动执行。如果用户未涉及析构函数，Python 将提供一个默认的析构函数进行必要的清理工作。

例如：

```
class Complex:
    def __init__(self, realpart, imagpart):
        self.r = realpart
        self.i = imagpart
    def __del__(self):
        print("Complex 不存在了")
x = Complex(3.0, -4.5)
print(x.r, x.i)
print(x)
del x                       #删除 x 对象变量
```

运行结果如下：

```
3.0 -4.5
<__main__.Complex object at 0x01F87C90>
Complex 不存在了
```

在删除 x 对象变量之前，x 是存在的，在内存中的标识为 0x01F87C90，执行“del x”语句后，x 对象变量不存在了，系统自动调用析构函数，所以出现“Complex 不存在了”。

1.3.4 实例属性和类属性

属性（成员变量）有两种，一种是实例属性，另一种是类属性（类变量）。实例属性是在构造函数__init__（以两个下画线“__”开头和结束）中定义的，定义时以 self 作为前缀；类属性是在类中方法之外定义的属性。在主程序中（在类的外部），实例属性属于实例（对象）只能通过对象名访问；类属性属于类可通过类名访问，也可以通过对象名访问，为类的所有实例共享。

【例 1-8】 定义含有实例属性（姓名 name，年龄 age）和类属性（人数 num）的 Person 人员类。

```
class Person:
    num = 1                                     # 类属性
    def __init__(self, str,n):                  # 构造函数
        self.name = str                         # 实例属性
        self.age = n
    def SayHello(self):                         # 成员函数
        print("Hello!")
    def PrintName(self):                        # 成员函数
        print("姓名: ", self.name, "年龄: ", self.age)
    def PrintNum(self):                         # 成员函数
        print(Person.num)                       # 由于是类属性,所以不写 self .num
# 主程序
P1 = Person("夏敏捷",42)
P2 = Person("王琳",36)
P1.PrintName()
P2.PrintName()
Person.num = 2                                  # 修改类属性
P1.PrintNum()
P2.PrintNum()
```

运行结果如下：

```
姓名: 夏敏捷 年龄: 42
姓名: 王琳 年龄: 36
2
2
```

num 变量是一个类变量，它的值将在这个类的所有实例之间共享。可以在类内部或类

外部使用 Person. num 访问。

在类的成员函数(方法)中可以调用类的其他成员函数(方法),可以访问类属性、对象实例属性。

在 Python 中比较特殊的是,可以动态地为类和对象增加成员,这一点是和很多面向对象程序设计语言不同的,也是 Python 动态类型特点的一种重要体现。

1.3.5 私有成员与公有成员

Python 并没有对私有成员提供严格的访问保护机制。在定义类的属性时,如果属性名以两个下画线“__”开头则表示为私有属性,否则为公有属性。私有属性在类的外部不能直接访问,需要通过调用对象的公有成员方法来访问,或者通过 Python 支持的特殊方式来访问。Python 提供了访问私有属性的特殊方式,可用于程序的测试和调试,对于成员方法也具有同样的性质。这种方式如下:

```
对象名. __类名 + 私有成员
```

例如,访问 Car 类私有成员__weight:

```
car1. __Car__weight
```

私有属性是为了数据封装和保密而设的,一般只能在类的成员方法(类的内部)中使用访问,虽然 Python 支持一种特殊的方式来从外部直接访问类的私有成员,但是并不推荐这样做。公有属性是可以公开使用的,既可以在类的内部进行访问,也可以在外部程序中使用。

【例 1-9】 为 Car 类定义私有成员。

```
class Car:
    price = 100000                          #定义类属性
    def __init__(self, c, w):
        self.color = c                      #定义公有属性 color
        self. __weight = w                  #定义私有属性__weight
#主程序
car1 = Car("Red",10.5)
car2 = Car("Blue",11.8)
print(car1.color)
print(car1. _Car__weight)
print(car1. __weight)                       #AttributeError
```

运行结果如下:

```
Red
10.5
AttributeError: 'Car' object has no attribute '__weight'
```

1.3.6 方法

在类中定义的方法可以粗略分为三大类:公有方法、私有方法和静态方法。其中,公有方

法、私有方法都属于对象，私有方法的名字以两个下画线"__"开始，每个对象都有自己的公有方法和私有方法，在这两类方法中可以访问属于类和对象的成员；**公有方法通过对象名直接调用，私有方法不能通过对象名直接调用**，只能在属于对象的方法中通过"self"调用或在外部通过 Python 支持的特殊方式来调用。如果通过类名来调用属于对象的公有方法，需要显示为该方法的 self 参数传递一个对象名，用来明确指定访问哪个对象的数据成员。**静态方法可以通过类名和对象名调用，但不能直接访问属于对象的成员，只能访问属于类的成员**。

【例 1-10】 公有方法、私有方法、静态方法的定义和调用。

```
class Person:
    num = 0                                    #类属性
    def __init__(self, str,n,w):               #构造函数
        self.name = str                        #对象实例属性(成员)
        self.age = n
        self.__weight = w                      #定义私有属性__weight
        Person.num += 1
    def __outputWeight(self):                  #定义私有方法 outputWeight
        print("体重:",self.__weight)            #访问私有属性__weight
    def PrintName(self):                       #定义公有方法(成员函数)
        print("姓名:", self.name, "年龄:", self.age, end = " ")
        self.__outputWeight( )                 #调用私有方法 outputWeight
    def PrintNum(self):                        #定义公有方法(成员函数)
        print(Person.num)                      #由于是类属性,所以不写 self.num
    @ staticmethod
    def getNum():                              #定义静态方法 getNum
        return Person.num
#主程序
P1 = Person("夏敏捷",42,120)
P2 = Person("张海",39,80)
#P1.outputWeight ( )                              # 错误 'Person' object has no attribute '
outputWeight'
P1.PrintName()
P2.PrintName()
print("人数:",Person.getNum())
print("人数:",P1.getNum())
```

运行结果如下：

```
姓名: 夏敏捷   年龄: 42 体重: 120
姓名: 张海   年龄: 39 体重: 80
人数: 2
人数: 2
```

继承是为代码复用和设计复用而设计的，是面向对象程序设计的重要特性之一。当设计一个新类时，如果可以继承一个已有的设计良好的类，然后进行二次开发，无疑会大幅度减少开发工作量。

1.3.7　类的继承

视频讲解

在继承关系中，已有的、设计好的类称为父类或基类，新设计的类称为子类或派生类。派生类可以继承父类的公有成员，但是不能继承其私有成员。

类继承语法如下：

```
class 派生类名(基类名):                    #基类名写在括号中
    派生类成员
```

在 Python 中继承的一些特点如下：

(1) 在继承中基类的构造函数(__init__()方法)不会被自动调用,它需要在其派生类的构造中亲自专门调用。

(2) 如果需要在派生类中调用基类的方法时,通过"基类名.方法名()"的方式来实现,需要加上基类的类名前缀,且需要带上 self 参数变量。区别于在类中调用普通函数时并不需要带上 self 参数。也可以使用内置函数 super()实现这一目的。

(3) Python 总是首先查找对应类型的方法,如果不能在派生类中找到对应的方法,它才开始到基类中逐个查找(先在本类中查找调用的方法,找不到才去基类中找)。

【例 1-11】 设计 Person 类,并根据 Person 派生 Student 类,分别创建 Person 类与 Student 类的对象。

```
#定义基类：Person 类
import types
class Person(object): #基类必须继承于 object,否则在派生类中将无法使用 super()函数
    def __init__(self, name = '', age = 20, sex = 'man'):
        self.setName(name)
        self.setAge(age)
        self.setSex(sex)
    def setName(self, name):
        if type(name) != str:                #内置函数 type( )返回被测对象的数据类型
            print ('姓名必须是字符串.')
            return
        self.__name = name
    def setAge(self, age):
        if type(age) != int:
            print ('年龄必须是整型.')
            return
        self.__age = age
    def setSex(self, sex):
        if sex != '男' and sex != '女':
            print ('性别输入错误')
            return
        self.__sex = sex
    def show(self):
        print ('姓名: ', self.__name, '年龄: ', self.__age ,'性别: ', self.__sex)
#定义子类(Student 类),其中增加一个入学年份私有属性(数据成员)
class Student (Person):
    def __init__(self, name = '', age = 20, sex = 'man', schoolyear = 2016):
        #调用基类构造方法,初始化基类的私有数据成员
        super(Student, self).__init__(name, age, sex)
        #Person.__init__(self, name, age, sex)     #也可以这样初始化基类私有数据成员
        self.setSchoolyear(schoolyear)             #初始化派生类的数据成员
    def setSchoolyear(self, schoolyear):
```

```
        self.__schoolyear = schoolyear
    def show(self):
        Person.show(self)                    #调用基类 show()方法
        #super(Student, self).show()         #也可以这样调用基类 show()方法
        print ('入学年份：', self.__schoolyear)
#主程序
if __name__ == '__main__':
    zhangsan = Person('张三', 19, '男')
    zhangsan.show()
    lisi = Student ('李四', 18, '男', 2015)
    lisi.show()
    lisi.setAge(20)                          #调用继承的方法修改年龄
    lisi.show()
```

运行结果如下：

```
姓名：张三 年龄：19 性别：男
姓名：李四 年龄：18 性别：男
入学年份：2015
姓名：李四 年龄：20 性别：男
入学年份：2015
```

方法重写必须出现在继承中。重写是指当派生类继承了基类的方法之后，如果基类方法的功能不能满足需求，需要对基类中的某些方法进行修改。可以在派生类重写基类的方法。

【例 1-12】 重写父类(基类)的方法。

```
class Animal:                           #定义父类
    def run(self):
        print("Animal is running…")     #调用父类方法
class Cat(Animal):                      #定义子类
    def run(self):
        print("Cat is running…")        #调用子类方法
class Dog(Animal):                      #定义子类
    def run(self):
        print("Dog is running…")        #调用子类方法

c = Dog()                               #子类实例
c.run()                                 #子类调用重写方法
```

程序运行结果如下：

```
Dog is running…
```

当子类 Dog 和父类 Animal 都存在相同的 run()方法时，子类的 run()覆盖了父类的 run()，在代码运行时，总是会调用子类的 run()。这样，就获得了继承的另一个优点：多态。

视频讲解

1.3.8 多态

要理解什么是多态，首先要对数据类型再作一点说明。当定义一个 class 时，实际上就定义了一种数据类型。定义的数据类型和 Python 自带的数据类型，如 string、list、dict 没什么区别。

```
a = list()                  # a 是 list 类型
b = Animal()                # b 是 Animal 类型
c = Dog()                   # c 是 Dog 类型
```

判断一个变量是不是某个类型，可以用 isinstance()判断：

```
>>> isinstance(a, list)
True
>>> isinstance(b, Animal)
True
>>> isinstance(c, Dog)
True
```

a、b、c 确实对应着 list、Animal、Dog 这 3 种类型。

```
>>> isinstance(c, Animal)
True
```

因为 Dog 是从 Animal 继承下来的，当创建了一个 Dog 的实例 c 时，认为 c 的数据类型是 Dog 没错，但 c 同时也是 Animal 类，Dog 本来就是 Animal 的一种。

所以，在继承关系中，如果一个实例的数据类型是某个子类，那它的数据类型也可以被看作父类。但是，反过来就不行：

```
>>> b = Animal()
>>> isinstance(b, Dog)
False
```

Dog 可以看成 Animal，但 Animal 不可以看成 Dog。

要理解多态的好处，还需要再编写一个函数，这个函数接受一个 Animal 类型的变量：

```
def run_twice(animal):
    animal.run()
    animal.run()
```

当传入 Animal 的实例时，run_twice()就打印出：

```
>>> run_twice(Animal())
Animal is running…
Animal is running…
```

当传入 Dog 的实例时，run_twice()就打印出：

```
>>> run_twice(Dog())
Dog is running…
Dog is running…
```

当传入 Cat 的实例时，run_twice()就打印出：

```
>>> run_twice(Cat())
Cat is running…
Cat is running…
```

现在，如果再定义一个 Tortoise 类型，也从 Animal 派生：

```
class Tortoise(Animal):
    def run(self):
        print ('Tortoise is running slowly…')
```

当调用 run_twice()时，传入 Tortoise 的实例：

```
>>> run_twice(Tortoise())
Tortoise is running slowly…
Tortoise is running slowly…
```

新增一个 Animal 的子类，不必对 run_twice()做任何修改。实际上，任何依赖 Animal 作为参数的函数或者方法都可以不加修改地正常运行，原因就在于多态。

多态的好处就是，当需要传入 Dog、Cat、Tortoise……时，只需要接收 Animal 类型就可以了，因为它们都是 Animal 类型，然后，按照 Animal 类型进行操作即可。由于 Animal 类型有 run()方法，因此，传入的任意类型只要是 Animal 类或者子类，就会自动调用实际类型的 run()方法，这就是多态的意思。

对于一个变量，只需要知道它是 Animal 类型，无须确切地知道它的子类型，就可以放心地调用 run()方法，而具体调用的 run()方法是作用在 Animal、Dog、Cat 还是 Tortoise 对象上，由运行时该对象的确切类型决定，这就是多态真正的威力：调用方只管调用，不管细节，而当我们新增一种 Animal 的子类时，只要确保 run()方法编写正确，不用管原来的代码是如何调用的。这就是著名的“开闭”原则：

- 对扩展开放：允许新增 Animal 子类；
- 对修改封闭：不需要修改依赖 Animal 类型的 run_twice()等函数。

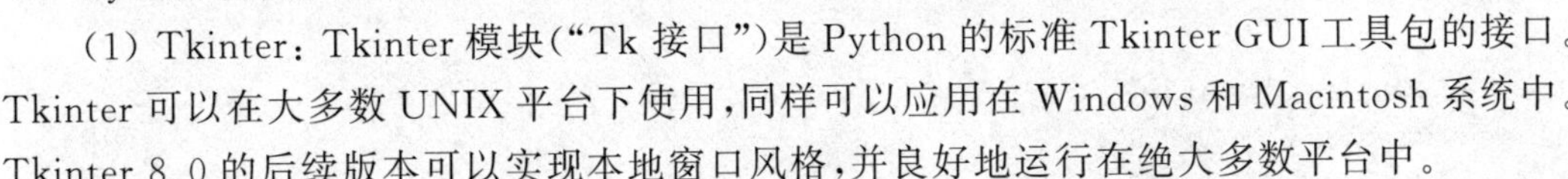

1.4　Python 图形界面设计

视频讲解

Python 提供了多个图形开发界面的库，几个常用 Python GUI 库如下。

(1) Tkinter：Tkinter 模块(“Tk 接口”)是 Python 的标准 Tkinter GUI 工具包的接口。Tkinter 可以在大多数 UNIX 平台下使用，同样可以应用在 Windows 和 Macintosh 系统中。Tkinter 8.0 的后续版本可以实现本地窗口风格，并良好地运行在绝大多数平台中。

(2) wxPython：wxPython 是一款开源软件，是 Python 语言的一套优秀的 GUI 图形

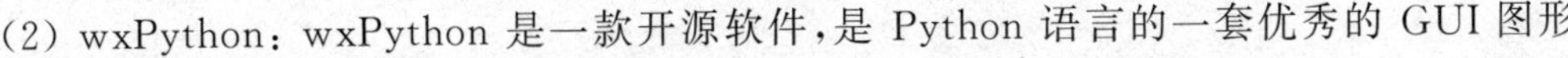

库，允许 Python 程序员很方便地创建完整的、功能健全的 GUI 用户界面。

(3) Jython：Jython 程序可以和 Java 无缝集成。除了一些标准模块，Jython 使用 Java 的模块。Jython 几乎拥有标准的 Python 中不依赖于 C 语言的全部模块。比如，Jython 的用户界面使用 Swing、AWT 或者 SWT。Jython 可以被动态或静态地编译成 Java 字节码。

Tkinter 是 Python 的标准 GUI 库。由于 Tkinter 是内置到 Python 的安装包中的，只要安装好 Python 之后就能 import Tkinter 库，而且 IDLE 也是用 Tkinter 编写而成，对于简单的图形界面 Tkinter 还是能应付自如的，使用 Tkinter 可以快速创建 GUI 应用程序。本书主要使用 Tkinter 设计图形界面。

1.4.1 创建 Windows 窗口

【例 1-13】 使用 Tkinter 创建一个 Windows 窗口的 GUI 程序。

```
import tkinter                          #导入 Tkinter 模块
win = tkinter.Tk()                      #创建 Windows 窗口对象
win.title('我的第一个 GUI 程序')          #设置窗口标题
win.mainloop()                          #进入消息循环，也就是显示窗口
```

以上代码的执行结果如图 1-5 所示。

可见 Tkinter 可以很方便地创建 Windows 窗口。

在创建 Windows 窗口对象后，可以使用 geometry() 方法设置窗口的大小，格式如下：

```
窗口对象.geometry(size)
```

size 用于指定窗口大小，格式如下：

```
宽度 x 高度 (注：x 是小写字母 x，不是乘号)
```

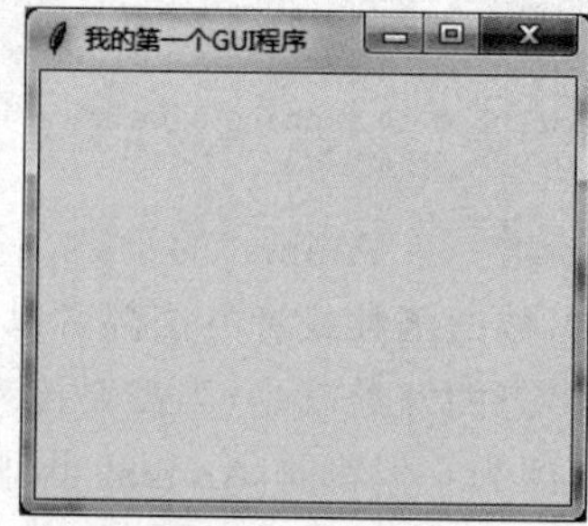

图 1-5 使用 Tkinter 创建一个窗口

【例 1-14】 显示一个 Windows 窗口，初始大小为 800×600。

```
from tkinter import *
win = Tk()
win.geometry("800*600")
win.mainloop();
```

还可以使用 minsize()方法设置窗口的最小值，使用 maxsize()方法设置窗口的最大值，方法如下：

```
窗口对象. minsize (最小宽度,最小高度)
窗口对象. maxsize (最大宽度,最大高度)
```

例如：

```
win. minsize ("400x600")
win. maxsize ("1440x800")
```

1.4.2 几何布局管理器

Tkinter 几何布局管理器(geometry manager)用于组织和管理父组件(往往是窗口)中子组件的布局方式。Tkinter 提供了 3 种不同风格的几何布局管理类：pack、grid 和 place。

1. pack 几何布局管理器

pack 几何布局管理器采用块的方式组织组件。pack 布局根据子组件创建生成的顺序，将其放在快速生成界面设计中而广泛采用。

调用子组件的方法 pack()，则该子组件在其父组件中采用 pack 布局：

```
pack( option = value, … )
```

pack 方法提供表 1-1 所示的若干参数选项。

表 1-1 pack 方法提供参数选项

选 项	描 述	取 值 范 围
side	停靠在父组件的那一边上	'top'(默认值),'bottom','left','right'
anchor	停靠位置，对应于东、南、西、北以及四个角	'n','s','e','w','nw','sw','se','ne','center'(默认值)
fill	填充空间	'x','y','both','none'
expand	扩展空间	0 或 1
ipadx,ipady	组件内部在 x/y 方向上填充的空间大小	单位为 c (厘米)、m(毫米)、i (英寸)、p (打印的点)
padx,pady	组件外部在 x/y 方向上填充的空间大小	单位为 c (厘米)、m(毫米)、i (英寸)、p (打印的点)

【例 1-15】 pack 几何布局管理器的 GUI 程序，运行效果如图 1-6 所示。

```
import tkinter
root = tkinter.Tk()
label = tkinter.Label(root,text = 'hello ,python')
label.pack()                                          #将 Label 组件添加到窗口中显示
button1 = tkinter.Button(root,text = 'BUTTON1')       #创建文字是'BUTTON1'的 Button 组件
button1.pack(side = tkinter.LEFT)                     #将 button1 组件添加到窗口中显示,左停靠
button2 = tkinter.Button(root,text = 'BUTTON2')       #创建文字是'BUTTON2'的 Button 组件
button2.pack(side = tkinter.RIGHT)                    #将 button2 组件添加到窗口中显示,右停靠
root.mainloop()
```

图 1-6 pack 几何布局管理

2. grid 几何布局管理器

grid 几何布局管理采用表格结构组织组件。子组件的位置由行/列确定的单元格决定，子组件可以跨越多行/列。每一列中，列宽由这一列中最宽的单元格确定。采用 grid 布局，适合于表格形式的布局，可以实现复杂的界面，因而广泛采用。

调用子组件的 grid()方法，则该子组件在其父组件中采用 grid 几何布局：

```
grid ( option = value, … )
```

grid 方法提供表 1-2 所示的若干参数选项。

表 1-2　grid 方法提供参数选项

选　　项	描　　述	取 值 范 围
sticky	组件紧贴所在单元格的某一边角，对应于东、南、西、北及四个角	'n','s','e','w','nw','sw','se','ne','center'(默认值)
row	单元格行号	整数
column	单元格列号	整数
rowspan	行跨度	整数
columnspan	列跨度	整数
ipadx,ipady	组件内部在 x/y 方向上填充的空间大小	单位为 c (厘米)、m(毫米)、i (英寸)、p (打印的点)
padx,pady	组件外部在 x/y 方向上填充的空间大小	单位为 c (厘米)、m(毫米)、i (英寸)、p (打印的点)

grid 有两个重要的参数，一个是 row，另一个是 column，用来指定将子组件放置到什么位置，如果不指定 row，会将子组件放置到第一个可用的行上，如果不指定 column，则使用第 0 列(首列)。

【例 1-16】 grid 几何布局管理器的 GUI 程序，运行效果如图 1-7 所示。

图 1-7　grid 几何布局管理

```
from tkinter import *
root = Tk()
#200*200 代表初始化时主窗口的大小,280,280 代表初始化时窗口所在的位置
root.geometry('200*200+280+280')
root.title('计算器示例')
#Grid 网格布局
L1 = Button(root, text = '1', width=5, bg = 'yellow')
L2 = Button(root, text = '2', width=5)
L3 = Button(root, text = '3', width=5)
L4 = Button(root, text = '4', width=5)
L5 = Button(root, text = '5', width=5, bg = 'green')
L6 = Button(root, text = '6', width=5)
L7 = Button(root, text = '7', width=5)
L8 = Button(root, text = '8', width=5)
L9 = Button(root, text = '9', width=5, bg = 'yellow')
L0 = Button(root, text = '0')
Lp = Button(root, text = '.')
```

```
L1.grid(row = 0, column = 0)      #按钮放置在 0 行 0 列
L2.grid(row = 0, column = 1)      #按钮放置在 0 行 1 列
L3.grid(row = 0, column = 2)      #按钮放置在 0 行 2 列
L4.grid(row = 1, column = 0)      #按钮放置在 1 行 0 列
L5.grid(row = 1, column = 1)      #按钮放置在 1 行 1 列
L6.grid(row = 1, column = 2)      #按钮放置在 1 行 2 列
L7.grid(row = 2, column = 0)      #按钮放置在 2 行 0 列
L8.grid(row = 2, column = 1)      #按钮放置在 2 行 1 列
L9.grid(row = 2, column = 2)      #按钮放置在 2 行 2 列
L0.grid(row = 3, column = 0,columnspan = 2,sticky = E + W )      #跨 2 列,左右贴紧
Lp.grid(row = 3, column = 2,sticky = E + W )      #左右贴紧
root.mainloop()
```

3. place 几何布局管理器

place 几何布局管理允许指定组件的大小与位置。place 的优点是可以精确控制组件的位置,不足之处是改变窗口大小时,子组件不能随之灵活改变大小。

调用子组件的方法 place,则该子组件在其父组件中采用 place 布局:

```
place ( option = value, … )
```

place 方法提供表 1-3 所示的若干参数选项,可以直接给参数选项赋值并加以修改。

表 1-3 place 方法提供参数选项

选　项	描　述	取 值 范 围
x,y	将组件放到指定位置的绝对坐标	从 0 开始的整数
relx, rely	将组件放到指定位置的相对坐标	取值为 0~1.0
height,width	高度和宽度,单位为像素	
anchor	对齐方式,对应于东、南、西、北及四个角	'n','s','e','w','nw','sw','se','ne','center'('center'为默认值)

注意,Python 的坐标系是左上角为原点(0, 0)位置,向右是 x 坐标正方向,向下是 y 坐标正方向,这和数学的几何坐标系不同。

【例 1-17】 place 几何布局管理器的 GUI 示例程序,运行效果如图 1-8 所示。

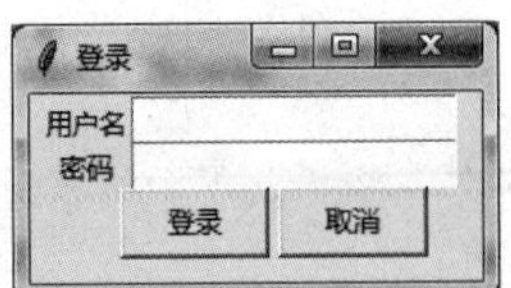

图 1-8 place 几何布局管理示例

```
from tkinter import *
root = Tk()
root.title("登录")
root['width'] = 200;root['height'] = 80
Label(root,text = '用户名',width = 6).place(x = 1,y = 1)      #绝对坐标(1,1)
Entry(root,width = 20).place(x = 45,y = 1)      #绝对坐标(45,20)
Label(root,text = '密码',width = 6).place(x = 1,y = 20)      #绝对坐标(1,20)
Entry(root,width = 20, show = '*').place(x = 45,y = 20)      #绝对坐标(45,20)
Button(root,text = '登录',width = 8).place(x = 40,y = 40)      #绝对坐标(40,40)
Button(root,text = '取消',width = 8).place(x = 110,y = 40)      #绝对坐标(110,40)
root.mainloop()
```

1.4.3 Tkinter 组件

Tkinter 提供了各种组件(控件),如按钮、标签和文本框。这些组件通常被称为控件或者部件。目前有十几种 Tkinter 组件(见表 1-4)。

表 1-4 Tkinter 组件

组 件	描 述
Button	按钮控件,在程序中显示按钮
Canvas	画布控件,显示图形元素,如线条或文本
Checkbutton	多选框控件,用于在程序中提供多项选择框
Entry	输入控件,用于显示简单的文本内容
Frame	框架控件,在屏幕上显示一个矩形区域,多用来作为容器
Label	标签控件,可以显示文本和位图
Listbox	列表框控件,在 Listbox 窗口小部件是用来显示一个字符串列表给用户
Menubutton	菜单按钮控件,用于显示菜单项
Menu	菜单控件,显示菜单栏、下拉菜单和弹出菜单
Message	消息控件,用来显示多行文本,与 label 比较类似
Radiobutton	单选按钮控件,显示一个单选的按钮状态
Scale	范围控件,显示一个数值刻度,为输出限定范围的数字区间
Scrollbar	滚动条控件,当内容超过可视化区域时使用,如列表框
Text	文本控件,用于显示多行文本
Toplevel	容器控件,用来提供一个单独的对话框,与 Frame 比较类似
Spinbox	输入控件,与 Entry 类似,但是可以指定输入范围值
PanedWindow	PanedWindow 是一个窗口布局管理的插件,可以包含一个或者多个子控件
LabelFrame	Labelframe 是一个简单的容器控件,常用于复杂的窗口布局
tkMessageBox	用于显示应用程序的消息框

通过组件类的构造函数可以创建其对象实例,例如:

```
from tkinter import *
root = Tk()
button1 = Button(root, text = "确定")                    #按钮组件的构造函数
```

组件标准属性也就是所有组件(控件)的共同属性,如大小、字体和颜色等。常用的标准属性如表 1-5 所示。

表 1-5 Tkinter 组件标准属性

属 性	描 述
dimension	控件大小
color	控件颜色
font	控件字体
anchor	锚点(内容停靠位置),对应于东、南、西、北及四个角
relief	控件样式

续表

属　　性	描　　述
bitmap	位图，内置位图包括"error""gray75""gray50""gray25""gray12""info""questhead""hourglass""questtion"和"warning"，自定义位图为.xbm 格式文件
cursor	光标
text	显示文本内容
state	设置组件状态，包括正常(normal)、激活(active)、禁用(disabled)

可以通过下列方式之一设置组件属性：

```
button1 = Button(root, text = "确定")        #按钮组件的构造函数
buttonl. config( text = "确定")              #组件对象的 config 方法的命名参数
buttonl ["text "] = "确定"                   #组件对象的属性赋值
```

1. 标签(Label)组件

Label 组件用于在窗口中显示文本或位图。Anchor 属性指定文本(text)或图像(bitmap/image)在 Label 中的显示位置(如图 1-9 所示，其他组件同此)。对应于东南西北及四个角，可用值如下：

```
e: 垂直居中,水平居右
w: 垂直居中,水平居左
n: 垂直居上,水平居中
s: 垂直居下,水平居中
ne: 垂直居上,水平居右
se: 垂直居下,水平居右
sw: 垂直居下,水平居左
nw: 垂直居上,水平居左
center(默认值): 垂直居中,水平居中
```

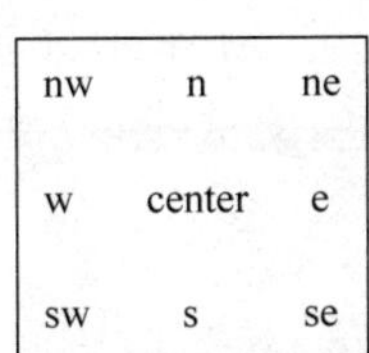

图 1-9　anchor 地理方位

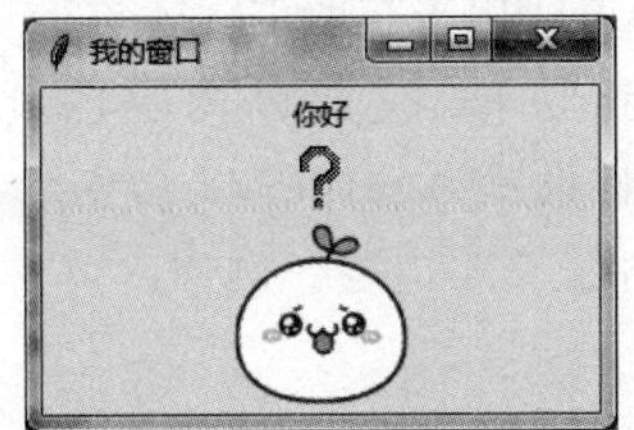

图 1-10　Label 组件示例

【例 1-18】 Label 组件示例，运行效果如图 1-10 所示。

```
from tkinter import *
win = Tk();                                          #创建窗口对象
win.title("我的窗口")                                #设置窗口标题
lab1 = Label(win,text = '你好', anchor = 'nw')       #创建文字是"你好"的 Label 组件
lab1.pack()                                          #显示 Label 组件
#显示内置的位图
lab2 = Label(win, bitmap = 'question')               #创建显示疑问图标 Label 组件
```

```
lab2.pack()                    #显示 Label 组件

#显示自选的图片
bm = PhotoImage(file = r'J:\2018 书稿\aa.png')
lab3 = Label(win, image = bm)
lab3.bm = bm
lab3.pack()                    #显示 Label 组件
win.mainloop()
```

2. 按钮(Button)组件

Button 组件是一个标准的 Tkinter 部件，用于实现各种按钮。按钮可以包含文本或图像，可以通过 command 属性将调用 Python 函数或方法关联到按钮上。Tkinter 的按钮被按下时，会自动调用该函数或方法。

3. 单行文本框(Entry)和多行文本框(Text)

单行文本框主要用于输入单行内容和显示文本，可以方便地向程序传递用户参数。这里通过一个转换摄氏度和华氏度的小程序来演示该组件的使用。

1) 创建和显示 Entry 对象

创建 Entry 对象的基本方法如下：

```
Entry 对象 = Entry (Windows 窗口对象)
```

显示 Entry 对象的方法如下：

```
Entry 对象.pack()
```

2) 获取 Entry 组件的内容

其中 get()方法用于获取 Entry 单行文本框内输入的内容。

设置或者获取 Entry 组件内容也可以使用 StringVar()对象来完成，把 Entry 的 textvariable 属性设置为 StringVar()变量，再通过 StringVar()变量的 get()和 set()函数可以读取和输出相应文本内容。例如：

```
s = StringVar()                                  #一个 StringVar()对象
s.set("大家好,这是测试")
entryCd = Entry(root, textvariable = s)          #Entry 组件显示"大家好,这是测试"
print(s.get())                                   #打印出"大家好,这是测试"
```

3) Entry 的常用属性

show：如果设置为字符 *，则输入文本框内显示为 *，用于密码输入。

insertbackground：插入光标的颜色，默认为黑色(black)。

selectbackground 和 selectforeground：选中文本的背景色与前景色。

width：组件的宽度(所占字符个数)。

fg：字体前景颜色。

bg：背景颜色。

state：设置组件状态，默认为 normal，可设置为 disabled(禁用组件)、readonly(只读)。

同样，Python 提供输入多行文本框 Text，用于输入多行内容和显示文本。使用方法与 Entry 类似，请读者参考 Tkinter 手册。

4. 列表框(Listbox)组件

列表框(Listbox)组件用于显示多个项目，并且允许用户选择一个或多个项目。

1) 创建和显示 Listbox 对象

创建 Listbox 对象的基本方法如下：

```
Listbox 对象 = Listbox (Tkinter Windows 窗口对象)
```

显示 Listbox 对象的方法如下：

```
Listbox 对象.pack()
```

2) 插入文本项

可以使用 insert()方法向列表框组件中插入文本项，方法如下：

```
Listbox 对象.insert(index,item)
```

其中，index 是插入文本项的位置，如果在尾部插入文本项，则可以使用 END；如果在当前选中处插入文本项，则可以使用 ACTIVE。item 是要插入的文本项。

3) 返回选中项索引

```
Listbox 对象.curselection()
```

返回当前选中项目的索引，结果为元组。

注意

索引号从 0 开始，0 表示第一项。

4) 删除文本项

```
Listbox 对象.delete(first,last)
```

删除指定范围(first,last)的项目，不指定 last 时，删除 1 个项目。

5) 获取项目内容

```
Listbox 对象.get(first,last)
```

返回指定范围(first,last)的项目，不指定 last 时，仅返回 1 个项目。

6) 获取项目个数

```
Listbox 对象.size()
```

7）获取 Listbox 内容

需要使用 listvariable 属性为 Listbox 对象指定一个对应的变量，例如：

```
m = StringVar()
listb = Listbox (root, listvariable = m)
listb.pack()
root.mainloop()
```

指定后就可以使用 m.get()方法用于获取 Listbox 对象中的内容了。

注意

如果允许用户选择多个项目，需要将 Listbox 对象的 selectmode 属性设置为 MULTIPLE，表示多选，而设置为 SINGLE 为单选。

【例 1-19】 创建从一个列表框选择内容添加到另一个列表框组件的 GUI 程序。

```
from tkinter import *                                          # 导入 Tkinter 库
root = Tk()                                                    # 创建窗口对象
def callbutton1():
    for i in listb.curselection():                             # 遍历选中项
        listb2.insert(0,listb.get(i))                          # 添加到右侧列表框

def callbutton2():
    for i in listb2.curselection():                            # 遍历选中项
        listb2.delete(i)                                       # 从右侧列表框中删除
# 创建两个列表
li = ['C','python','php','html','SQL','java']
listb = Listbox(root)                                          # 创建两个列表框组件
listb2 = Listbox(root)
for item in li:                                                # 左侧列表框组件插入数据
    listb.insert(0,item)
listb.grid(row = 0,column = 0,rowspan = 2)                     # 将列表框组件放置到窗口对象中
b1 = Button (root,text = '添加>>', command = callbutton1, width = 20)  # 创建 Button 组件
b2 = Button (root,text = '删除<<', command = callbutton2, width = 20)  # 创建 Button 组件
b1.grid(row = 0,column = 1,rowspan = 2)                        # 显示 Button 组件
b2.grid(row = 1,column = 1,rowspan = 2)                        # 显示 Button 组件
listb2.grid(row = 0,column = 2,rowspan = 2)
root.mainloop()                                                # 进入消息循环
```

以上代码的执行结果如图 1-11 所示。

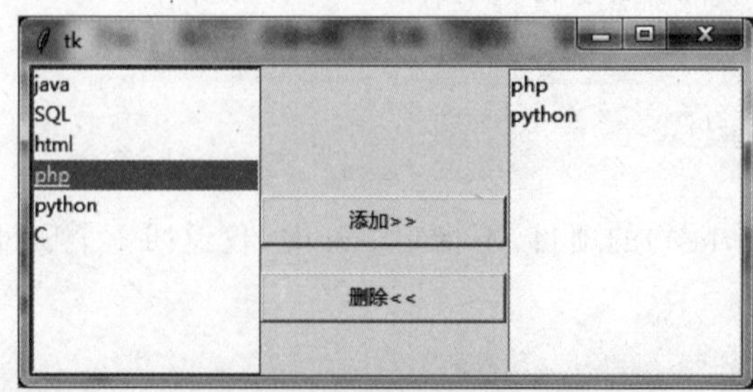

图 1-11　含有两个列表框组件的 GUI 程序

5. 单选按钮(Radiobutton)和复选框(Checkbutton)

单选按钮(Radiobutton)和复选框(Checkbutton)分别用于实现选项的单选和复选功能。Radiobutton 用于同一组单选按钮中选择一个单选按钮(不能同时选定多个)。Radiobutton 可以显示文本,也可以显示图像。Checkbutton 用于选择一项或多项,同样 Checkbutton 可以显示文本,也可以显示图像。

1) 创建和显示 Radiobutton 对象

创建 Radiobutton 对象的基本方法如下:

```
Radiobutton 对象 = Radiobutton (Windows 窗口对象,text = Radiobutton 组件显示的文本)
```

显示 Radiobutton 对象的方法如下:

```
Radiobutton 对象.pack()
```

可以使用 variable 属性为 Radiobutton 组件指定一个对应的变量。如果将多个 Radiobutton 组件绑定到同一个变量,则这些 Radiobutton 组件属于一个分组。分组后需要使用 value 设置每个 Radiobutton 组件的值,以标识该项目是否被选中。

2) Radiobutton 组件常用属性

variable:单选按钮索引变量,通过变量的值确定哪个单选按钮被选中。一组单选按钮使用同一个索引变量。

value:单选按钮选中时变量的值。

command:单选按钮选中时执行的命令(函数)。

3) Radiobutton 组件的方法

deselect( ):取消选择。

select( ):选择。

invoke( ):调用单选按钮 command 指定的回调函数。

4) 创建和显示 Checkbutton 对象

创建 Checkbutton 对象的基本方法如下:

```
Checkbutton 对象 = Checkbutton(Tkinter Windows 窗口对象,text = Checkbutton 组件显示的文本,
command = 单击 Checkbutton 按钮所调用的回调函数)
```

显示 Checkbutton 对象的方法如下:

```
Checkbutton 对象.pack()
```

5) Checkbutton 组件常用属性

variable:复选框索引变量,通过变量的值确定哪些复选框被选中。每个复选框使用不同的变量,使复选框之间相互独立。

onvalue:复选框选中(有效)时变量的值。

offvalue:复选框未选中(无效)时变量的值。

command:复选框选中时执行的命令(函数)。

6）获取 Checkbutton 状态

为了获取 Checkbutton 组件是否被选中，需要使用 variable 属性为 Checkbutton 组件指定一个对应变量，例如：

```
c = tkinter.IntVar()
c.set(2)
check = tkinter.Checkbutton(root,text = '喜欢',variable = c,onvalue = 1,offvalue = 2)   #1 为选
中,2 没选中
check.pack()
```

指定变量 c 后，可以使用 c.get()获取复选框的状态值。也可以使用 c.set()设置复选框的状态。例如，设置 check 复选框对象为没有选中状态，代码如下：

```
c.set(2)                #1 选中,2 没选中,设置为 2 就是没选中状态
```

获取单选按钮（Radiobutton）状态的方法同上。

【例 1-20】 Tkinter 创建使用单选按钮（Radiobutton）组件选择国家的程序。

```
import tkinter
root = tkinter.Tk()
r = tkinter.StringVar()                                          #创建 StringVar 对象
r.set('1')                                                       #设置初始值为'1',初始选中'中国'
radio = tkinter.Radiobutton(root,variable = r,value = '1',text = '中国')
radio.pack()
radio = tkinter.Radiobutton(root,variable = r,value = '2',text = '美国')
radio.pack()
radio = tkinter.Radiobutton(root,variable = r,value = '3',text = '日本')
radio.pack()
radio = tkinter.Radiobutton(root,variable = r,value = '4',text = '加拿大')
radio.pack()
radio = tkinter.Radiobutton(root,variable = r,value = '5',text = '韩国')
radio.pack()
root.mainloop()
print (r.get())                                                  #获取被选中单选按钮变量值
```

以上代码的执行结果如图 1-12 所示。选中日本后则打印出 3。

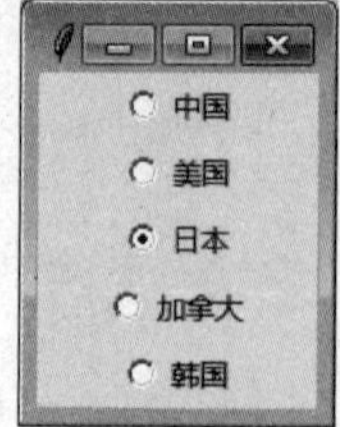

图 1-12　单选按钮 Radiobutton 示例程序

6. 菜单（Menu）组件

图形用户界面应用程序通常提供菜单，菜单包含各种按照主题分组的基本命令。图形用户界面应用程序包括两种类型的菜单：主菜单和上下文菜单。

(1) 主菜单：提供窗体的菜单系统。通过单击可下拉出子菜单，选择命令可执行相关的操作。常用的主菜单通常包括文件、编辑、视图、帮助等。

(2) 上下文菜单（也称为快捷菜单）：通过右击某对象而弹出的菜单，一般为与该对象

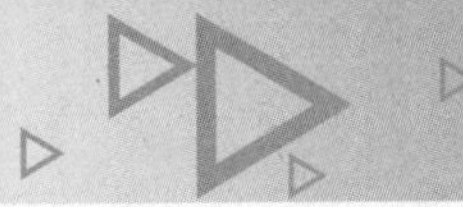

相关的常用菜单命令，如剪切、复制、粘贴等。

创建 Menu 对象的基本方法如下：

```
Menu 对象 = Menu(Windows 窗口对象)
```

将 Menu 对象显示在窗口中的方法如下：

```
Windows 窗口对象['menu'] = Menu 对象
Windows 窗口对象.mainloop()
```

【例 1-21】 使用 Menu 组件的简单例子，执行结果如图 1-13 所示。

```
from tkinter import *
root = Tk()
def hello():                                    #菜单项事件函数，可以每个菜单项单独写
    print("你单击主菜单")
m = Menu(root)
for item in ['文件','编辑','视图']:              #添加菜单项
    m.add_command(label = item, command = hello)
root['menu'] = m                                #附加主菜单到窗口
root.mainloop()
```

7. 消息窗口（消息框）

消息窗口（messagebox）用于弹出提示框向用户进行告警，或让用户选择下一步如何操作。消息框包括很多类型，常用的有 info、warning、error、yesno、okcancel 等，包含不同的图标、按钮及弹出提示音。

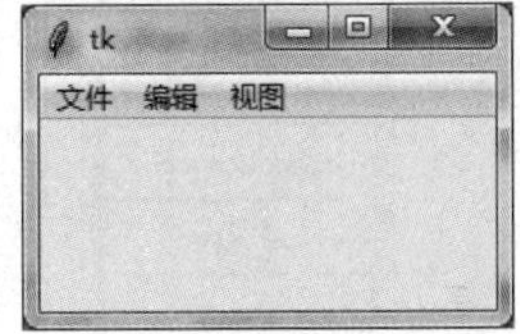

图 1-13 使用 Menu 组件主菜单运行效果

【例 1-22】 演示各消息框的程序，消息窗口运行效果如图 1-14 所示。

```
import tkinter as tk
from tkinter import messagebox as msgbox
def btn1_clicked():
    msgbox.showinfo("Info", "Showinfo test.")
def btn2_clicked():
    msgbox.showwarning("Warning", "Showwarning test.")
def btn3_clicked():
    msgbox.showerror("Error", "Showerror test.")
def btn4_clicked():
    msgbox.askquestion("Question", "Askquestion test.")
def btn5_clicked():
    msgbox.askokcancel("OkCancel", "Askokcancel test.")
def btn6_clicked():
    msgbox.askyesno("YesNo", "Askyesno test.")
def btn7_clicked():
```

```
    msgbox.askretrycancel("Retry", "Askretrycancel test.")
root = tk.Tk()
root.title("MsgBox Test")
btn1 = tk.Button(root, text = "showinfo", command = btn1_clicked)
btn1.pack(fill = tk.X)
btn2 = tk.Button(root, text = "showwarning", command = btn2_clicked)
btn2.pack(fill = tk.X)
btn3 = tk.Button(root, text = "showerror", command = btn3_clicked)
btn3.pack(fill = tk.X)
btn4 = tk.Button(root, text = "askquestion", command = btn4_clicked)
btn4.pack(fill = tk.X)
btn5 = tk.Button(root, text = "askokcancel", command = btn5_clicked)
btn5.pack(fill = tk.X)
btn6 = tk.Button(root, text = "askyesno", command = btn6_clicked)
btn6.pack(fill = tk.X)
btn7 = tk.Button(root, text = "askretrycancel", command = btn7_clicked)
btn7.pack(fill = tk.X)
root.mainloop()
```

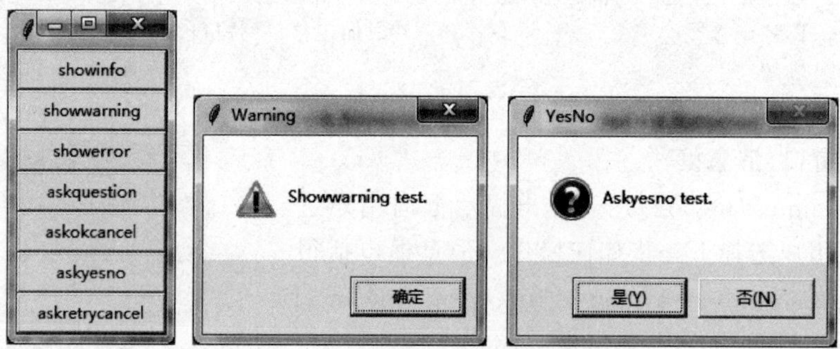

图 1-14　消息窗口运行效果

8. 框架(Frame)组件

框架组件在进行分组组织其他组件的过程中是非常重要的，负责安排其他组件的位置。Frame 组件在屏幕上显示为一个矩形区域，作为显示其他组件的容器。

1) 创建和显示 Frame 对象

创建 Frame 对象的基本方法如下：

```
Frame 对象 = Frame (窗口对象, height = 高度,width = 宽度,bg = 背景色, …)
```

例如，创建第 1 个 Frame 组件，其高 100，宽 400，背景色为绿色。

```
f1 = Frame(root, height = 100,width = 400,bg = 'green')
```

显示 Frame 对象的方法如下：

```
Frame 对象.pack()
```

2）向 Frame 组件中添加组件

在创建组件时可以指定其容器为 Frame 组件，例如：

```
Label(Frame 对象,text = 'Hello').pack() #向 Frame 组件添加一个 Label 组件
```

1.4.4 Python 事件处理

视频讲解

所谓事件(event)，就是程序上发生的事。例如，用户敲击键盘上某一个键或单击、移动鼠标。而对于这些事件，程序需要做出反应。Tkinter 提供的组件通常都有自己可以识别的事件。例如，当按钮被单击时执行特定操作或当一个输入栏成为焦点，而用户又敲击了键盘上的某些按键，所输入的内容就会显示在输入栏内。

程序可以使用事件处理函数来指定当触发某个事件时所做的反应(操作)。

1. 事件类型

事件类型的通用格式如下：

```
<[modifier - ]…type[ - detail]>
```

事件类型必须放置于尖括号<>内。type 描述了类型，如键盘按键、鼠标单击。

modifier 用于组合键定义，如 Control、Alt。detail 用于明确定义是哪一个键或按钮的事件，例如，1 表示鼠标左键、2 表示鼠标中键、3 表示鼠标右键。

举例：

< Button-1 >：按下鼠标左键。

< KeyPress-A >：按下键盘上的 A 键。

< Control-Shift-KeyPress-A >：同时按下了 Control、Shift 和 A 三键。

Python 中的事件主要有键盘事件(见表 1-6)、鼠标事件(见表 1-7)和窗体事件(见表 1-8)。

表 1-6 键盘事件

名　称	描　述
KeyPress	按下键盘上的某键时触发，可以在 detail 部分指定是哪个键
KeyRelease	释放键盘上的某键时触发，可以在 detail 部分指定是哪个键

表 1-7 鼠标事件

名　称	描　述
ButtonPress 或 Button	按下鼠标某键，可以在 detail 部分指定是哪个键
ButtonRelease	释放鼠标某键，可以在 detail 部分指定是哪个键
Motion	点中组件的同时拖曳组件移动时触发
Enter	当鼠标指针移进某组件时触发
Leave	当鼠标指针移出某组件时触发
MouseWheel	当鼠标滚轮滚动时触发

表 1-8　窗体事件

名　称	描　述
Visibility	当组件变为可视状态时触发
Unmap	当组件由显示状态变为隐藏状态时触发
Map	当组件由隐藏状态变为显示状态时触发
Expose	当组件从原本被其他组件遮盖的状态中暴露出来时触发
FocusIn	组件获得焦点时触发
FocusOut	组件失去焦点时触发
Configure	当改变组件大小时触发，如拖曳窗体边缘
Property	当窗体的属性被删除或改变时触发，属于 Tkinter 的核心事件
Destroy	当组件被销毁时触发
Activate	与组件选项中的 state 项有关，表示组件由不可用转为可用。例如，按钮由 disabled(灰色)转为 enabled
Deactivate	与组件选项中的 state 项有关，表示组件由可用转为不可用。例如按钮由 enabled 转为 disabled(灰色)

可以短格式表示事件，例如，< 1 >等同于< Button-1 >、< x >等同于< KeyPress-x >。

对于大多数的单字符按键，还可以忽略“<>”符号。但是空格键和尖括号键不能这样做(正确的表示分别为< space >、< less >)。

2. 事件绑定

程序建立一个处理某一事件的事件处理函数，称为绑定。

1）创建组件对象时指定

创建组件对象实例时，可通过其命名参数 command 指定事件处理函数。例如：

```
def callback():                                     #事件处理函数
    showinfo("Python command","人生苦短、我用 Python")
Bu1 = Button(root, text = "设置 command 事件调用命令",command = callback)
Bu1.pack()
```

2）实例绑定

调用组件对象实例方法 bind 可为指定组件实例绑定事件，这是最常用事件绑定方式。

```
组件对象实例名.bind("<事件类型>", 事件处理函数)
```

假设声明了一个名为 canvas 的 Canvas 组件对象，想在 canvas 上按下鼠标左键时画上一条线，可以这样实现：

```
canvas.bind("< Button - 1 >", drawline)
```

其中，bind 函数的第一个参数是事件描述符，指定无论什么时候在 canvas 上，当按下鼠标左键时就调用事件处理函数 drawline 进行画线的任务。特别地，drawline 后面的圆括号是省略的，Tkinter 会将此函数填入相关参数后调用运行，在这里只是声明而已。

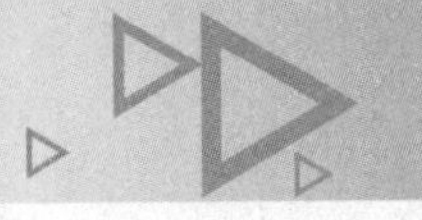

3）标识绑定

在 Canvas 画布中绘制各种图形，将图形与事件绑定可以使用标识绑定 tag_bind()函数。预先为图形定义标识 tag 后，通过标识 tag 来绑定事件。例如：

```
cv.tag_bind('r1','<Button-1>',printRect)
```

【例 1-23】 标识绑定的例子。

```
from tkinter import *
root = Tk()
def printRect(event):
    print ('rectangle 左键事件')
def printRect2(event):
    print ('rectangle 右键事件')
def printLine(event):
    print ('Line 事件')

cv = Canvas(root,bg = 'white')                    #创建一个 Canvas,设置其背景色为白色
rt1 = cv.create_rectangle(
    10,10,110,110,
    width = 8, tags = 'r1')
cv.tag_bind('r1','<Button-1>',printRect)      #绑定 item 与鼠标左键事件
cv.tag_bind('r1','<Button-3>',printRect2)     #绑定 item 与鼠标右键事件
#创建一个 line,并将其 tags 设置为'r2'
cv.create_line(180,70,280,70,width = 10,tags = 'r2')
cv.tag_bind('r2','<Button-1>',printLine)      #绑定 item 与鼠标左键事件
cv.pack()
root.mainloop()
```

这个示例中，单击到矩形的边框时才会触发事件，矩形既响应鼠标左键又响应右键。单击矩形边框时出现“rectangle 左键事件”信息，右击矩形边框时出现“rectangle 右键事件”信息，单击直线时出现“Line 事件”信息。

3. 事件处理函数

1）定义事件处理函数

事件处理函数往往带有一个 event 参数。触发事件调用事件处理函数时，将传递 Event 对象实例。

```
def callback(event):                                    #事件处理函数
    showinfo("Python command","人生苦短、我用 Python")
```

2）Event 事件处理参数属性

Event 对象实例可以获取各种相关参数。Event 事件对象主要参数属性如表 1-9 所示。

表 1-9　Event 事件对象主要参数属性

参　　数	说　　明
. x,. y	鼠标相对于组件对象左上角的坐标
. x_root,. y_root	鼠标相对于屏幕左上角的坐标
. keysym	字符串命名按键，例如 Escape，F1…F12，Scroll_Lock，Pause，Insert，Delete，Home，Prior(这个是 page up)，Next(这个是 page down)，End，Up，Right，Left，Down，Shitf_L，Shift_R，Control_L，Control_R，Alt_L，Alt_R，Win_L
. keysym_num	数字代码命名按键
. keycode	键码，但是它不能反映事件前缀：Alt、Control、Shift、Lock，并且它不区分大小写按键，即输入 a 和 A 是相同的键码
. time	时间
. type	事件类型
. widget	触发事件的对应组件
. char	字符

Event 事件对象按键详细信息说明如表 1-10 所示。

表 1-10　Event 按键详细信息

. keysym	. keycode	. keysym_num	说　　明
Alt_L	64	65513	左手边的 Alt 键
Alt_R	113	65514	右手边的 Alt 键
BackSpace	22	65288	BackSpace 键
Cancel	110	65387	Pause Break 键
F1～F11	67～77	65470～65480	功能键 F1～F11
Print	111	65377	打印屏幕键

【例 1-24】　触发 keyPress 键盘事件的例子，运行效果如图 1-15 所示。

```
from tkinter import *                              #导入 tkinter
def printkey(event):                               #定义的函数监听键盘事件
    print('你按下了：' + event.char)
root = Tk()                                        #实例化 tk
entry = Entry(root)                                #实例化一个单行输入框
#给输入框绑定按键监听事件<KeyPress>为监听任何按键
#<KeyPress-x>监听某键 x,如大写的 A<KeyPress-A>、回车<KeyPress-Return>
entry.bind('<KeyPress>', printkey)
entry.pack()
root.mainloop()                                    #显示窗体
```

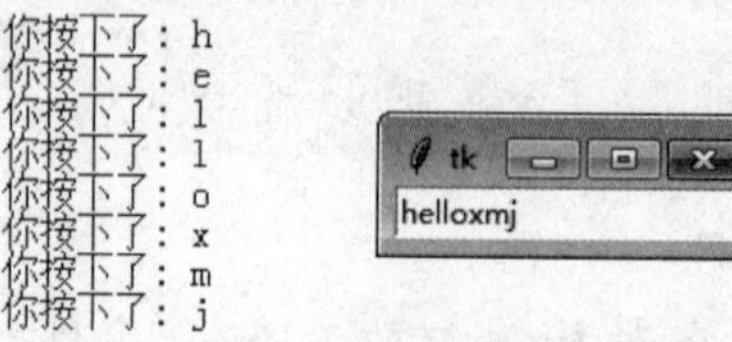

图 1-15　keyPress 键盘事件运行效果

【例 1-25】 获取单击标签 Label 时坐标的鼠标事件例子,运行效果如图 1-16 所示。

```
from tkinter import *                          # 导入 tkinter
def leftClick(event):                          # 定义的函数监听鼠标事件
    print("x轴坐标:", event.x)
    print("y轴坐标:", event.y)
    print("相对于屏幕左上角x轴坐标:", event.x_root)
    print("相对于屏幕左上角y轴坐标:", event.y_root)
root = Tk()                                    # 实例化 tk
lab = Label(root,text = "hello")               # 实例化一个 Label
lab.pack()                                     # 显示 Label 组件
#给 Label 绑定鼠标监听事件
lab.bind("<Button-1>",leftClick)
root.mainloop()                                # 显示窗体
```

```
x轴坐标: 33
y轴坐标: 11
相对于屏幕左上角x轴坐标: 132
相对于屏幕左上角y轴坐标: 91
x轴坐标: 8
y轴坐标: 11
相对于屏幕左上角x轴坐标: 107
相对于屏幕左上角y轴坐标: 91
x轴坐标: 5
y轴坐标: 6
相对于屏幕左上角x轴坐标: 104
相对于屏幕左上角y轴坐标: 86
```

图 1-16 鼠标事件运行效果

1.5 Python 文件的使用

视频讲解

在程序运行时,数据保存在内存的变量中。内存中的数据在程序结束或关机后就会消失。如果想在下次开机运行程序时还使用同样的数据,就需要把数据存储在不易失的存储介质中,如硬盘、光盘或 U 盘中。不易失存储介质上的数据保存在以存储路径命名的文件中。通过读/写文件,程序就可以在运行时保存数据。我们要学习使用 Python 在磁盘上创建、读/写及关闭文件。

使用 Python 文件与人们平时生活中使用记事本很相似。使用记事本时,需要先打开本子,使用后要合上它。打开记事本后,我们既可以读取信息,也可以向本子里写。不管哪种情况,都需要知道在哪里进行读/写。在记事本中既可以一页页从头到尾地读,也可以直接跳转到需要的地方。

在 Python 中对文件的操作通常按照以下 3 个步骤进行。

(1) 使用 open()函数打开(或建立)文件,返回一个 file 对象。

(2) 使用 file 对象的读/写方法对文件进行读/写操作。其中,将数据从外存传输到内存的过程称为读操作,将数据从内存传输到外存的过程称为写操作。

视频讲解

(3) 使用 file 对象的 close()方法关闭文件。

1.5.1 打开(建立)文件

在 Python 中要访问文件，必须打开 Python Shell 与磁盘上文件之间的连接。当使用 open()函数打开或建立文件时，会建立文件和使用它的程序之间的连接，并返回代表连接的文件对象。通过文件对象，就可以在文件所在磁盘和程序之间传递文件内容了，之后执行文件的所有后续操作。文件对象有时也称为文件描述符或文件流。

建立了 Python 程序和文件之间的连接后，就创建了"流"数据，如图 1-17 所示。通常程序使用输入流读出数据，使用输出流写入数据，就好像数据流入到程序并从程序中流出。打开文件后，才能读或写(或读并且写)文件内容。

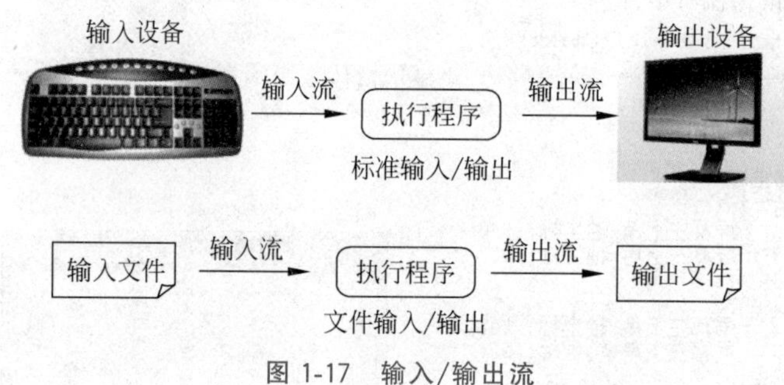

图 1-17 输入/输出流

open()函数用来打开文件。open()函数需要一个字符串路径，表明想要打开文件，并返回一个文件对象。语法如下：

```
fileobj = open(filename[,mode[,buffering]])
```

其中，fileobj 是 open()函数返回的文件对象。参数 filename 文件名是必写参数，它既可以是绝对路径，也可以是相对路径。模式(mode)和缓冲(buffering)可选。

mode 是指明文件类型和操作的字符串，可以使用的值如表 1-11 所示。

表 1-11 open 函数中 mode 参数常用值

值	描述
'r'	读模式，如果文件不存在，则发生异常
'w'	写模式，如果文件不存在，则创建文件再打开；如果文件存在，则清空文件内容再打开
'a'	追加模式，如果文件不存在，则创建文件再打开；如果文件存在，打开文件后将新内容追加至原内容之后
'b'	二进制模式，可添加到其他模式中使用
'+'	读/写模式，可添加到其他模式中使用

说明

(1) 当 mode 参数省略时，可以获得能读取文件内容的文件对象。即'r'是 mode 参数的默认值。

(2) '+'参数指明读和写都是允许的，可以用到其他任何模式中。例如，'r+'可以打开

一个文本文件并读写。

(3) 'b'参数改变处理文件的方法。通常,Python 处理的是文本文件。当处理二进制文件时(如声音文件或图像文件),应该在模式参数中增加'b'。比如,可以用'rb'来读取一个二进制文件。

open 函数的第三个参数 buffering 控制缓冲。当参数取 0 或 False 时,输入/输出(I/O)是无缓冲的,所有读写操作直接针对硬盘。当参数取 1 或 True 时,I/O 有缓冲,此时 Python 使用内存代替硬盘,使程序运行速度更快,只有使用 flush 或 close 时才会将数据写入硬盘。当参数大于 1 时,表示缓冲区的大小,以字节为单位;负数表示使用默认缓冲区大小。

下面举例说明 open 函数的使用。

先用记事本创建一个文本文件,取名为 hello. txt。输入以下内容并保存在文件夹 d:\python 中:

```
Hello!
Henan Zhengzhou
```

在交互式环境中输入以下代码:

```
>>> helloFile = open("d:\\python\\hello.txt")
```

这条命令将以读取文本文件的方式打开,放在 D 盘下 Python 文件夹的 hello 文件下。"读模式"是 Python 打开文件的默认模式。当文件以读模式打开时,只能从文件中读取数据而不能向文件写入或修改数据。

当调用 open()函数时将返回一个文件对象,在本例中文件对象保存在 helloFile 变量中。

```
>>> print (helloFile)
<_io.TextIOWrapper name = 'd:\\python\\hello.txt' mode = 'r' encoding = 'cp936'>
```

打印文件对象时可以看到文件名、读/写模式和编码格式。cp936 是指 Windows 系统中第 936 号编码格式,即 GB 2312 的编码。接下来就可以调用 helloFile 文件对象的方法读取文件中的数据了。

1.5.2 读取文本文件

可以调用 file 对象的多种方法读取文件内容。

1. read()方法

不设置参数的 read()方法将整个文件的内容读取为一个字符串。read()方法一次读取文件的全部内容,性能根据文件大小而变化,如 1GB 的文件读取时需要使用同样大小的内存。

【例 1-26】 调用 read()方法读取 hello 文件中的内容。

```
helloFile = open("d:\\python\\hello.txt")
fileContent = helloFile.read()
helloFile.close()
print(fileContent)
```

输出结果如下：

```
Hello!
Henan Zhengzhou
```

也可以设置最大读入字符数来限制 read()函数一次返回的大小。

【例 1-27】 设置参数一次读取 3 个字符读取文件。

```
helloFile = open("d:\\python\\hello.txt")
fileContent = ""
while True:
    fragment = helloFile.read(3)
    if fragment == "": #或者 if not fragment
        break
    fileContent += fragment
helloFile.close()
print(fileContent)
```

当读到文件结尾之后，read()方法会返回空字符串，此时 fragment=="" 成立，退出循环。

2. readline()方法

readline()方法从文件中获取一个字符串，每个字符串就是文件中的每一行。

【例 1-28】 调用 readline()方法读取 hello 文件的内容。

```
helloFile = open("d:\\python\\hello.txt")
fileContent = ""
while True:
   line = helloFile.readline()
   if line == "":       #或者 if not line
      break
   fileContent += line
helloFile.close()
print(fileContent)
```

当读取到文件结尾之后，readline()方法同样返回空字符串，使得 line=="" 成立，跳出循环。

3. readlines()方法

readlines()方法返回一个字符串列表，其中的每一项是文件中每一行的字符串。

【例 1-29】 使用 readlines()方法读取文件内容。

```
helloFile = open("d:\\python\\hello.txt")
fileContent = helloFile.readlines()
helloFile.close()
print(fileContent)
for line in fileContent:   #输出列表
   print(line)
```

readlines()方法也可以设置参数，指定一次读取的字符数。

1.5.3 写文本文件

视频讲解

写文件与读文件相似，都需要先创建文件对象连接。不同的是，打开文件时是以“写”模式或“添加”模式打开的。如果文件不存在，则创建该文件。

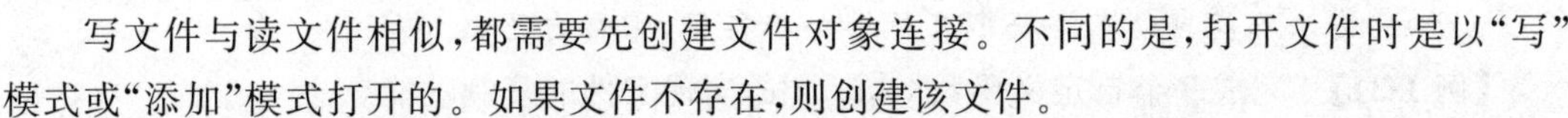

与读文件时不能添加或修改数据类似，写文件时也不允许读取数据。“w”写模式打开已有文件时，会覆盖文件原有内容，从头开始，就像我们用一个新值覆盖一个变量的值。

```
>>> helloFile = open("d:\\python\\hello.txt","w") #"w"写模式打开已有文件时会覆盖文件原有内容
>>> fileContent = helloFile.read()
Traceback (most recent call last):
  File "<pyshell#1>", line 1, in <module>
    fileContent = helloFile.read()
IOError: File not open for reading
>>> helloFile.close()
>>> helloFile = open("d:\\python\\hello.txt")
>>> fileContent = helloFile.read()
>>> len(fileContent)
0
>>> helloFile.close()
```

由于“w”写模式打开已有文件，文件原有内容会被清空。所以，再次读取内容时长度为0。

1. write()方法

write()方法将字符串参数写入文件。

【例1-30】 用write()方法写文件。

```
helloFile = open("d:\\python\\hello.txt","w")
helloFile.write("First line.\nSecond line.\n")
helloFile.close()
helloFile = open("d:\\python\\hello.txt","a")
helloFile.write("third line. ")
helloFile.close()
helloFile = open("d:\\python\\hello.txt")
fileContent = helloFile.read()
helloFile.close()
print(fileContent)
```

运行结果如下：

```
First line.
Second line.
third line.
```

当以写模式打开文件hello.txt时，文件原有内容被覆盖。调用write()方法将字符串参数写入文件，这里“\n”代表换行符。关闭文件之后再次以添加模式打开文件hello.txt，调用write()方法写入的字符串“third line.”被添加到了文件末尾。最终以读模式打开文件

后，读取到的内容共有 3 行字符串。

注意

write()方法不能自动在字符串末尾添加换行符，需要自己添加“\n”。

【例 1-31】 完成一个自定义函数 copy_file，实现文件的复制功能。

copy_file 函数需要两个参数，指定需要复制的文件 oldfile 和文件的备份 newfile。分别以读模式和写模式打开两个文件，从 oldfile 一次读入 50 个字符并写入 newfile。当读到文件末尾时，fileContent=="" 成立，退出循环并关闭两个文件。

```
def copy_file(oldfile,newfile):
    oldFile = open(oldfile,"r")
    newFile = open(newfile,"w")
    while True:
        fileContent = oldFile.read(50)
        if fileContent == "": #读到文件末尾时
            break
        newFile.write(fileContent)
    oldFile.close()
    newFile.close()
    return
copy_file("d:\\python\\hello.txt","d:\\python\\hello2.txt")
```

2. writelines ()方法

writelines(sequence)方法向文件写入一个序列字符串列表，如果需要换行，则需要自己加入每行的换行符。

```
obj = open("log.txt","w")
list02 = ["11","test","hello","44","55"]
obj.writelines(list02)
obj.close()
```

运行结果是生成一个 log.txt 文件，内容是 11testhello4455，可见没有换行。另外，注意 writelines()方法写入的序列必须是字符串序列，整数序列会产生错误。

视频讲解

1.5.4 文件的关闭

应该牢记使用 close 方法关闭文件。关闭文件是取消程序和文件之间连接的过程，内存缓冲区的所有内容将写入磁盘。因此，必须在使用文件后关闭文件，确保信息不会丢失。

要确保文件关闭，可以使用 try/finally 语句，在 finally 子句中调用 close 方法：

```
helloFile = open("d:\\python\\hello.txt","w")
try :
    helloFile.write("Hello,Sunny Day!")
finally:
    helloFile.close()
```

也可以使用 with 语句自动关闭文件：

```
with open("d:\\python\\hello.txt") as helloFile:
    s = helloFile.read()
print(s)
```

with 语句可以打开文件并赋值给文件对象，之后就可以对文件进行操作。文件会在语句结束后自动关闭，即使是由于异常引起的结束也是如此。

1.5.5　操作 Excel 文档

Python 自带的 CSV 模块可以处理逗号分隔值（Comma-Separated Values，CSV）文件，其文件以纯文本形式存储表格数据。CSV 文件由任意数量的记录组成，记录间以换行符分隔；每条记录由字段组成，字段间的分隔符常见的是逗号或制表符。而 Excel 是电子表格，包含文本、数值、公式和格式。当不需要公式和格式表格时，可用 CSV 格式保存；当需要时，可保存为 Excel 格式。

第三方的 xlrd 和 xlwt 两个模块分别用来读和写 Excel，只支持. xls 和. xlsx 格式，Python 不默认包含这两个模块。这两个模块之间相互独立，没有依赖关系，也就是说可以根据需要只安装其中一个。xlrd 和 xlwt 模块安装可以使用 pip install <模块名>：

```
pip install xlrd
pip install xlwt
```

看到类似 Successfully 的字样时，表明已经安装成功了。

1. 使用 xlrd 模块读取 Excel

xlrd 提供的接口比较多，常用的如下：

open_workbook()打开指定的 Excel 文件，返回一个 Book 工作簿对象。

```
data = xlrd.open_workbook('excelFile.xls') #打开 Excel 文件
```

1) Book 工作簿对象

通过 Book 工作簿对象可以得到各个 Sheet 工作表对象（一个 Excel 文件可以有多个 Sheet，每个 Sheet 就是一张表格）。Book 工作簿对象的属性和方法如下。

- Book. nsheets 返回 Sheet 的数目。
- Book. sheets()返回所有 Sheet 对象的 list。
- Book. sheet_by_index(index)返回指定索引处的 Sheet，相当于 Book. sheets()[index]。
- Book. sheet_names()返回所有 Sheet 对象名字的 list。
- Book. sheet_by_name(name)根据指定 Sheet 对象名字返回 Sheet。

例如：

```
table = data.sheets()[0]                #通过索引顺序获取 Sheet
table = data.sheet_by_index(0)          #通过索引顺序获取 Sheet
table = data.sheet_by_name('Sheet1')    #通过名称获取 Sheet
```

2）Sheet 工作表对象

通过 Sheet 工作表对象可以获取各个单元格，每个单元格是一个 Cell 对象。Sheet 对象的属性和方法如下：

- Sheet.name 返回表格的名称。
- Sheet.nrows 返回表格的行数。
- Sheet.ncols 返回表格的列数。
- Sheet.row(r)获取指定行，返回 Cell 对象的 list。
- Sheet.row_values(r)获取指定行的值，返回 list。
- Sheet.col(c)获取指定列，返回 Cell 对象的 list。
- Sheet.col_values(c)获取指定列的值，返回 list。
- Sheet.cell(r, c)根据位置获取 Cell 对象。
- Sheet.cell_value(r, c)根据位置获取 Cell 对象的值。例如：

```
cell_A1 = table.cell(0,0).value       #获取 A1 单元格的值
cell_C4 = table.cell(2,3).value       #获取 C4 单元格的值
```

例如，循环输出表数据：

```
nrows = table.nrows          #表格的行数
ncols = table.ncols          #表格的列数
for i in range(nrows):
    print (table.row_values(i) )
```

3）Cell 对象

Cell 对象的 Cell.value 返回单元格的值。

下面是一段读取图 1-18 所示的'test.csv' Excel 文件示例代码：

```
import xlrd
wb = xlrd.open_workbook('test.xls')          #打开文件
sheetNames = wb.sheet_names()                 #查看包含的工作表
print(sheetNames)                             #输出所有工作表的名称,['sheet_test']
#获得工作表的两种方法
sh = wb.sheet_by_index(0)
sh = wb.sheet_by_name('sheet_test')           #通过名称'sheet_test'获取对应的 Sheet
#单元格的值
cellA1 = sh.cell(0,0)
cellA1Value = cellA1.value
print(cellA1Value)                            #王海
#第一列的值
columnValueList = sh.col_values(0)
print(columnValueList)                        #['王海', '程海鹏']
```

程序运行结果如下：

```
['sheet_test']
王海
['王海', '程海鹏']
```

2. 使用 xlwt 模块写 Excel

相对来说，xlwt 提供的接口就没有 xlrd 那么多了，主要如下。

- Workbook()是构造函数，返回一个工作簿的对象。
- Workbook. add_sheet(name)添加了一个名为 name 的表，类型为 Worksheet。
- Workbook. get_sheet(index)可以根据索引返回 Worksheet。
- Worksheet. write(r, c, vlaue)是将 vlaue 填充到指定位置。
- Worksheet. row(n)返回指定的行。
- Row. write(c, value)在某一行的指定列写入 value。
- Worksheet. col(n)返回指定的列。

通过对 Row. height 或 Column. width 赋值可以改变行或列默认的高度或宽度(单位：0.05 pt，即 1/20 pt)。

- Workbook. save(filename)保存文件。

表的单元格默认是不可重复写的，如果有需要，在调用 add_sheet()的时候指定参数 cell_overwrite_ok=True 即可。

下面是一段写入 Excel 的示例代码：

```
import xlwt
book = xlwt.Workbook(encoding='utf-8')
sheet = book.add_sheet('sheet_test', cell_overwrite_ok=True)  #单元格可重复写
sheet.write(0, 0, '王海')
sheet.row(0).write(1, '男')
sheet.write(0, 2, 23)
sheet.write(1, 0, '程海鹏')
sheet.row(1).write(1, '男')
sheet.write(1, 2, 41)
sheet.col(2).width = 4000             #单位 1/20pt
book.save('test.xls')
```

程序运行后生成图 1-18 所示的'test. xls'文件。

	A	B	C
1	王海	男	23
2	程海鹏	男	41
3			
4			

图 1-18　'test. xls'文件

1.6　Python 的第三方库

Python 语言有标准库和第三方库两类库，标准库随 Python 安装包一起发布，用户可以随时使用，第三方库需要安装后才能使用。由于 Python 语言经历了版本更迭过程，而且第三方库由全球开发者分布式维护，缺少统一的集中管理。因此，Python 第三方库曾经一度制约了该语言的普及和发展。随着官方 pip 工具的应用，Python 第三方库的安装变得十分容易。常用 Python 第三方库如表 1-12 所示。

表 1-12　常用 Python 第三方库

库 名 称	库 用 途
Django	开源 Web 开发框架，它鼓励快速开发，并遵循 MVC 设计，比较好用，开发周期短
webpy	一个小巧灵活的 Web 框架，虽然简单，但功能强大
Matplotlib	用 Python 实现的类 MATLAB 的第三方库，用以绘制一些高质量的数学二维图形
SciPy	基于 Python 的 MATLAB 实现，旨在实现 MATLAB 的所有功能
NumPy	基于 Python 的科学计算第三方库，提供了矩阵、线性代数、傅里叶变换等解决方案
PyGtk	基于 Python 的 GUI 程序开发 GTK+库
PyQt	用于 Python 的 QT 开发库
WxPython	Python 下的 GUI 编程框架，与 MFC 的架构相似
BeautifulSoup	基于 Python 的 HTML/XML 解析器，简单易用
PIL	基于 Python 的图像处理库，功能强大，对图形文件的格式支持广泛
MySQLdb	用于连接 MySQL 数据库
PyGame	基于 Python 的多媒体开发和游戏软件开发模块
Py2exe	将 Python 脚本转换为 Windows 上可以独立运行的可执行程序
pefile	Windows PE 文件解析器

最常用且最高效的 Python 第三方库安装方式是采用 pip 工具安装。pip 是 Python 官方提供并维护的在线第三方库安装工具。对于同时安装 Python 2 和 Python 3 的环境，建议采用 pip 3 命令专门为 Python 3 版安装第三方库。

例如，安装 pygame 库，pip 工具默认从网络上下载 pygame 库安装文件并自动装到系统中。

注意

pip 是在命令行下(cmd)运行的工具。

```
D:\> pip install pygame
```

也可以卸载 pygame 库，卸载过程可能需要用户确认。

```
D:\> pip uninstall pygame
```

可以通过 list 子命令列出当前系统中已经安装的第三方库，例如：

```
D:\> pip list
```

pip 是 Python 第三方库最主要的安装方式，可以安装超过 90%以上的第三方库。然而，由于一些历史、技术等原因，还有一些第三方库暂时无法用 pip 安装，此时若需要其他的安装方法(如下载库文件后手工安装)，可以参照第三方库提供的步骤和方式安装。

第 2 章

HTML 基础知识和 Python 文本处理

网络爬虫的工作对象是 HTML 网页。所以，在正式学习网络爬虫之前，需要具备一定的 HTML 知识和了解网页请求的原理，以确保正式编写网络爬虫时快速锁定有用信息的位置，再结合文本处理工具如正则表达式，制定出数据提取方案。

2.1 HTML 基础

互联网上的应用程序被称为 Web 应用程序，Web 应用程序使用 Web 文档（网页）来表现用户界面，而 Web 文档都遵循标准 HTML 格式。

在开始一个网络爬虫项目时，首先要确定目标信息是以何种形式存在于 HTML 网页之中的，该目标是文本还是图片形式，目标信息在网页源代码中处于什么位置，找到网页中元素排布规律，并分析出目标信息带有的特殊标记，从而达到提取目标信息的目的。

2.1.1 什么是 HTML

超文本标记语言（HyperText Markup Language，HTML）是通过嵌入代码或标记来表明文本格式的国际标准。用它编写的文件扩展名是.html 或.htm，这种网页文件的内容通常是静态的。所有的网站都是由这些静态页面或者动态页面（如.aspx）组成的。

HTML 语言中包含很多 HTML 标签（标记、Tag），它们可以被 Web 浏览器解释，从而决定网页的结构和显示的内容。这些标签通常成对出现，如< HTML >和</HTML >就是常用的标签对，语法格式如下：

```
<标签名> 数据 </标签名>
```

【例 2-1】 一个使用基本结构标记文档的 HTML 文档实例 first.html。

```
<html>
  <head>
    <title>HTML文件标题</title>
  </head>
  <body>
      <!-- HTML文件内容 -->
      <p>this is a paragraph</p>
      <b>This text is bold</b>
  </body>
</html>
```

这个文件的第一个标签(标记)是<html>,这个标签告诉浏览器,这是HTML文件的头。文件的最后一个标签是</html>,表示HTML文件到此结束。

在<head>和</head>之间的内容是Head信息。Head信息是不显示出来的,在浏览器里看不到,但是这并不表示这些信息没有用处。此时可以在Head信息中加上一些关键词,有助于搜索引擎能够搜索到网页。

在<title>和</title>之间的内容是文件的标题,可以在浏览器最顶端的标题栏看到。

在<body>和</body>之间的信息是正文。

<!-- 和 -->是HTML文档中的注释符,它们之间的代码不会被解析。

在<b>和</b>之间的文字,用粗体表示。<b>顾名思义,就是bold的意思。

HTML文件看上去和一般文本类似,但是它比一般文本多了标记(Tag),如<html>、<b>等,通过这些标记(Tag),告诉浏览器如何显示这个文件。

实际上<标签名>数据</标签名>就是HTML元素(HTML Elements)。大多数元素都可以嵌套,例如:

```
<body>
    <p>this is a paragraph</p>
</body>
```

其中,<body>元素的内容是另一个HTML元素。HTML文件是由嵌套的HTML元素组成的。

2.1.2 HTML的历史

1990年,欧洲原子物理研究所的英国科学家Tim Berners-Lee发明了万维网(World Wide Web,WWW)。通过Web,用户可以在一个网页里比较直观地表示出互联网上的资源。因此,Tim Berners-Lee被称为互联网之父。

1993年,Internet工程任务组(Internet Engineering Task Force,IETF)发布了第1部HTML规范建议。1994年,IETF成立了HTML工作组,该工作组于1995年完成了HTML 2.0设计,并于同年发布了HTML 3.0,对HTML 2.0进行了扩展。

HTML 4.01发布于1999年,直至现在仍然有大量的网页是基于HTML 4.01的,它的应用周期超过10年,是到目前为止影响最广泛的HTML版本。

2004年,超文本应用技术工作组(Web Hypertext Application Technology Working

Group，WHATWG）开始研发 HTML 5。2007 年，万维网联盟（World Wide Web Consortium，W3C）接受了 HTML 5 草案，并成立了专门的工作团队，并于 2008 年 1 月发布了第 1 个 HTML 5 的正式草案。

2010 年，时任苹果公司 CEO 的乔布斯发表了一篇名为《对 Flash 的思考》的文章，指出随着 HTML 5 的完善和推广，以后在观看视频等多媒体时就不再依靠 Flash 插件了。这引起了主流媒体对 HTML 5 的兴趣。

目前 HTML 5 的标准草案已进入了 W3C 制定标准 5 大程序的第 1 步。预期要到 2022 年才会成为 W3C 推荐标准。HTML 5 无疑会成为未来 10 年最热门的互联网技术。

2.2 HTML 4 基础和 HTML 5 新特性

视频讲解

2.2.1 HTML 4 基础知识

HTML 文件是标准的 ASCII 文件，它是加入了许多被称为标签（Tag 标记）的特殊字符串的普通文本文件。组成 HTML 文件的标签有许多种，这些标签用于组织页面的布局和输出样式。每一个标签都有名称和可供选择使用的属性。

BODY 标签用于定义网页中所有将被浏览器显示的内容。下面的 HTML 代码将在浏览器中显示两行文字，第一行为“demo”，以二号标题的格式显示。第二行为“This is my first HTML file.”，以普通段落文字显示。

```
< BODY background = "flower.gif">
    < H2 > demo </H2 >
    < P > This is my first HTML file. </P >
</BODY >
```

第一行是 BODY 标签的起始标签，它标明 BODY 标签从此开始，因为所有的标签都具有相同的结构。标签可以出现属性，如 background 属性名。一个标签可以有多个属性，各个属性之间用空格分开。属性及其属性值不区分大小写。本例中的属性“background”指定用什么图片来填充背景。

第二行和第三行是 BODY 标签的标签体，此处的两行内容指定在浏览器中分别以不同的格式显示两行文字“demo”和“This is my first HTML file.”。

最后一行</BODY >是 BODY 标签的结尾标签，结尾标签与起始标签相对应，它的开始符是“</”。大多数标签的首尾标签必须成对出现，也有起始标签必须出现而结尾标签是可选的，如< P >、< OPTION >等标签；或者只有起始标签而禁止结尾标签的元素，如< INPUT >、< IMG >等标签。

从上面的例子可以看出，一个标签的标签体中可以有另外的标签，如上例中第二行的标题标签< H2 >…</H2 >和第三行的分段标签< P >。实际上，HTML 文件仅由一个 HTML 标签组成，即文件以< HTML >开始，以</HTML >结尾，中间都是 HTML 的标签体。

HTML 的标签体由两大部分组成，即头标签< HEAD >…</HEAD >和体标签

<BODY>…</BODY>。头标签和体标签的标签体又可由其他的标签、文本及注释组成，也就是说，一个 HTML 文件应具有下面的基本结构：

```
<HTML>              HTML 文件开始
   <HEAD>           头标签开始
     头标签体
   </HEAD>          头标签结束
   <BODY>           体标签开始
     体标签体
   </BODY>          体标签结束
</HTML>             HTML 文件结束
```

需要说明的是，HTML 文件中，有些标签只能出现在头标签中，其余绝大多数标签只能出现在体标签中。在头标签中的标签表示的是该 HTML 文件的一般信息，如文件标题、字符编码及是否可检索等。这些标签书写的次序是无关紧要的，它们只表明有没有该属性。但出现在体标签中的标签是次序敏感的，即改变标签的书写次序会改变该段信息在浏览器中的输出形式。

注意

目前 HTML 的标签(Tag)是不区分大小写的，即<title>和<TITLE>或者<TiTlE>是一样的。但最好是用小写标签(Tag)，因为 W3C 在 HTML 中推荐使用小写。

2.2.2 HTML 4 基本标签

1. 文件标题标签<TITLE>

TITLE 标签标明该 HTML 文件的标题，是对文件内容的概括。一个好的标题应该能使浏览者从中判断出该文件的大概内容。文件的标题一般不会显示在文本窗口中，而是以窗口的名称显示出来。TITLE 标签的格式如下：

```
<TITLE>文件标题</TITLE>
```

2. 标题标签<Hn>和段落标签<P>

标题标签有 6 种，分别为 H1，H2，…，H6，用于表示文章中的各种标题。标题号越小，字体越大，因此<H1>是最大的标题，<H6>是最小的标题，例如：

```
<H1> 一级标题 </H1>
<H2> 二级标题 </H2>
<H3> 三级标题 </H3>
<H4> 四级标题 </H4>
```

如果要设置正文段落，则使用<P>…</P>，中间存放文字、图像和超链接等，例如：

```
<P>第一个段落的文字</P>
<P>第二个段落的文字</P>
```

如果要强调某个单词，可以使用粗体字标签<B>…</B>。

段落<P>和标题<Hn>具有对齐属性 align，其值 left 表示标题居左，center 表示标题居中，right 表示标题居右。例如，设置二级标题、居中效果：

```
<H2 align = center > Chapter 2 </H2 >
```

3. 字体标签<FONT>

HTML 处理字体的标签，可以用来定义文字的字体(face)、大小(size)和颜色(color)。FONT 标签的格式如下：

```
<FONT>具体文字</FONT>
```

例如，设置字体为隶书，字号为 4 号，颜色为红色，文字为"中原工学院"：

```
<FONT face = "隶书" size = 4 color = "red">中原工学院</FONT>
```

4. 超链接标签 <A>

超链接(Hyperlink)是 HTML 语言中的一个重要部分。它指向用 URL 来唯一标识的另一个 Web 信息页，这是网络爬虫最关心的标签。

HTML 中的一个超链接由两部分组成：一部分是可被显示在 Web 浏览器中的超链文本及图像，当用户在它上面单击时，就触发了此超链接；另一部分就是用以描述当超链接被触发后要连接到何处的 URL 信息。因而超链接标签的格式如下：

```
<A HREF = "URL 信息">超链接文本及图像</A>
```

其中超链文本被浏览器用一种特殊颜色并带下画线的字体醒目地显示出来，当鼠标进入其区域时指针会变成手的形状，表示此处可以被触发。属性 HREF 表明了超链接被触发后所指向的 URL。例如：

```
<A HREF = "http://www.cqi.com.cn/person/szj98/index.htm">我的主页</A>
```

在 HTML 中还可使用相对 URL 来代替绝对 URL。例如，若指向的另一 HTML 文件在同一目录下，只需简单地写为：

```
<A HREF = "self.htm">自我介绍</A>
```

如要指向上两级目录下的文件，可以这样写：

```
<A HREF = "../../topic.htm">返回到顶级</A>
```

通常超链接指向一个文件，若要指向一个文件内的某一特定位置，就要用到超链名，其格式如下：

```
<A NAME="超链名">相关内容</A>
```

例如，在一个文件中有一部分内容是说明，可以先在说明标题上定义一个超链名：

```
<A NAME="说明">说明部分</A>
```

这样，就可以在同一文件的其他处创建一个超链来指向说明部分：

```
<A HREF="#说明">说明</A>
```

当用户一旦触发超链接，就显示其内容。

5. 图像标签<IMG>

目前有以下几种图像的格式能被 Web 浏览器直接解释：GIF、JPEG、BMP 等。对于段落中的图像，还可以利用 ALIGN 属性定义图与文本行的对齐方式，其属性值可取 TOP(与文本行顶部对齐)、MIDDLE(中间对齐)、BOTTOM(底部对齐，默认值)、LEFT(将此图显示在窗口左方)、RIGHT(将此图显示在窗口右方)。

例如，用<IMG>来表示网页中的一幅图像：

```
<H2><IMG ALIGN=MIDDLE SRC="glow.gif">蓝色天空</H2>
```

例如，在网页中插入一个名字为“star.jpg”的图像，图像宽度为 100px，高为 120px：

```
<IMG SRC="star.jpg" WIDTH="100" HEIGHT="120">
```

还可以在图像上设置超级链接，其标签为<A>…</A>。

```
<A HREF="http://www.zzti.edu.cn"><IMG SRC="中工.jpg"></A>
```

Web 浏览器在具有超链接的图像四周画一个边框，表示可以被触发。若想去掉这个框，只需在<IMG>中加上属性 BORDER=0 就可以了。如果不满意图像的原始尺寸，可以用属性 WIDTH 和 HEIGHT 重新定义图像的宽度和高度，属性值为用整数表示的屏幕像素点的个数。

6. 声音和视频标签

Web 浏览器自身不能解析声音和视频文件，但它能通过其他辅助工具的帮助来播放声音和视频文件。一般声音文件带有 WAV、SND 等扩展名，而视频文件带有 AVI、MPG 等文件扩展名。要播放这些文件，可把这些文件作为一个超链接中的 URL 信息。当用户触发这一超链接时，Web 浏览器发现自己无法解析这类文件，就在辅助工具表中启动相应的程序来播放它们。例如：

```
<H2><A HREF="cinema.avi">这是一段电影</A></H2>
```

用户触发这一超链接后，Web 浏览器立即启动默认的网络视频播放工具程序（如 Mplayer 程序）来播放此文件。

7. 框架标签<Frame>

使用框架可以在浏览器窗口同时显示多个网页。每个框架 Frame 中可以设定一个网页，各个 Frame 中的网页相互独立。例如：

```
<frameset cols="25%,75%">
    <frame src="a.htm">
    <frame src="b.htm">
</frameset>
```

框架集标签<frameset></frameset>决定如何划分框架 Frame。<frameset>有 cols 属性和 rows 属性。使用 cols 属性，表示按列划分 Frame；使用 rows 属性，表示按行划分 Frame。示例中将浏览器窗口分成 2 列，第一列 25%，表示第一列的宽度是窗口宽度的 25%；第二列 75%，表示第一列的宽度是窗口宽度的 75%。第一列中显示 a.htm，第二列中显示 b.htm。<frame>中有 src 属性，src 值就是网页的路径和文件名。

注意

<Frame>标签在 HTML 5 不再被支持。

8. 表格标签

在 HTML 文档中，表格是通过<table>、<th>、<tr>、<td>标签来完成的，如表 2-1 所示。

表 2-1　表格标签说明

标　　签	描　　述
<table>…</table>	用于定义一个表格开始和结束
<th>…</th>	定义表头单元格。表格中的文字将以粗体显示，在表格中也可以不用此标签，<th>标签必须放在<tr>标签内
<tr>…</tr>	定义行的标签，行标签内可以建立多组由<td>或<th>标签所定义的单元格
<td>…</td>	定义单元格标签，一组<td>标签将建立一个单元格，<td>标签必须放在<tr>标签内

在一个最基本的表格中，必须包含一组<table>标签、一组标签<tr>和一组<td>标签或<th>。表格标签<table>有很多属性，最常用的属性如表 2-2 所示。

表 2-2　表格标签<table>的常用属性

属　性	描　述	属　性	描　述
width	表格的宽度	bordercolor	表格边框颜色
height	表格的高度	bordercolorlight	表格边框明亮部分的颜色
align	表格在页面的水平摆放位置	bordercolordark	表格边框昏暗部分的颜色
bgcolor	表格的背景颜色	cellspacing	单元格之间的间距
border	表格边框的宽度(以像素为单位)	cellpadding	单元格内容与单元格边界之间空白距离的大小

【例 2-2】 一个简单的表格实例。

```
<HTML>
<HEAD>
    <TITLE>一个简单的表格</TITLE>
</HEAD>
<BODY>
<center>
  <table border = 1 bordercolor = "#006803" align = "center" cellspacing = "0" >
    <tr>
      <td>第 1 行中的第 1 列</td>
      <td>第 1 行中的第 2 列</td>
      <td>第 1 行中的第 3 列</td>
    </tr>
    <tr>
      <td>第 2 行中的第 1 列</td>
      <td>第 2 行中的第 2 列</td>
      <td>第 2 行中的第 3 列</td>
    </tr>
  </table>
</center>
</BODY>
</HTML>
```

浏览网页效果如图 2-1 所示。

第1行中的第1列	第1行中的第2列	第1行中的第3列
第2行中的第1列	第2行中的第2列	第2行中的第3列

图 2-1　表格示例

标签<th>、<tr>、<td>也有很多属性,用来控制行和单元格的属性,限于篇幅,这里不再介绍了。

9. 分区标签

<div>标签可以定义文档中的分区或节(division/section),可以把文档分割为独立的、不同的部分。在 HTML 4 中,<div>标签对涉及网页布局很重要。

【例 2-3】 使用<div>标签定义 3 个分区,背景色分别为红、绿、蓝,代码如下:

```
<div style = "background - color: #FF0000">
  <h3>标题 1 </h3>
  <p>正文 1 </p>
</div>
```

```
<div style = "background - color: # 00FF00">
  <h3 >标题 2 </h3 >
  <p>正文 2 </p>
</div>
<div style = "background - color:yellow">
  <h3 >标题 3 </h3 >
  <p>正文 3 </p>
</div>
```

Style 属性用于指定 div 元素的 CSS 样式。background-color 属性指定元素的背景色。CSS 技术在后面章节会介绍。浏览网页效果如图 2-2 所示。

图 2-2 div 元素示例

10. 其他常用标签

HTML 4 还有许多标签，这里仅用表 2-3 列出它们的作用，不再举例说明。

表 2-3 其他常用标签

标　　签	描　　述
< br >	< br >标签是 HTML 中的换行符
< pre >	< pre >标签用于定义预格式化的文本。< pre >中的文本会以等宽字体显示，并保留空格和换行符。< pre >标签通常可以用来显示源代码
< span >	< span >标签可以用来组合文档中的行内元素。它可以在行内定义一个区域，也就是一行内可以被< span >划分成好几个区域，从而实现某种特定效果
< li >	定义列表项目的标签，可以用于有序列表< ol >标签和无序列表< ul >标签内
< form >	定义表单

2.2.3 HTML 5 的新特性

HTML 5 是近十年来 Web 开发标准巨大的飞跃。和以前的版本不同，HTML 5 并非仅仅用来表示 Web 内容，它的新使命是将 Web 带入一个成熟的应用平台。在 HTML 5 平台上，视频、音频、图像、动画，以及同计算机的交互都被标准化。

HTML 5 在以前浏览器发展的基础上对标签进行了简化。另外，HTML 5 中对标签从语法上也进行了分类。

(1) 不允许写结束符的标签：area、basebr、col、command、embed、hr、img、input、

keygen、link、meta、param、source、Track、wbr。

(2) 可以省略结束符的标签：li、dt、dd、p、rt、optgroup、option、colgroup、thread、tbody、tr、td、th。

(3) 可以完全省略的标签：html、head、body、colgroup、tbody。

在 HTML 4 的基础上 HTML 5 新增了很多标签，下面列举部分新增标签，如表 2-4 所示。

表 2-4 HTML 5 新增标签

标　签	功能说明
<article>	定义文章或网页中的主要内容
<aside>	定义页面内容部分的侧边栏
<audio>	定义音频内容
<canvas>	定义画布
<command>	定义一个命令按钮
<datalist>	定义一个下拉列表
<details>	定义一个元素的详细内容
<dialog>	定义一个对话框(会话框)
<embed>	定义外部的可交互的内容或插件
<figure>	定义一组媒体内容及它们的标题
<footer>	定义一个页面或一个区域的底部
<header>	定义一个页面或一个区域的头部
<hgroup>	定义文件中一个区块的相关信息
<keygen>	定义表单里一个生成的键值
<mark>	定义有标签的文本
<meter>	标签定义
<nav>	定义导航链接
<output>	定义一些输出类型
<progress>	定义任务的过程
<section>	定义一个区域
<source>	定义媒体资源
<time>	定义一个日期/时间
<video>	显示一个视频

HTML 5 的主要新特性如下。

1. 支持本地存储

HTML 5 本地存储类似于 Cookies，但它支持存储的数据量更大，并且提供了一个本地数据库引擎，从而使保持和获取数据更加容易。这个特点可以很好地将数据分发给用户缓解与服务器的连接压力。另外，可以使用 JavaScript 从本地 Web 页面中访问本地数据库，这意味着可以将网页保存到本地，从公司回到家里不用连接互联网就能打开。

2. 全新的表单设计

HTML 5 支持 HTML 4 中定义的所有标准输入控件，而且新增了新输入控件，从而使 HTML 5 实现了全新的表单设计。例如，时间选择器控件，以后选择时间就无须使用

JavaScript 插件了，直接使用 type="date"属性即可。

```
<form>
选择日期: <input type = "date" value = "2017 - 01 - 04" />
</form>
```

在支持的浏览器(如 Google 浏览器)下，就有图 2-3 所示的效果。

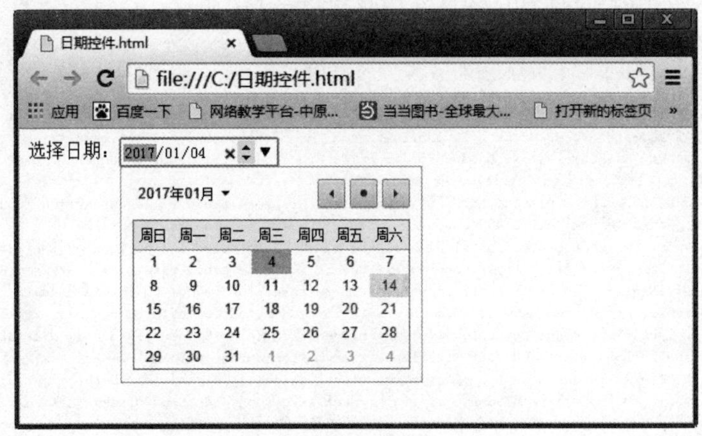

图 2-3 时间选择器控件

3. 强大的绘图功能

HTML 4 几乎没有绘图功能，通常只能显示已有的图片；而 HTML 5 则集成了强大的绘图功能。在 HTML 5 中可以通过下面的方法进行绘图。

- 使用 Canvas API 动态地绘制各种效果精美的图形。
- 绘制可伸缩矢量图形(SVG)。

借助 HTML 5 的绘图功能，既可以美化网页界面，也可以实现专业人士的绘图需求。游戏开发中主要使用 Canvas API 画图来实现游戏界面。

4. 获取地理位置信息

越来越多的 Web 应用需要获取地理位置信息，如在显示地图时标注自己的当前位置。在 HTML 4 中，获取用户的地理位置信息需要借助第三方地址数据库或专业的开发包(例如，Google Gears API)。HTML 5 新增了 Geolocation API 规范，可以通过浏览器获取用户的地理位置，这无疑给有相关需求的用户提供了很大的方便。

5. 支持多媒体功能

HTML 4 在播放音频和视频时都需要借 Flash 等第 3 方插件。而 HTML 5 新增了 <audio>和<video>元素，可以不依赖任何插件播放音频和视频，以后用户就不需要安装和升级 Flash 插件了。

6. 支持多线程

提到多线程，大多数人会想到 Visual C++、Visual C# 和 Java 等高级语言。传统的 Web 应用程序都是单线程的，完成一件事后才能做其他事情，因此效率不高。HTML 5 新增了 Web Workers 对象，使用 Web Workers 对象可以后台运行 JavaScript 程序，也就是支

持多线程，从而提高了加载网页的效率。

2.2.4 在浏览器中查看 HTML 源代码

1. 借助 IE 查看 HTML 源代码

打开 IE 浏览器，选择“查看”菜单下的“源”菜单项，IE 浏览器会自动打开一个新的窗口来显示网页源代码。例如，查看百度首页代码如图 2-4 所示。

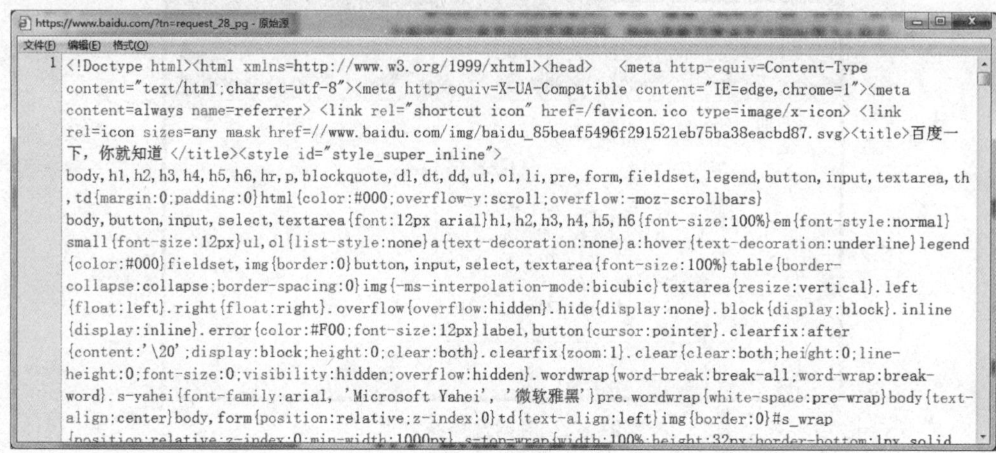

图 2-4 百度首页 HTML 源代码

从图 2-4 中可见代码比较乱，没有格式化，可以选择“文件”→“另存为”命令下载 HTML 源文件，下载好的 HTML 文件用 Notepad++ 打开或其他网页工具如 Dreamweaver 打开后都可以进行代码的格式化。

其实 IE 提供了一个更为强大的网页源代码查看工具——开发者工具。单击 IE 浏览器右上角的齿轮图标 ，在下拉菜单中选择“F12 开发者工具”选项，或者直接按键盘上的 F12 键也可打开开发者工具窗口。

例如查看有错误的 JavaScript 程序网页，在开发人员工具窗口选项“控制台”选项卡，可以看到网页中错误的位置和明细信息，如图 2-5 所示。

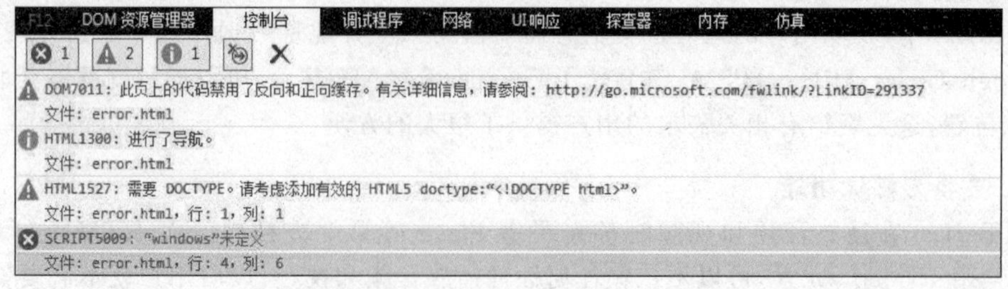

图 2-5 IE 的“控制台”选项卡查看网页中错误的信息

2. 借助 Google 浏览器 Chrome 查看 HTML 源代码

打开 Chrome，最简单的方法是右击网页，在弹出的快捷菜单中选择“查看源代码”命令即可。Google 浏览器也提供开发者工具窗口。单击 Chrome 浏览器右上角的【自定义及控制】图

标≡,选择“更多工具”→“开发者工具”命令,会在网页内容下面打开图 2-6 所示的开发者工具窗口,这种布局更利于对照网页内容进行调试,以及查看 cookie、网页请求、标签位置等信息。

图 2-6 Chrome 的开发者工具窗口 Elements 选项卡

开发者工具打开后,默认出现的页面是网页源代码及 Elements 选项卡的内容。因此可以通过开发者工具查看网页源代码,而且在这里动态生成的数据也可以看到。如果右击并选择“查看网页源代码”命令,则动态生成的内容基本上是写在< script >标签中的。

使用开发者工具经常会查看网页的 cookies 和网络连接情况。要想查看网络连接的情况,可选择 Network 选项卡,如图 2-7 所示。

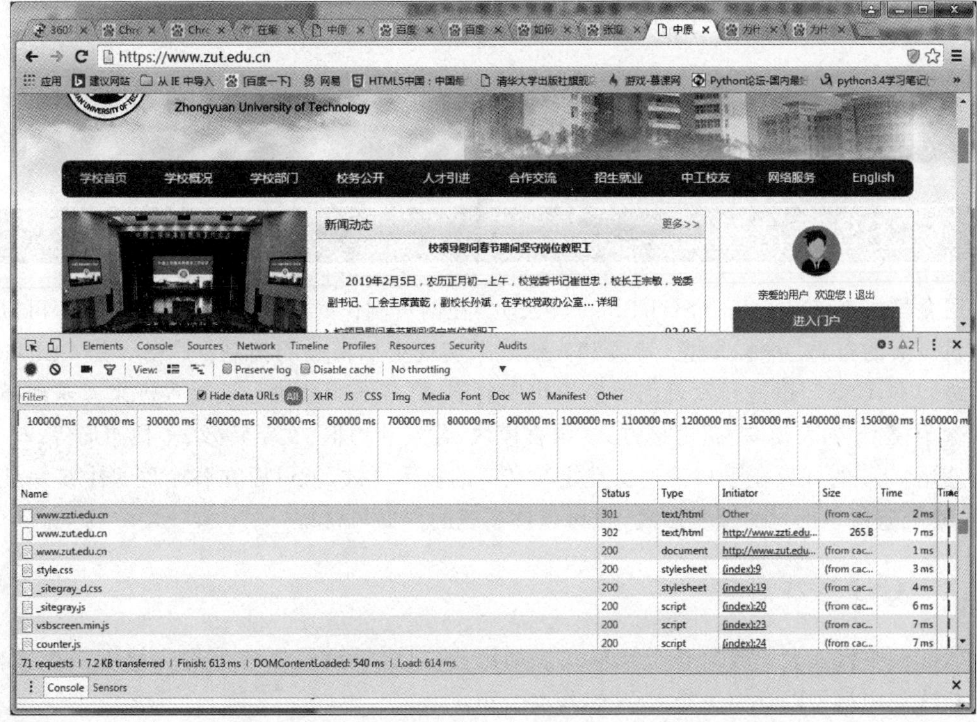

图 2-7 Chrome 的开发者工具窗口 Network 选项卡

查看网页的 cookies 可以选择 Network 选项卡，然后单击左侧的某超链接网址，在右侧选择 cookies 选项卡进行查看，如图 2-8 所示。查看其他信息可以单击 headers。

图 2-8　Network 选项卡下查看 cookies

在爬虫程序开发中，需要读者熟练掌握开发者工具，这样才能获取所要爬取信息对应的标签、cookie 等信息。

视频讲解

2.3　CSS 语法基础

层叠样式表(Cascading StyleSheet，CSS)。在网页制作时采用层叠样式表技术，可以有效地对页面的布局、字体、颜色、背景和其他效果实现更加精确的控制。CSS 3 是 CSS 技术的升级版本，CSS 3 语言开发是朝着模块化发展的，更多新的模块也被加入进来。这些模块包括盒子模型、列表模块、超链接方式、语言模块、背景和边框、文字特效、多栏布局等。

使用 CSS 的好处在于只需一次性定义文字的显示样式，就可以在各个网页中统一使用了，这样既避免了用户的重复劳动，也可以使系统的界面风格统一。

2.3.1　CSS 基本语句

CSS 层叠样式表一般由若干条样式规则组成，以告诉浏览器应怎样去显示一个文档。每条样式规则都可以看作一条 CSS 的基本语句。

一条 CSS 的基本语句的结构如下：

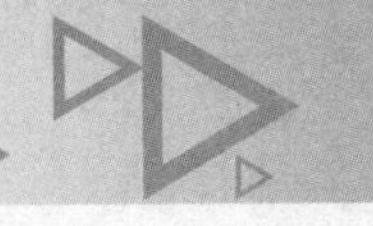

```
选择器{
    属性名:值;
    属性名:值;
    ……
}
```

例如:

```
div{
width:100px;
font-size:16pt;
color:red
}
```

width 用于设置宽度,把 div 元素宽度设置为 100px。font-size 用于设置字体大小,把字体设置成 16pt; color 用于设置文字的颜色,此处颜色是红色。

基本语句都包含一个选择器(Selector),用于指定在 HTML 文档中哪种 HTML 标记元素(如 body、p 或 h3)套用花括号内的属性设置。每个属性带一个值,共同描述这个选择器应该如何显示在浏览器中。

2.3.2 在 HTML 文档中应用 CSS 样式

1. 内部样式表

在网页中可以使用 style 元素定义一个内部样式表,指定该网页内元素的 CSS 样式。

【例 2-4】 使用内部样式表。

```
<HTML>
 <HEAD>
   <STYLE type = "text/css">
     A {color: red}
     P {background-color: yellow; color:white}
   </STYLE>
 </HEAD>
 <BODY>
   <A href = "http://www.zut.edu.cn">CSS 示例</A>
   <P>你注意到这一段文字的颜色和背景颜色了吗?</P>
</BODY></HTML>
```

2. 样式表文件

一个网站包含很多网页,通常这些网页都使用相同的样式,如果在每个网页中重复定义样式表,那显然是很麻烦的。可以先定义一个样式表文件,样式表文件的扩展名为.css,如 style.css,然后在所有网页中引用样式表文件,应用其中定义的样式表。

在 HTML 文档中可以使用 link 元素引用外部样式表。

【例 2-5】 演示外部样式表的使用。

创建一个 style. css 文件，内容如下：

```
A {color: red}
P {background - color: blue; color:white}
```

引用 style. css 的 HTML 文档的代码如下：

```
<HTML>
 <HEAD>
    <link rel = "stylesheet" type = "text/css" href = "style.css" />
 </HEAD>
 <BODY>
   <A href = " http://www.zut.edu.cn "> CSS 示例</A>
   <P>你注意到这一段文字的颜色和背景颜色了吗?</P>
</BODY> </HTML>
```

2.3.3 CSS 选择器

在 CSS 中选择器用于选择需要添加样式的元素。选择器主要有以下 3 种。

1. 标记选择器

一个完整的 HTML 页面是由很多不同的标记元素组成的，如 body、p 或 h3。而标记选择器则是决定哪些标记元素采用相应的 CSS 样式。

例如，在 style. css 文件中对 p 标记样式的声明如下：

```
p{
font - size:12px;
background: #900;
color:090;
}
```

此例页面中所有 p 标记的背景都是＃900(红色)，文字大小均是 12px，颜色为＃090(绿色)，在后期维护中，如想改变整个网站中 p 标记背景的颜色，只需修改 background 属性即可。

2. 类别选择器

在定义 HTML 元素时，可以使用 class 属性指定元素的类别。在 CSS 中可以使用 . class 选择器选择指定类别的 HTML 元素，方法如下：

```
.类名
{
    属性:值;…属性:值;
}
```

在 HTML 中，标记元素可以定义一个 class 的属性。如下：

```
<div class = "demoDiv">这个区域字体颜色为红色</div>
<p class = "demoDiv">这个段落字体颜色为红色</p>
```

CSS 的类选择器根据类名来选择，前面以“.”来标志，如：

```
.demoDiv{
    color:#FF0000;
}
```

最后，用浏览器浏览，发现所有 class 为 demoDiv 的元素都应用了这个样式，包括页面中的 div 元素和 p 元素。

3. ID 选择器

使用 ID 选择器可以根据 HTML 元素的 ID 选取 HTML 元素。所谓 ID，相当于 HTML 文档中的元素的“身份证”，以保证其在一个 HTML 文档中具有唯一性。这给使用 JavaScript 等脚本编写语言的应用带来了方便。要将一个 ID 包括在样式定义中，需要将“#”号作为 ID 名称的前缀。例如，将 id="highlight"的元素设置背景为黄色的代码如下：

```
#highlight{background - color:yellow;}
```

2.4 Python 文本处理

网络爬虫的基本任务就是从网络信息(或者 API 信息)中提取有用信息，可以理解为从负责的字符串中提取出结构化的、有价值的信息，而正则表达式则是完成这类任务的万能工具。

Python 具有强大文本处理能力，不仅能处理字符串，也能使用正则表达式按一定规则提取网页文本内容，下面学习 Python 具有的文本处理功能。

2.4.1 字符串基本处理

在 Python 中，使用 str 对象来保存字符串。str 对象的建立很简单，使用单引号、双引号或 3 个单引号都可以。例如：

```
s = 'nice'
s = "nice"
s = "Let's go"
s = '''nice'''      #3 个单引号
s = str(123)        #相当于 s = '123'
```

对于特别长的字符串(如包含几段文字)，可以使用 3 个单引号。在 Python 中，可以使用转义字符(例如\n 代表换行符，\t 代表 tab 键)。

在 Python 中，引用和处理 str 中的某一段的内容很容易。例如：

1. 按照某种格式生产字符串

在 Python 中，字符串 str 对象有一个方法用于实现这种功能，这个方法是 str.format(*args, **kwargs)。例如：

```
'1 + 2 = {0}'.format(1 + 2)
```

{0}是占位符，其中 0 表示是第一个需要被替换的。结果就是'1+2=3'

```
'{0}:{1}'.format('nice','day')
```

{0}，{1}是占位符，{0}指第一被替换，替换成 nice，{1}指第二个被替换，替换成 day。结果就是'nice:day'

2. 字符串连接和重复

字符串可以用+号连接起来，用*号重复：

```
>>> word = 'Help' + 'A'
>>> word
```

'HelpA'

```
>>> '<' + word*5 + '>' #重复5次
```

'< HelpAHelpAHelpAHelpAHelpA >'

3. 字符串索引和切片

字符串可以像在 C 语言中那样用下标索引，字符串的第一个字符下标为 0。Python 没有单独的字符数据类型，一个字符就是长度为一的字符串。可以用切片(slice)来截取其中的任意部分形成新子串，切片即用冒号隔开的两个下标。

```
>>> word = 'HelpA'
>>> word[4]          #下标索引为 4 的字符,即'A'
>>> word[0:2]        #'He'
>>> word[2:4]        'lp'
```

切片有默认值：第一下标省略时默认为零，第二下标省略时默认为字符串的长度。

```
>>> word[:2]          #前两个字符'He'
>>> word[2:]          #除前两个字符串外的部分'lpA'
>>> s = '123456789'
>>> s[0]              #第一个字符: 1
>>> s[-1]             #倒数第一个字符: 9
>>> s[:2]             #前 2 个字符: 12
>>> s[-2:]            #后 2 个字符: 89
>>> s[2:-2]           #去掉前 2 个和后 2 个剩余的字符 34567
```

举一个实用例子，手机拍照之后，照片的命名如下：

```
IMG_20170812_145732.jpg
IMG_20170813_144559.jpg
```

用户需要根据照片的日期分别放到不同的文件夹，文件夹命名如下：

```
2017 - 08 - 12
2017 - 08 - 13
```

所以，要对照片的命名进行转换，这样才能映射到相应的文件夹。代码如下：

```
def getName(name):
    return '{0} - {1} - {2}'.format(name[4:8],name[8:10],name[10:12])
getName('IMG_20170812_145732.jpg')   #结果是 2017 - 08 - 12
getName('IMG_20170813_144559.jpg')   #结果是 2017 - 08 - 13
```

4. 判断是不是子串

在 Python 中，in 判断某一字符串是否在另一个字符串中：

```
'nice' in 'nice day'        #True
```

5. 替换字符串中的部分内容

替换有两种方法：一种是使用字符串 str 对象的方法 replace()；另一种是使用 re 模块中的 sub()。例如：

方法一：

```
语法 str.replace('old','new')        #替换 old 为 new
s = 'nice day'
s.replace('nice','good')            #s 本身不改变，但会返回一个字符串：'good day'
```

方法二：

```
import re                       #re 模块
s = 'cat1 cat2 cat3 in '
re.sub('cat[0 - 9]','CAT',s)  #s 本身不改变，但会返回一个字符串：'CAT CAT CAT in'
```

对于 re 模块中的 sub，需要了解正则表达式。

6. 拆分字符串

主要使用 str 对象的 split()方法拆分字符串。

```
split(str = "", num = string.count(str))
```

参数 str 为分隔符，num 为分割次数。split()通过指定分隔符对字符串进行切片，如果

参数 num 有指定值，则仅分隔 num 个子字符串。返回分割后的字符串列表。

例如：

```
s = 'one,two,three'
s.split(',')                    # ['one', 'two', 'three'] 列表
```

7. 合并字符串

拆分功能相反，可以将列表合并成一个字符串。这个功能使用 str 对象的 join()方法。例如：

```
l = ['one', 'two', 'three']
','.join(l)                       # 'one,two,three'
str = "-";
seq = ("a", "b", "c");            # 字符串序列
str.join( seq);                   # a-b-c
```

8. 检测字符串中是否包含某子字符串

find()方法检测字符串中是否包含某子字符串，find()方法的语法如下：

```
str.find(str, beg = 0, end = len(string))
```

参数 str 指定检索的字符串，beg 为开始索引，默认为 0；end 为结束索引，默认为字符串的长度。如果指定 beg(开始)和 end(结束)范围，则检查是否包含在指定范围内，如果包含子字符串，则返回开始的索引值，否则返回－1。

例如：

```
str1 = "this is string example....wow!!!";
str2 = "exam";
print(str1.find(str2))          # 从下标 0 开始查找,返回结果 15
print(str1.find(str2, 10))      # 从下标 10 开始查找,返回结果 15
print(str1.find(str2, 40))      # 查找不到,返回结果 -1
info = 'abca'
print(info.find('a'))           # 从下标 0 开始,查找在字符串里第一个出现的子串,返回结果 0
print(info.find('a',1))         # 从下标 1 开始,查找在字符串里第一个出现的子串:返回结果 3
print(info.find('3'))           # 查找不到返回 -1
```

9. 字符串判断相关

Python 提供许多字符串判断的方法。下面简单列举，其中 str＝'hello123'。

是否以某个字符串(例如，hello)开头：

```
str.startswith('hello')          # True
```

是否以某个字符串(例如，hello)结尾：

```
str.endswith('hello')          #False
```

是否全为字母或数字：

```
str.isalnum()     #True
```

是否全为字母：

```
str.isalpha()          #False
```

是否全为数字：

```
str.isdigit()          #False
```

是否全为小写：

```
str.islower()          #True
```

是否全为大写：

```
str.isupper()          #False
```

关于字符串的操作有很多。如果仅对一两行字符串进行操作，显示不出它的威力。在工作中，有可能会对文档进行处理，有的文档很大，手动的方式不好处理，这时 Python 就有用武之地了。

2.4.2 正则表达式

视频讲解

正则表达式（Regular Expression，在代码中常简写为 regex、regexp 或 RE），又称正规表示式，是计算机科学的一个概念。正则表达式通常被用来检索、替换那些匹配某个模式的文本。

在编程处理文本的过程中，经常需要按照某种规则去查找一些特定的字符串。例如，知道一个网页上的图片都是叫作 image/8554278135.jpg 之类的名字，只是那串数字不一样；又或者在一堆人员电子档案中，要把电话号码全部找出来，整理成通信录。诸如此类工作，可不可以利用这些规律，让程序自动来做这些事情？答案是肯定的。这时，就需要一种描述这些规律的方法，正则表达式就是描述文本规则的代码。

正则表达式是一种用来匹配字符串文本的强有力的武器。它是用一种描述性的语言来给字符串定义一个规则。凡是符合规则的字符串，就认为它"匹配"了，否则，该字符串就是不合法的。

2.4.3 正则表达式语法

正则表达式并不是 Python 中特有的功能，它是一种通用的方法。要使用它必须会用正则表达式来描述文本规则。

正则表达式使用特殊的语法来表示，表 2-5 列出了正则表达式的语法。

表 2-5　正则表达式语法

模　式	描　述
^	匹配字符串的开头
$	匹配字符串的末尾
.	匹配任意字符，除了换行符
[...]	用来表示一组字符。例如，[amk]匹配'a'、'm'或'k'；[0-9]匹配任何数字，类似于[0123456789]；[a-z]匹配任何小写字母；[a-zA-Z0-9]匹配任何字母及数字
[^...]	不在[]中的字符。例如，[^abc]匹配除了 a、b、c 之外的字符。[^0-9]匹配除了数字外的字符
*	数量词，匹配 0 个或多个
+	数量词，匹配 1 个或多个
?	数量词，非贪婪方式匹配 0 个或 1 个
{ n,}	重复 n 次或更多次
{ n, m}	重复 n 到 m 次
a|b	匹配 a 或 b
(re)	匹配括号内的表达式，也表示一个组
(? imx)	正则表达式包含 3 种可选标志：i、m 或 x。只影响括号中的区域
(? -imx)	正则表达式关闭 i、m 或 x 可选标志。只影响括号中的区域
(?: re)	类似 (...)，但是不表示一个组
(? imx: re)	在括号中使用 i、m 或 x 可选标志
(? -imx: re)	在括号中不使用 i、m 或 x 可选标志
(? = re)	前向肯定界定符。如果所含正则表达式，以...表示，在当前位置成功匹配时成功，否则失败。但一旦所含表达式已经尝试，匹配引擎根本没有提高；模式的剩余部分还要尝试界定符的右边
(?! re)	前向否定界定符。与肯定界定符相反；当所含表达式不能在字符串当前位置匹配时成功
(? > re)	匹配的独立模式，省去回溯
\w	匹配字母数字及下画线，等价于'[A-Za-z0-9_]'
\W	匹配非字母数字及下画线，等价于'[^A-Za-z0-9_]'
\s	匹配任何空白字符，包括空格、制表符、换页符等。等价于 [\f\n\r\t\v]
\S	匹配任何非空白字符。等价于 [^\f\n\r\t\v]
\d	匹配任意数字，等价于 [0-9]
\D	匹配任意非数字，等价于 [^0-9]
\A	匹配字符串开始
\Z	匹配字符串结束，如果是存在换行，只匹配到换行前的结束字符串
\z	匹配字符串结束
\G	匹配最后匹配完成的位置
\b	匹配一个单词边界，也就是指单词和空格间的位置。例如，'er\b'可以匹配"never"中的'er'，但不能匹配 "verb" 中的'er'
\B	匹配非单词边界。'er\B'能匹配 "verb" 中的'er'，但不能匹配 "never" 中的'er'
\n, \t, 等	匹配一个换行符、一个制表符等

正则表达式通常用于在文本中查找匹配的字符串。Python 中数量词默认是贪婪的，总是尝试匹配尽可能多的字符；非贪婪的则相反，总是尝试匹配尽可能少的字符。例如，正则

表达式"ab*"如果用于查找abbbc,将找到abbb。而如果使用非贪婪的数量词"ab*?",将找到a。

在正则表达式中,如果直接给出字符,就是精确匹配。从正则表达式语法中能够了解到用\d可以匹配一个数字,\w可以匹配一个字母或数字,.可以匹配任意字符,所以:

模式'00\d'可以匹配'007',但无法匹配'00A';

模式'\d\d\d'可以匹配'010';

模式'\w\w\d'可以匹配'py3';

模式'py.'可以匹配'pyc'、'pyo'、'py!'等。

如果要匹配变长的字符,在正则表达式模式字符串中,用*表示任意一个字符(包括0个),用+表示至少一个字符,用?表示0个或1个字符,用{n}表示n个字符,用{n,m}表示n~m个字符。来看一个复杂的表示电话号码例子:\d{3}\s+\d{3,8}。

从左到右解读一下:

\d{3}表示匹配3个数字,如'010';

\s可以匹配一个空格(也包括Tab等空白符),所以,\s+表示至少有一个空格;

\d{3,8}表示3~8个数字,如'67665230'。

综合起来,上面的正则表达式可以匹配以任意一个空格隔开的带区号的电话号码。

如果要匹配'010-67665230'这样的号码,因为'-'是特殊字符,在正则表达式中,要用'\'转义。所以,上面的正则表达式是\d{3}\-\d{3,8}。

如果要做更精确地匹配,可以用[]表示范围,比如:

[0-9a-zA-Z_]可以匹配一个数字、字母或者下画线;

[0-9a-zA-Z_]+可以匹配至少由一个数字、字母或者下画线组成的字符串,如'a100'、'0_Z'、'Py3000'等;

[a-zA-Z_][0-9a-zA-Z_]*可以匹配由字母或下画线开头,后接任意个由一个数字、字母或者下画线组成的字符串,也就是Python合法的变量;

[a-zA-Z_][0-9a-zA-Z_]{0, 19}更精确地限制了变量的长度是1~20个字符(前面1个字符+后面最多19个字符);

A|B可以匹配A或B,所以(P|p)ython可以匹配'Python'或者'python';

^表示行的开头,^\d表示必须以数字开头;

$表示行的结束,\d$表示必须以数字结束。

注意,前面讲到的符号仅能让正则表达式表示一串字符串。如果要从一段字符串中提取一部分内容就要用小括号()。

例如,一个字符串"我的密码是:123abc你帮我记住。"从中可见密码左边是英文冒号,右边是"你"。当构造一个正则表达式——:.*?你,得到结果如下:

```
:123abc你
```

英文冒号和"你"并不是密码,如果只想要"123abc",就使用小括号()提取,即构造一个正则表达式——:(.*?)你,得到结果如下:

```
123abc
```

2.4.4 re 模块

Python 提供 re 模块,包含所有正则表达式的功能。Python 中 re.compile 函数根据一个模式字符串和可选的标志参数生成一个正则表达式对象,该正则表达式对象拥有一系列方法用于正则表达式匹配和替换。同时 re 模块也提供了与这些方法功能完全一致的函数,这些函数使用一个模式字符串作为它们的第一个参数。

本节主要介绍 Python 中常用的正则表达式处理函数。

1. match()方法

re.match()格式如下:

```
re.match(pattern, string, flags)
```

第一个参数是正则表达式(模式字符串);第二个参数表示要匹配的字符串;第三个参数是标志位,用于控制正则表达式的匹配方式,如是否区分大小写、多行匹配等。

match()方法判断是否匹配,如果匹配成功,则返回一个 Match 对象;否则返回 None。常见的判断方法如下:

```
test = '用户输入的字符串'
if re.match(r'正则表达式', test):          #r前缀为原义字符串,它表示对字符串不进行转义
    print('ok')
else:
    print('failed')
```

例如:

```
>>> import re                                          #导入 re 正则表达式模块
>>> re.match(r'^\d{3}\-\d{3,8}$', '010-12345')         #返回一个 Match 对象
<_sre.SRE_Match object; span=(0, 9), match='010-12345'>
>>> re.match(r'^\d{3}\-\d{3,8}$', '010 12345') #'010 12345'不匹配规则,返回 None
```

Match 对象是一次匹配的结果,包含了很多关于此次匹配的信息,可以使用 Match 提供的可读属性或方法来获取这些信息。

1) Match 属性

- string:匹配时使用的文本。
- re:匹配时使用的 Pattern 对象。
- pos:文本中正则表达式开始搜索的索引。其值与 Pattern.match()和 Pattern.seach()方法的同名参数相同。
- endpos:文本中正则表达式结束搜索的索引。其值与 Pattern.match()和 Pattern.seach()方法的同名参数相同。
- lastindex:最后一个被捕获的分组在文本中的索引。如果没有被捕获的分组,将为 None。
- lastgroup:最后一个被捕获的分组的别名。如果这个分组没有别名或者没有被捕

获的分组，将为 None。

2) Match 方法

- group([group1, …])：获得一个或多个分组截获的字符串；指定多个参数时将以元组形式返回。参数 group1 可以使用编号也可以使用别名；编号 0 代表整个匹配的子串；不填写参数时，返回 group(0)；没有截获字符串的组返回 None；截获了多次的组返回最后一次截获的子串。
- groups([default])：以元组形式返回全部分组截获的字符串。相当于调用 group(1,2,…last)。default 表示没有截获字符串的组以这个值替代，默认为 None。
- groupdict([default])：返回以有别名的组的别名为键、以该组截获的子串为值的字典，没有别名的组不包含在内。default 含义同上。
- start([group])：返回指定的组截获的子串在 string 中的起始索引（子串第一个字符的索引）。group 默认值为 0。
- end([group])：返回指定的组截获的子串在 string 中的结束索引（子串最后一个字符的索引+1）。group 默认值为 0。
- span([group])：返回(start(group), end(group))。

Match 对象相关属性和方法示例如下：

```
import re
t = "19:05:25"
m = re.match(r'^(\d\d)\:(\d\d)\:(\d\d) $ ', t)      # r 原义
print ("m.string:", m.string)                  # m.string: 19:05:25
print (m.re)                     # re.compile('^(\\d\\d)\\:(\\d\\d)\\:((\\d\\d)) $ ')
print ( "m.pos:", m.pos)                       # m.pos: 0
print ( "m.endpos:", m.endpos)                 # m.endpos: 8
print ( "m.lastindex:", m.lastindex)           # m.lastindex: 3
print ( "m.lastgroup:", m.lastgroup)           # m.lastgroup: None
print ( "m.group(0):", m.group(0) )            # m.group(0): 19:05:25
print ( "m.group(1,2):", m.group(1, 2) )       # m.group(1,2): ('19', '05')
print ( "m.groups():", m.groups())             # m.groups():('19', '05', '25')
print ( "m.groupdict():", m.groupdict())       # m.groupdict(): {}
print ( "m.start(2):", m.start(2) )            # m.start(2): 3
print ( "m.end(2):", m.end(2) )                # m.end(2): 5
print ( "m.span(2):", m.span(2) )              # m.span(2): (3, 5)
```

2. 分组

除了简单地判断是否匹配之外，正则表达式还有提取子串的强大功能。用()表示的就是要提取的分组(Group)。例如，^(\d{3})-(\d{3,8}) $ 分别定义了两个组，可以直接从匹配的字符串中提取出区号和本地号码：

```
>>> m = re.match(r'^(\d{3}) - (\d{3,8}) $ ', '010 - 12345')
>>> m.group(0)        # '010 - 12345'
>>> m.group(1)        # '010'
>>> m.group(2)        # '12345'
```

如果正则表达式中定义了组，就可以在 Match 对象上用 group()方法提取出子串来。注意，group(0)永远是原始字符串，group(1)、group(2)…表示第 1、2…个子串。

3. 切分字符串

用正则表达式切分字符串比用固定的字符更灵活，请看普通字符串的切分代码：

```
>>> 'a b c'.split(' ')       #split(' ')按空格分隔
['a', 'b', '', '', 'c']
```

结果是无法识别连续的空格。可以使用 re.split()方法来分割字符串，例如：re.split(r'\s+', text)将字符串按空格分隔成一个单词列表。

```
>>> re.split(r'\s+', 'a b c')   #用正则表达式
['a', 'b', 'c']
```

无论多少个空格都可以正常分隔。

分隔符既有空格又有逗号、分号的情况：

```
>>> re.split(r'[\s\,]+', 'a,b, c d')         #可以识别空格、逗号
['a', 'b', 'c', 'd']
>>> re.split(r'[\s\,\;]+', 'a,b;; c d')     #可以识别空格、逗号、分号
['a', 'b', 'c', 'd']
```

4. search()和 findall()方法

re.match()总是从字符串"开头"去匹配，并返回匹配的字符串的 Match 对象。所以，当用 re.match()去匹配非"开头"部分的字符串时，会返回 NONE。

```
str1 = 'Hello World!'
print(re.match(r'World',str1))      #结果为:NONE
```

如果想在字符串内任意位置去匹配请用 re.search()或 re.findall()。

re.search()将对整个字符串进行搜索，并返回第一个匹配的字符串的 Match 对象。

```
str1 = 'Hello World!'
print(re.search(r'World',str1))
```

输出结果如下：

```
<_sre.SRE_Match object; span=(6, 11), match='World'>
```

re.findall()函数将返回所有匹配的字符串的一个字符串列表，这在爬虫程序里经常使用。

```
str1 = 'Hi, I am Shirley Hilton. I am his wife.'
>>> print(re.search(r'hi',str1))
```

输出结果如下：

```
<_sre.SRE_Match object; span = (10, 12), match = 'hi'>
>>> re.findall(r'hi',str1)
```

输出结果如下：

```
['hi', 'hi']
```

这两个“hi”分别来自“Shirley”和“his”。默认情况下，正则表达式是严格区分大小写的，所以，“Hi”和“Hilton”中的“Hi”被忽略了。

如果只想找到“hi”这个单词，而不把包含它的单词也算在内，那就可以使用“\bhi\b”这个正则表达式。“\b”在正则表达式中表示单词的开头或结尾，空格、标点、换行都算是单词的分隔。而“\b”自身又不会匹配任何字符，它代表的只是一个位置。所以，单词前后的空格、标点之类不会出现在结果里。

在前面那个例子里，“\bhi\b”匹配不到任何结果，因为没有单词 hi（“Hi”不是，严格区分大小写的）。但“\bhi”就可以匹配到 1 个“hi”，出自“his”。

5. compile 函数

compile 函数用于编译正则表达式，生成一个正则表达式（Pattern）对象，该对象拥有一系列方法用于正则表达式匹配和替换，也可以供 match()、search()和 findall()这些函数使用。

语法格式如下：

```
re.compile(pattern[, flags])
```

参数：

- pattern：一个字符串形式的正则表达式。
- flags：可选，表示匹配模式，如忽略大小写、多行模式等，具体参数如下。
  - re.I 忽略大小写。
  - re.L 表示特殊字符集 \w, \W, \b, \B, \s, \S 依赖于当前环境。
  - re.M 多行模式。
  - re.S 即为. 并且包括换行符在内的任意字符(. 不包括换行符)。
  - re.U 表示特殊字符集 \w, \W, \b, \B, \d, \D, \s, \S 依赖于 Unicode 字符属性数据库。
  - re.X 为了增加可读性，忽略空格和 # 后面的注释。

```
>>> import re
>>> pattern = re.compile(r'\d+')                        #用于匹配至少一个数字
>>> m = pattern.match('one12twothree34four')            #查找头部，没有匹配
>>> print (m)                                           #结果是 None
>>> m = pattern.match('one12twothree34four', 2, 10)     #从'e'的位置开始匹配，没有匹配
```

```
>>> print (m)                                         #结果是 None
>>> m = pattern.match('one12twothree34four', 3, 10)  #从'1'的位置开始匹配,正好匹配
>>> print (m)                                         #返回一个 Match 对象
<_sre.SRE_Match object at 0x10a42aac0>
>>> m.group(0)                                        #返回'12'
>>> m.start(0)                                        #返回 3
>>> m.end(0)                                          #返回 5
>>> m.span(0)                                         #返回(3, 5)
```

当匹配成功时，返回一个 Match 对象，其中：

group([group1, …])方法用于获得一个或多个分组匹配的字符串，当要获得整个匹配的子串时，可直接使用 group() 或 group(0)；

start([group]) 方法用于获取分组匹配的子串在整个字符串中的起始位置(子串第一个字符的索引)，参数默认值为 0；

end([group]) 方法用于获取分组匹配的子串在整个字符串中的结束位置(子串最后一个字符的索引+1)，参数默认值为 0；

span([group]) 方法返回 (start(group), end(group))。

再看一个例子：

```
>>> import re
>>> pattern = re.compile(r'([a-z]+) ([a-z]+)', re.I)  #re.I 表示忽略大小写
>>> m = pattern.match('Hello World Wide Web')
>>> print (m)                                         #匹配成功,返回一个 Match 对象
<_sre.SRE_Match object at 0x10bea83e8>
>>> m.group(0)                                        #返回匹配成功的整个子串
'Hello World'
>>> m.span(0)                                         #返回匹配成功的整个子串的索引
(0, 11)
>>> m.group(1)                                        #返回第一个分组匹配成功的子串
'Hello'
>>> m.span(1)                                         #返回第一个分组匹配成功的子串的索引
(0, 5)
>>> m.group(2)                                        #返回第二个分组匹配成功的子串
'World'
>>> m.span(2)                                         #返回第二个分组匹配成功的子串
(6, 11)
>>> m.groups()                                        #等价于 (m.group(1), m.group(2), …)
('Hello', 'World')
>>> m.group(3)                                        #不存在第三个分组
IndexError: no such group
```

2.4.5 正则表达式的实际应用案例

1. 提取标签中的文本内容

假如网络爬虫得到了一个网页的 HTML 源码，其中有一段如下：

```
<html>
<body>
<h1>hello world1</h1>
<h1>hello world2</h1>
</body>
</html>
```

把所有<h1>标签的正文 hello world1、hello world2 提取出来，如果仅仅会 Python 的字符串处理，可以进行如下处理：

```
s = "<html><body><h1>hello world1</h1><h1>hello world2</h1></body></html>"
start_index = s.find('<h1>')
end_index = s.find('</h1>')
print(s[start_index : end_index])                  #<h1>hello world1
print(s[start_index + len('<h1>'): end_index])     #hello world1
```

然后从这个位置向下查找到下一个<h1>出现，这样做未尝不可，但是很麻烦。需要考虑可能有多个标签，而如果想要非常准确地匹配到，又需要多加循环判断，效率太低。这时正则表达式就是首选的帮手。

上例用正则表达式处理代码如下：

```
import re
key = r"<html><body><h1>hello world1</h1><h1>hello world2</h1></body></html>"
                                        #要匹配的文本
p1 = r"(?<=<h1>).+?(?=</h1>)"           #这是正则表达式规则
pattern1 = re.compile(p1)               #编译这段正则表达式
matcher1 = re.findall(pattern1,key)     #在源文本中搜索符合正则表达式的部分
print(matcher1)                         #打印列表
```

运行结果如下：

```
['hello world1', 'hello world2']
```

可见应用正则表达式非常容易找出来所有<h1>标签的正文 hello world1、hello world2。

下面从最基础的正则表达式来讲解。

假设把一个字符串中的所有 python 给匹配到。

```
import re
key = r"javapythonhtmlpython"         #要匹配的文本
p1 = r"python"                        #这是正则表达式
pattern1 = re.compile(p1)             #编译
matcher1 = re.search(pattern1,key)    #查询
print(matcher1.group(0))
print(matcher1.span(0))
matcher2 = re.findall(pattern1,key)   #查询
print( matcher2)
```

运行结果如下：

```
python
(4, 10)
['python', 'python']
```

正则表达式都是区分大小写的，所以，上面例子中把"python"换成了"Python"就会匹配不到。

如果匹配的文本是变化的而不是固定文字，如< h1 >标签中文字匹配，可以进行如下处理：

```
import re
key = r"< h1 > hello world </h1 >"          # 源文本
p1 = r"< h1 >. + </h1 >"                    # 正则表达式, + 是数量词匹配 1 个或多个
pattern1 = re.compile(p1)
print(pattern1.findall(key))
```

运行结果：

```
['< h1 > hello world </h1 >']
```

从正则表达式的语法规则可以知道两个< h1 >就是普普通通的字符，中间的"."字符在正则表达式中可以代表任何一个字符(包括它本身)，+的作用是将前面一个字符或一个子表达式重复一遍或者多遍。例如，表达式"ab+"能匹配到"abbbbb"，但是不能匹配到"a"。

findall 返回的是所有符合要求的元素列表，如果仅有一个元素，它还是返回列表。

假设匹配"xmj@zut.edu.cn"这个邮箱(我的邮箱)，正好用到"."字符，可以使用转义符\，正则表达式写成如下：

```
import re
key = r"fuichuxiuhong@hit.edu.cnaskdjhfiosueh"
p1 = r"chuxiuhong@hit\.edu\.cn"
pattern1 = re.compile(p1)
print(pattern1.findall(key))
```

2. 超链接提取

在网页内遇到了超链接，可能既有 http://开头的，又有 https://开头的，可以进行如下处理：

```
import re
key = r"< a href = http://www.zut.edu.cn </a > and < a href = https:// www.zut.edu.cn </a > "
                                                  # 网址
p1 = r"https * ://"                               # * 数量词,匹配 0 个或多个
pattern1 = re.compile(p1)
print(pattern1.findall(key))
```

运行结果如下：

```
['http://', 'https://']
```

如果把超链接网址提取出来，进行如下处理：

```
import re
key = r'<a href = "http://www.zut.edu.cn">中工 1 </a> and <a href = "https://www.zut.edu.cn">中
工 2 </a>'
p1 = r'<a. * ?href = "([^"] * )". * ?>([\S\s] * ?)</a>'       # 正则表达式
pattern1 = re.compile(p1)
urls = pattern1.findall(key)                               # 超链接网址的列表
for url in urls:
    print (i)
```

运行结果如下：

```
('http://www.zut.edu.cn', '中工 1')
('https://www.zut.edu.cn', '中工 2')
```

当网络爬虫爬取页面以后，如果要从页面中提取超链接网址，可借助正则表达式实现提取。下列代码提取中原工学院主页上超链接网址及对应标题文字。

```
import re
import urllib.request
url = "https://www.zut.edu.cn"
html = urllib.request.urlopen(url).read()          # 获取页面
html = html.decode("utf - 8")
urls = re.findall(r'<a. * ?href = "([^"] * )". * ?>([\S\s] * ?)</a>',html,re.I)
for i in urls:
    print (i)
else:
    print ('this is over')
```

运行结果如下：

```
('index/jxgz.htm', '学术动态')
('index/jxgz.htm', '更多 &gt;&gt;')
('info/1044/22041.htm', '\r\n    关于河南省社科联、河南省经团联 2019 年度调研 … \r\n    ')
('info/1044/22039.htm', '\r\n    关于申报 2019 年度国家社会科学基金艺术学项目 … \r\n    ')
('info/1044/22038.htm', '\r\n    关于 2020 年度河南省高校科技创新人才支持计划 … \r\n    ')
('info/1044/22036.htm', '\r\n    关于申报 2020 年度河南省高等学校哲学社会科学 … \r\n    ')
('info/1044/22035.htm', '\r\n    关于申报 2020 年度哲学社会科学基础研究重大项目 … \r\n  ')
('info/1044/22034.htm', '\r\n    关于申报 2020 年度人文社会科学研究一般项目的 … \r\n    ')
('info/1044/22027.htm', '\r\n    弘德讲坛——北京大学马思伟教授学术讲座\r\n    ')
('info/1044/21994.htm', '\r\n    关于申报 2019 年度国家自然科学基金项目的通知\r\n    ')
('info/1044/21992.htm', '\r\n    关于组织申报 2019 年度国家社科基金项目的通知\r\n    ')
('info/1044/21968.htm', '\r\n    弘德讲坛——澳大利亚伍伦贡大学李卫华教授学 … \r\n    ')
```

```
('info/1044/21965.htm', '\r\n      研究生创新教育讲座——中国木版年画艺术的前世…\r\n      ')
('index/xsgz.htm', '公示公告')
('index/xsgz.htm', '更多 &gt;&gt;')
```

正则表达式在网络爬虫编写中应用比较广泛，需要读者慢慢体会使用的方法和技巧。

视频讲解

2.5 XPath

2.5.1 lxml 库安装

XPath 在 Python 的爬虫学习中，占有举足轻重的地位。XPath 与正则表达式 re 相比，二者可以完成同样的工作，实现的功能也差不多，但 XPath 明显比 re 具有优势，在网页分析上使 re 退居二线。

XPath 是一种在 XML 和 HTML 文件中查找元素的语言。XPath 可用来对元素和属性进行遍历和定位。因为 XPath 属于 lxml 库模块，所以使用 XPath 首先要安装库 lxml。

在命令行状态下输入：

```
pip3 install lxml
```

lxml 库是 Python 支持 HTML 和 XML 的解析并且支持 XPath。如果没有错误信息，则说明安装成功了。安装库 lxml 成功后，就可以使用 XPath 对 XML 和 HTML 元素和属性进行遍历和定位。

2.5.2 XPath 语法

1. 选取节点

常用的选取节点路径表达式如表 2-6 所示。XPath 中的术语“节点”往往指的是 XML 和 HTML 元素。

表 2-6 XPath 选取节点

表达式	描　述	实　例	说　明
nodename	选取 nodename 节点的所有子节点	xpath('//div')	选取了 div 节点的所有子节点
/	从根节点选取	xpath('/div')	从根节点上选取 div 节点
//	选取所有的当前节点，不考虑它们的位置	xpath('//div')	选取所有的 div 节点
.	选取当前节点	xpath('./div')	选取当前节点下的 div 节点
..	选取当前节点的父节点	xpath('..')	回到上一个节点
@	选取属性	xpath('//@calss')	选取所有的 class 属性

2. 谓语

谓语被嵌在方括号内，用来查找某个特定的节点或包含某个指定的值的节点。常见情况

如表 2-7 所示。

表 2-7 XPath 使用谓语情况

表 达 式	结 果
xpath('/body/div[1]')	选取 body 下的第一个 div 节点
xpath('/body/div[last()]')	选取 body 下最后一个 div 节点
xpath('/body/div[last()-1]')	选取 body 下倒数第二个 div 节点
xpath('/body/div[positon()< 3]')	选取 body 下前两个 div 节点
xpath('/body/div[@class]')	选取 body 下带有 class 属性的 div 节点
xpath('/body/div[@class="main"]')	选取 body 下 class 属性为 main 的 div 节点
xpath('/body/div[price>35.00]')	选取 body 下 price 元素值大于 35 的 div 节点

3. 通配符

XPath 通过通配符来选取未知的 XML 和 HTML 元素。通配符常见情况如表 2-8 所示。

表 2-8 XPath 通配符

表 达 式	结 果
xpath('/div/*')	选取 div 下的所有子节点
xpath('/div[@*]')	选取所有带属性的 div 节点

4. 取多个路径

使用"|"运算符可以选取多个路径。例如：

```
xpath('//div|//table')      #选取所有的 div 和 table 节点
```

5. 轴

轴可以定义相对于当前节点的节点集。XPath 的轴名称如表 2-9 所示。

表 2-9 XPath 的轴名称

轴名称	表 达 式	描 述
ancestor	xpath('./ancestor::*')	选取当前节点的所有先辈节点(父、祖父)
ancestor-or-self	xpath('./ancestor-or-self::*')	选取当前节点的所有先辈节点以及节点本身
attribute	xpath('./attribute::*')	选取当前节点的所有属性
child	xpath('./child::*')	返回当前节点的所有子节点
descendant	xpath('./descendant::*')	返回当前节点的所有后代节点(子节点、孙节点)
following	xpath('./following::*')	选取文档中当前节点结束标签后的所有节点
following-sibing	xpath('./following-sibing::*')	选取当前节点之后的兄弟节点
parent	xpath('./parent::*')	选取当前节点的父节点
preceding	xpath('./preceding::*')	选取文档中当前节点开始标签前的所有节点
preceding-sibling	xpath('./preceding-sibling::*')	选取当前节点之前的兄弟节点
self	xpath('./self::*')	选取当前节点

6. 功能函数

使用功能函数能够更好地进行模糊搜索。常用功能函数如表 2-10 所示。

表 2-10　常用功能函数

函　数	用　法	解　释
starts-with	xpath('//div[starts-with(@id, "ma")]')	选取 id 值以 ma 开头的 div 节点
contains	xpath('//div[contains(@id, "ma")]')	选取 id 值包含 ma 的 div 节点
and	xpath('//div[contains(@id," ma") and contains(@id, "in")]')	选取 id 值包含 ma 和 in 的 div 节点
text()	xpath('//div[contains(text(),"ma")]')	选取节点文本包含 ma 的 div 节点

下面举一些基本操作例子。

(1) //元素标签名。

例如：//div 功能是查找网页内的所有 div。

(2) //元素标签名[@属性名='具体内容']。

例如：//div[@class='box'] 功能是查找存在属性@class='box'的 div。

(3) //元素标签名[第几个]。

例如：//div[@class="box"][2] 功能是查找符合条件的第二个 div。

(4) //元素 1/元素 2/元素 3…。

例如：//ul/li/div/a/img 功能是查找 ul 下的 li 下的 div 下的 a 下的 img 标签。

(5) //元素 1/@属性名。

例如：//ul/li/div/a/img/@src 功能是查找 ul 下的 li 下的 div 下的 a 下的 img 标签的 src 属性。

(6) //元素/text()。

例如：//a/text()功能是获取 a 标签下的文本(一级文本)。

(7) //元素//text()。

例如：//div[@class='box']//text()功能是获取 class='box'的 div 下的所有文本。

(8) //元素[contains(@属性名,'相关属性值')]。

例如：//li[contains(@class,'zhangsan')] 功能是查找 class 中包含 zhangsan 的 div。

(9) //*[@属性='值']。

例如：//*[@name='李四'] 功能是查找 name 为李四的元素。

2.5.3　在 Python 中使用 XPath

在爬虫开发中，主要用到如下 Xpath 语法。

(1) // 双斜杠：定位根节点，在文档中选取所有符合条件的内容，以列表的形式返回。

(2) / 单斜杠：寻找当前标签路径的下一层路径标签或者对当前路标签内容进行操作。

(3) /text()：获取当前路径下的文本内容。

(4) /@xxxx：提取当前路径下标签的属性值。

(5) | 可选符：选取多个标签，如//p|//div 即在当前路径下选取所有符合条件的 p 标签和 div 标签。

(6) . 单点：用来选取当前节点。

(7) .. 双点：用来选取当前节点的父节点。

下面利用实例讲解 Python 中 XPath 的使用。

```
from lxml import etree
html = """
<!DOCTYPE html>
<html>
<head lang="en">
    <title>测试</title>
    <meta http-equiv="Content-Type" content="text/html; charset=utf-8" />
</head>
<body>
    <div id="content">
    <ul id="ul">
        <li>NO.1</li>
        <li>NO.2</li>
        <li>NO.3</li>
    </ul>
    <ul id="ul2">
        <li>one</li>
        <li>two</li>
    </ul>
    </div>
    <div id="url">
        <a href="http:www.58.com" title="58">58</a>
        <a href="http:www.csdn.net" title="CSDN">CSDN</a>
    </div>
</body>
</html>
"""
```

以上是把 HTML 文件作为一个字符串存储。下面使用 lxml 库模块中的 etree 解析 XML 和 HTML 元素。

```
selector = etree.HTML(html)
#这里使用 id 属性来定位哪个 div 和 ul 被匹配同时使用 text()获取文本内容
content = selector.xpath('//div[@id="content"]/ul[@id="ul"]/li/text()')
for i in content:
    print (i)
```

输出结果如下：

```
NO.1
NO.2
NO.3
```

这里使用"//"从全文中定位符合条件的 a 标签,使用"@标签属性"获取 a 标签的 href 属性值。

```
con = selector.xpath('//a/@href')
for each in con:
    print (each)
```

输出结果如下：

```
http:www.58.com
http:www.csdn.net
```

使用绝对路径定位 a 标签的 title 属性。

```
con = selector.xpath('/html/body/div/a/@title')
print (len(con) )
print (con[0],con[1] )
```

输出结果如下：

```
2
58 CSDN
```

实际上获取 XPath 的方式有两种：

(1) 使用以上方法通过观察找规律的方式来获取 XPath。

(2) 使用 Chrome 浏览器来获取。在网页中右击，在弹出的快捷菜单中选择“检查”命令（或者使用 F12 键打开），就可以在 Elements 选项卡中查看网页的 html 标签，找到想要获取 XPath 的标签，右击，在弹出的快捷菜单中选择 Copy XPath 命令，将 XPath 路径复制到剪切板。

在爬虫开发中常常使用第二种方式来获取提取数据标签的 XPath。

第 3 章

网络通信基础知识

使用网络爬虫爬取数据，不仅需要了解网页的结构，而且了解网页的请求原理也是非常有必要的。本章结合浏览网页的过程，介绍 HTTP 请求的原理和网络通信的基础知识。学习 Python 提供的用于网络编程和通信的各种模块，主要介绍 Python 的 Socket TCP 程序的开发。

视频讲解

3.1 网络协议

3.1.1 互联网 TCP/IP 协议

计算机为了联网就必须规定通信协议，早期的计算机网络都是由各厂商自己规定一套协议，IBM、Apple 和 Microsoft 都有各自的网络协议，互不兼容。这就好比一群人有的说英语，有的说法语，有的说德语，说同一种语言的人可以交流，不同的语言之间就不行了。

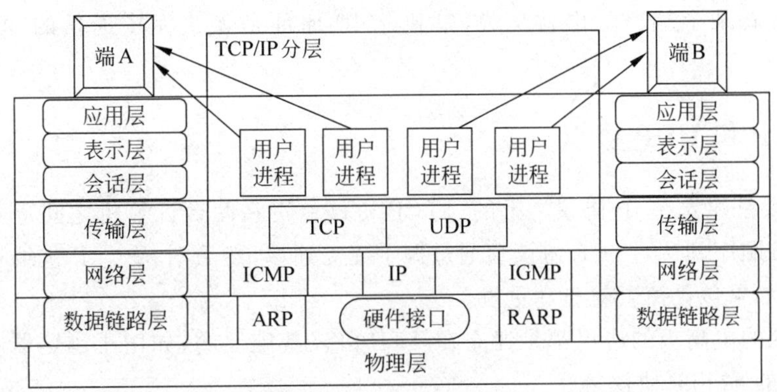

图 3-1 互联网协议

为了把全世界的所有不同类型的计算机都连接起来，就必须规定一套全球通用的协议，为了实现互联网这个目标，国际组织制定了 OSI 七层模型互联网协议标准，如图 3-1 所示。因为互联网协议包含了上百种协议标准，但是最重要的两个协议是 TCP 和 IP 协议，所以，大家把互联网的协议简称为 TCP/IP 协议。

3.1.2 IP 协议和端口

1. IP 协议

通信的时候，双方必须知道对方的标识，就像发邮件时必须知道对方的邮件地址。互联网中每个计算机的唯一标识就是 IP 地址，类似于 202.196. 32.7。如果一台计算机同时接入两个或更多的网络，如路由器，它就会有两个或多个 IP 地址。所以，IP 地址对应的实际上是计算机的网络接口，通常是网卡。

IP 协议负责把数据从一台计算机通过网络发送到另一台计算机。数据被分割成一小块一小块，然后通过 IP 包发送出去。由于互联网链路复杂，两台计算机之间经常有多条线路。因此，路由器就负责决定如何把一个 IP 包转发出去。IP 包的特点是按块发送，途经多个路由，但不保证能到达，也不保证顺序到达。

IP 地址实际上是一个 32 位整数(称为 IPv4)，以字符串表示的 IP 地址(如 192.168.0.1)实际上是把 32 位整数按 8 位分组后的数字表示，目的是便于阅读。

IPv6 地址实际上是一个 128 位整数，它是目前使用的 IPv4 的升级版，以字符串表示，类似于 2001:0db8:85a3:0042:1000:8a2e:0370:7334。

2. 端口

一个 IP 包除了包含要传输的数据外，还包含源 IP 地址和目标 IP 地址、源端口和目标端口。

端口有什么作用？在两台计算机通信时，只发 IP 地址是不够的，因为同一台计算机上运行着多个网络程序(如浏览器、QQ 等网络程序)。一个 IP 包来了之后，到底是交给浏览器还是 QQ，就需要端口号来区分。每个网络程序都向操作系统申请唯一的端口号，这样，两个进程在两台计算机之间建立网络连接就需要各自的 IP 地址和各自的端口号。例如，浏览器常常使用 80 端口，FTP 程序使用 21 端口，邮件收发使用 25 端口。

网络上两个计算机之间的数据通信，归根到底就是不同主机的进程交互，而每个主机的进程都对应着某个端口。也就是说，单独靠 IP 地址是无法完成通信的，必须有 IP 和端口。

视频讲解

3.1.3 TCP 和 UDP 协议

TCP 协议是建立在 IP 协议之上的。TCP 协议负责在两台计算机之间建立可靠连接，保证数据包按顺序到达。TCP 协议会通过握手建立连接，然后对每个 IP 包编号，确保对方按顺序收到，如果包丢掉了就自动重发。

许多常用的更高级的协议都是建立在 TCP 协议基础上的，如用于浏览器的 HTTP 协议、发送邮件的 SMTP 协议等。

UDP 协议同样是建立在 IP 协议之上的，但是 UDP 协议面向无连接的通信协议，不保

证数据包的顺利到达,不可靠传输,所以,效率比 TCP 要高。

使用 UDP 协议时,不需要建立连接,只需要知道对方的 IP 地址和端口号,就可以直接发数据包。但是,能不能到达就不知道了。虽然用 UDP 传输数据不可靠,但它的优点是速度快,对于不要求可靠到达的数据,就可以使用 UDP 协议。

3.1.4　HTTP 和 HTTPS 协议

HTTP 协议(超文本传输协议)被用于在 Web 浏览器和网站服务器之间传递信息,HTTP 协议以明文方式发送内容,不提供任何方式的数据加密。如果攻击者截取了 Web 浏览器和网站服务器之间的传输报文,就可以直接读懂其中的信息。因此,HTTP 协议不适合传输一些敏感信息,如信用卡号、密码等支付信息。

为了解决 HTTP 协议的这一缺陷,需要使用另一种协议:HTTPS(超文本传输安全协议)。为了数据传输的安全,HTTPS 在 HTTP 的基础上加入了 SSL 协议,SSL 依靠证书来验证服务器的身份,并为浏览器和服务器之间的通信加密。

1. HTTP 协议的基本概念

HTTP 协议是一个基于请求与响应模式的、无状态的、应用层的协议,常基于 TCP 的连接方式。HTTP 1.1 版本中给出了一种持续连接的机制,绝大多数的 Web 开发,都是构建在 HTTP 协议之上的 Web 应用。

HTTP URL(URL 是一种特殊类型的 URI,包含了用于查找某个资源的足够的信息)的格式如下:

```
http://host[":"port][abs_path]
```

http 表示要通过 HTTP 协议来定位网络资源;host 表示合法的 Internet 主机域名或者 IP 地址;port 指定一个端口号,为空则使用默认端口 80;abs_path 指定请求资源的 URI,即网页文件的路径。

例如输入:http://www.zut.edu.cn/info/1043/22024.htm

www.zut.edu.cn 就是中原工学院主机 DNS 域名,使用默认端口 80,info/1043/22024.htm 是网页文件在服务器上的相对路径。

2. HTTP 网络请求

HTTP 请求消息由四部分组成,分别是请求行、请求头部、空行、请求数据。HTTP 请求消息一般格式结构如图 3-2 所示。

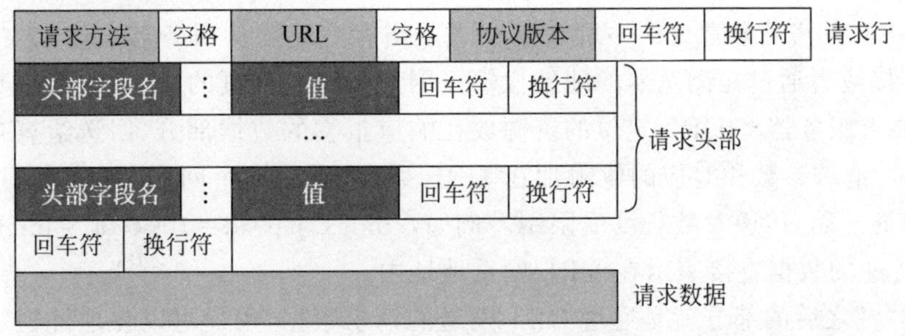

图 3-2　HTTP 请求消息一般格式

下面结合两个典型的 HTTP 请求实例，详细介绍 HTTP 请求信息的各个组成部分。实例内容如下：

1）GET 请求例子

```
GET /562f25980001b1b106000338.jpg HTTP/1.1
Host: img.mukewang.com
User-Agent: Mozilla/5.0 (Windows NT 10.0; WOW64) AppleWebKit/537.36 (KHTML, like Gecko)
Chrome/51.0.2704.106 Safari/537.36
Accept: image/webp,image/*,*/*;q=0.8
Referer: http://www.imooc.com/
Accept-Encoding: gzip, deflate, sdch
Accept-Language: zh-CN,zh;q=0.8
```

第一部分：请求行

请求行用来说明请求类型、要访问的资源及所使用的 HTTP 版本，如下所示：

```
GET /562f25980001b1b106000338.jpg HTTP/1.1
```

请求行以一个 GET 方法符号开头，以空格分开，后面跟着请求的 URI 和协议的版本 HTTP/1.1。

上述例子中，GET 说明请求类型为 GET 方法，“/562f25980001b1b106000338.jpg”为要访问的资源，该行的最后一部分说明使用的是 HTTP 1.1 版本。

客户端和服务器之间交互会使用不同的请求类型。HTTP 协议的请求方法有 GET、POST、HEAD、PUT、DELETE、OPTIONS、TRACE、CONNECT。表 3-1 列出了 HTTP 请求报文的几种请求方法。

表 3-1　HTTP 请求报文的请求方法

方法(操作)	意　义
GET	请求获取由 URL 所标识的资源
HEAD	请求获取由 URL 所标识的资源的响应消息报头
POST	向服务器提交信息
PUT	在指明的 URL 下存储一个文档
DELETE	删除指明的 URL 所标签的资源
TRACE	用来进行环回测试的请求报文
OPTIONS	请求一些选项的信息
CONNECT	用于代理服务器

其中 GET 方法是最常见的一种请求方式。当客户端要从服务器中读取文档时，单击网页上的链接或者通过在浏览器的地址栏输入网址来浏览网页的，使用的都是 GET 方式。GET 方法要求服务器将 URL 定位的资源放在响应报文的数据部分，回送给客户端。使用 GET 方法时，请求参数和对应的值附加在 URL 后面，利用一个问号“?”代表 URL 的结尾与请求参数的开始，传递参数长度受限制。例如，/index.jsp?id=100&op=bind，这样通过 GET 方式传递的数据直接表示在 URL 网页地址中。

地址中“?”之后的部分就是通过 GET 发送的请求数据，用户可以在地址栏中清楚地看

到，各个数据之间用“&”符号隔开。显然，这种方式不适合传送私密数据。另外，由于不同的浏览器对地址的字符限制也有所不同，一般最多只能识别1024个字符。所以，如果需要传送大量数据，也不适合使用GET方式。

对于上面提到的不适合使用GET方式的情况，可以考虑使用POST方式，因为使用POST方法可以允许客户端给服务器提供信息较多。POST方法将请求参数封装在HTTP请求数据中，以名称/值的形式出现，可以传输大量数据，这样POST方式对传送的数据大小没有限制，而且也不会显示在URL中。

还有HEAD方法，HEAD方法就像GET，只不过服务端接收到HEAD请求后只返回响应头，而不会发送响应内容。当只需要查看某个页面的状态时，使用HEAD是非常高效的，因为在传输的过程中省去了页面内容。

第二部分：请求头信息

从第二行起为请求头部，紧接着请求行(即第一行)之后的部分，用来说明服务器要使用的附加信息。请求头部由关键字/值对组成，每行一对，关键字和值用英文冒号“:”分隔。请求头部通知服务器有关于客户端请求的信息，典型的请求头有如下3个：

- User-Agent：产生请求的浏览器类型。该信息由浏览器来定义，并且在每个请求中自动发送；
- Accept：客户端可识别的内容类型列表；
- Host：请求的主机名，将指出被请求网页资源的Internet主机和端口(即目的地)。

第三部分：空行

请求头部后面的空行是必需的。通知服务器以下不再有请求头。

即使第四部分的请求数据为空，也必须有空行。

第四部分：请求数据

请求数据也叫主体(请求包体)，可以添加任意数据。

这个例子的GET请求数据为空。请求数据不在GET方法中使用，而是在POST方法中使用。

2) POST请求例子

POST方法适用于需要客户填写表单的场合。与请求数据相关的最常使用的请求头是Content-Type和Content-Length。

```
POST / HTTP1.1
Host:www.wrox.com
User - Agent:Mozilla/4.0 (compatible; MSIE 6.0; Windows NT 5.1; SV1; .NET CLR 2.0.50727; .NET
CLR 3.0.04506.648; .NET CLR 3.5.21022)
Content - Type:application/x - www - form - urlencoded
Content - Length:40
Connection: Keep - Alive

name = Professional % 20Ajax&publisher = Wiley
```

第一部分：请求行，第一行说明是POST请求，以及HTTP 1.1协议版本。

```
POST / HTTP1.1
```

第二部分：请求头部，第二行至第六行。

```
Host:www.wrox.com
User-Agent:Mozilla/4.0 (compatible; MSIE 6.0; Windows NT 5.1; SV1; .NET CLR 2.0.50727; .NET
CLR 3.0.04506.648; .NET CLR 3.5.21022)
Content-Type:application/x-www-form-urlencoded
Content-Length:40
Connection: Keep-Alive
```

第三部分：空行，请求数据前面的空行（第七行）。
第四部分：请求数据，第八行。

```
name=Professional%20Ajax&publisher=Wiley
```

3. HTTP 响应消息

服务器在接收和解释请求消息后，返回一个 HTTP 响应消息。HTTP 响应也由四个部分组成，分别是状态行、消息报头、空行和响应正文。下面是一个 HTTP 响应消息例子，如图 3-3 所示。

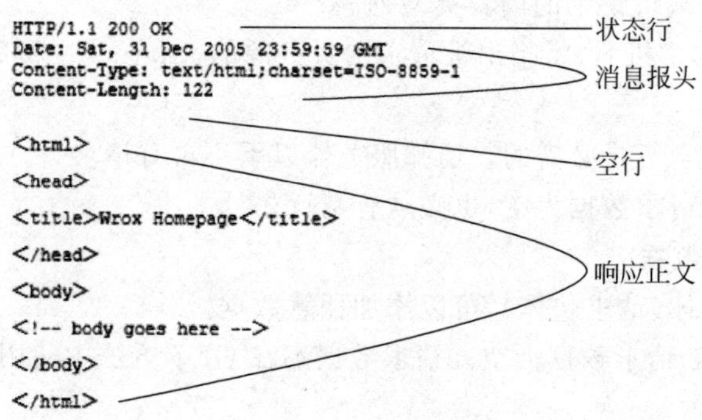

图 3-3　HTTP 响应消息例子

```
HTTP/1.1 200 OK
Date: Sat, 31 Dec 2005 23:59:59 GMT
Content-Type: text/html;charset=ISO-8859-1
Content-Length: 122

<html>
<head>
<title>Wrox Homepage</title>
</head>
<body>
<!-- body goes here -->
</body>
</html>
```

第一部分：状态行，由 HTTP 协议版本号、服务器发回的响应状态代码、表示响应状态的文本三部分组成。上述例子中，第一行为状态行，HTTP/1.1 表明 HTTP 版本为 1.1 版本，状态码为 200，状态消息为 OK。

其中，状态代码由三位数字组成，第一个数字定义了响应的类别，且有如下五种可能的取值：

- 1xx：指示信息，表示请求已接收，继续处理；
- 2xx：成功，表示请求已被成功接收、理解、接受；
- 3xx：重定向，要完成请求必须进行更进一步的操作；
- 4xx：客户端错误，请求有语法错误或请求无法实现；
- 5xx：服务器端错误，服务器未能实现合法的请求。

常见状态代码如表 3-2 所示。

表 3-2　常见状态代码

常见状态代码	状态描述	说　　明
200	OK	客户端请求成功
400	Bad Request	客户端请求有语法错误，不能被服务器所理解
401	Unauthorized	请求未经授权，这个状态代码必须和 WWW-Authenticate 报头域一起使用
403	Forbidden	服务器收到请求，但是拒绝提供服务
404	Not Found	请求资源不存在，例如输入了错误的 URL
500	Internal Server Error	服务器发生不可预期的错误
503	Server Unavailable	服务器当前不能处理客户端的请求，一段时间后可能恢复正常

例如，HTTP/1.1 200 OK (CRLF)。

第二部分：消息报头，用来说明客户端要使用的一些附加信息。

例如：

- Date：生成响应的日期和时间；
- Content-Type：指定了 MIME 类型的 HTML(text/html)，编码类型是 ISO-8859-1；
- 第三部分：空行，消息报头后面的空行是必需的；
- 第四部分：响应正文，服务器返回给客户端的文本信息。

上例中空行后面的 html 部分为响应正文。

3.1.5　HTTP 基本原理与机制

1. HTTP 请求与响应机制

HTTP 协议用于客户端(如浏览器)与服务器之间的通信，如图 3-4 所示。在通信线路两端，必定一端是客户端，另一端是服务器。客户端与服务器的角色不是固定的，一端充当客户端，也可能在某次请求中充当服务器，这取决于请求的发起端。

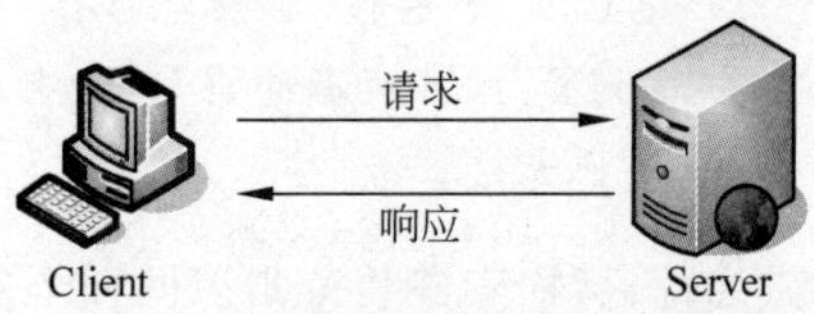

图 3-4　HTTP 请求与响应模式

HTTP 协议属于应用层，建立在传输层协议 TCP 之上。客户端通过与服务器建立 TCP 连接，之

后发送 HTTP 请求与接收 HTTP 响应都是通过访问 Socket 接口来调用 TCP 协议实现。

2. HTTP 请求/响应的步骤

HTTP 请求/响应的步骤如图 3-5 所示。

图 3-5　HTTP 请求/响应的步骤

1）建立 TCP 连接，客户端连接到 Web 服务器

一个 HTTP 客户端通常是 Web 浏览器，与 Web 服务器的 HTTP 端口（默认为 80）建立一个 TCP 连接。

在 HTTP 工作开始之前，Web 浏览器首先要通过网络与 Web 服务器建立连接，该连接是通过 TCP 来完成的，该协议与 IP 协议共同构建 Internet，即著名的 TCP/IP 协议族，因此

Internet 又被称作 TCP/IP 网络。

HTTP 是比 TCP 更高层次的应用层协议，根据规则，只有低层协议建立之后才能进行更高层协议的连接。因此，首先要建立 TCP 连接，一般 TCP 连接的端口号是 80。TCP 连接中比较熟悉的就是三次握手。

2）发送 HTTP 请求

通过 TCP 套接字连接，客户端向 Web 服务器发送一个文本的请求报文，一个请求报文由请求行、请求头信息、空行和请求数据 4 部分组成。例如，GET/sample/hello.jsp HTTP/1.1。

浏览器发送其请求命令(如 GET)之后，还要以请求头信息的形式向 Web 服务器发送一些别的信息，这些信息用来描述浏览器本身。之后浏览器发送了一空白行来通知服务器，表示它已经结束了该头信息的发送。若是 POST 请求，还会在发送完请求头信息之后发送请求体。

3）服务器接受请求并返回 HTTP 响应

Web 服务器解析请求，定位请求资源。服务器将资源副本写到 TCP 套接字，由客户端读取。一个响应由状态行、响应头信息、空行和响应数据 4 部分组成。

例如，浏览器向服务器发出请求后，服务器会向浏览器回送应答。

```
HTTP/1.1 200 OK
```

应答的第一部分是协议的版本号和应答状态码。

正如客户端会随同请求发送关于自身的信息一样，服务器也会随同应答向用户发送关于它自己的数据及被请求的文档，最后以一个空白行来表示响应头信息发送到此结束。

Web 服务器向浏览器发送响应头信息后，它就以 Content-Type 应答头信息所描述的格式发送用户所请求的实际数据。

4）释放连接 TCP 连接

一般情况下，一旦 Web 服务器向浏览器发送了请求数据，它就要关闭 TCP 连接。如果浏览器或者服务器在其头信息加入了如下这行代码：

```
Connection:keep - alive
```

TCP 连接在发送后将仍然保持打开状态，该连接会保持一段时间。于是浏览器可以继续通过相同的连接发送请求。保持连接节省了为每个请求建立新连接所需的时间，还节约了网络带宽。

5）客户端浏览器解析 HTML 内容

客户端浏览器首先解析响应的状态行，查看表明请求是否成功的状态代码。然后解析每一个响应头，响应头告知以下为若干字节的 HTML 文档和文档的字符集。客户端浏览器读取响应数据 HTML，根据 HTML 的语法对其进行格式化，并在浏览器窗口中显示。

例如，在浏览器地址栏键入 URL，按 Enter 键之后会经历以下流程。

(1) 浏览器向 DNS 服务器请求解析该 URL 中的域名所对应的 IP 地址。

(2) 解析出 IP 地址后，根据该 IP 地址和默认端口 80，和服务器建立 TCP 连接。

(3) 浏览器发出读取文件(URL 中域名后面部分对应的文件)的 HTTP 请求，该请求报文作为 TCP 三次握手的第三个报文的数据发送给服务器。

(4) 服务器对浏览器请求做出响应，并把对应的 HTML 文本发送给浏览器。

(5) 释放 TCP 连接。

(6) 浏览器将该 HTML 文件解析并显示内容。

3.1.6 使用 Fiddler 抓包验证请求信息和响应信息

Fiddler 是最强大最好用的 Web 调试工具之一，它能记录所有客户端和服务器的 HTTP 和 HTTPS 请求。允许用户监视、设置断点甚至修改输入/输出数据。Fiddler 包含了一个强大的基于事件脚本的子系统，并且能使用. NET 语言进行扩展。Fiddler 无论对开发人员或者测试人员来说，都是非常有用的工具。

1. Fiddler 的工作原理

Fiddler 是以代理 Web 服务器的形式工作的，它使用代理地址：127.0.0.1，端口：8888。当 Fiddler 退出的时候它会自动注销，这样就不会影响别的程序。不过如果 Fiddler 非正常退出，这时因为 Fiddler 没有自动注销，会造成网页无法访问。解决的办法是重新启动 Fiddler。

Fiddler 作为一个抓包工具，当浏览器访问服务器会形成一个请求，此时 Fiddler 就处于请求之间，当浏览器发送请求，会先经过 Fiddler，然后再到服务器；当服务器有返回数据给浏览器显示时，也会先经过 Fiddler，然后数据才到浏览器中显示。这样一个过程，Fiddler 就抓取到全部请求和响应信息。

2. 测试 GET 的请求和应答

首先构建一个 GET 请求，Fiddler 选择“组合器”选项卡，设置请求方法、请求地址、请求协议和请求头，如图 3-6 所示。单击“执行”按钮，即可执行所设置的请求，这里请求访问百度网站 www. baidu. com。

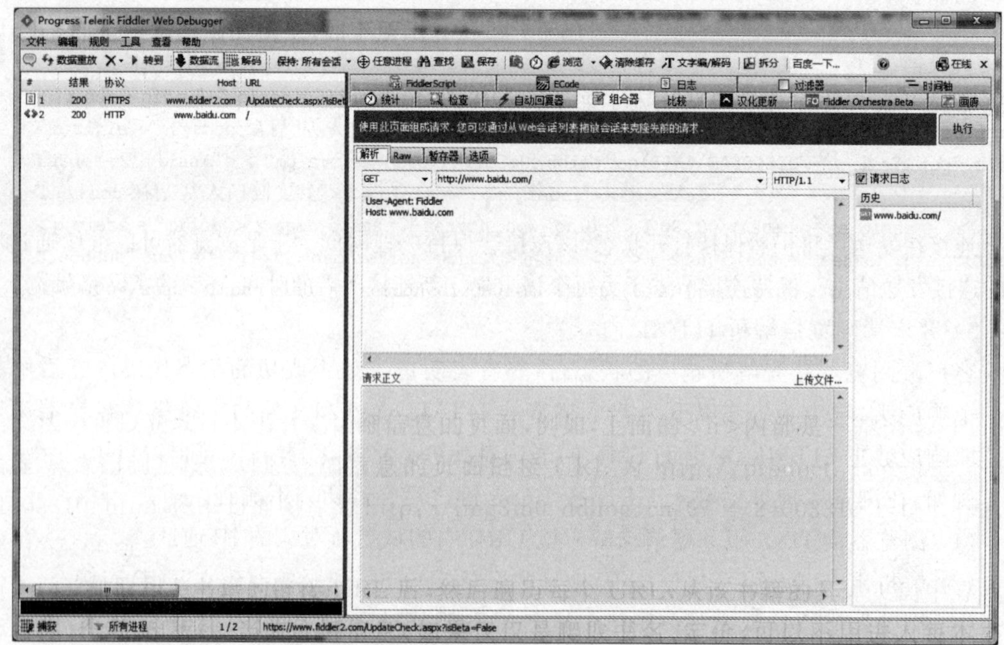

图 3-6　Fiddler“组合器”选项卡

图 3-6 左栏即是执行请求的结果，右击 www.baidu.com，在弹出的快捷菜单中选择“在新窗口查看”命令，在弹出的图 3-7 的“原始”选项卡中查看 raw 数据，raw 代表没有为了方便观看而格式化的原始数据。

```
GET http://www.baidu.com/ HTTP/1.1
User-Agent: Fiddler
Host: www.baidu.com
```

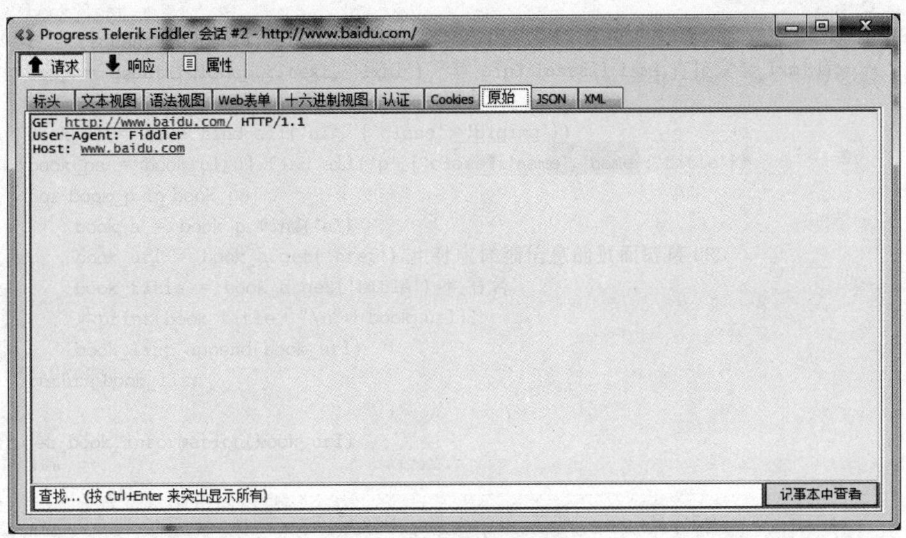

图 3-7 “原始”选项卡

在“响应”选项卡中可以查看请求的应答，如图 3-8 所示。

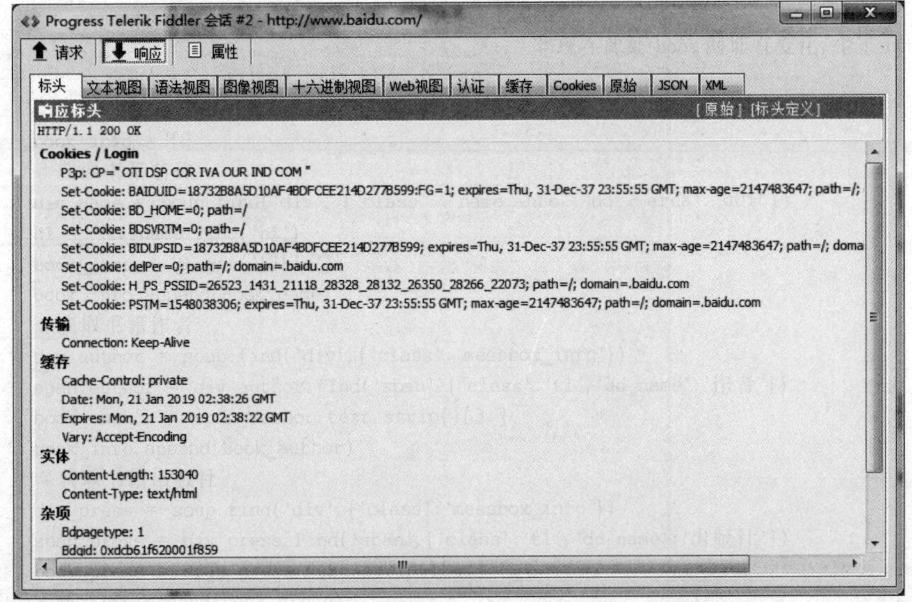

图 3-8 “响应”选项卡

3. 测试 POST 的请求和应答

POST 请求因为涉及需要上传的页面窗体数据，这里使用有道翻译来测试。如图 3-9 所示，登录 http://fanyi.youdao.com/，输入翻译数据“大家好”，单击“翻译”按钮后，被翻译数据“大家好”会以 POST 请求形式发给有道翻译服务器。图 3-10 所示为 Fiddler 抓取到的请求和响应信息。

图 3-9 有道翻译

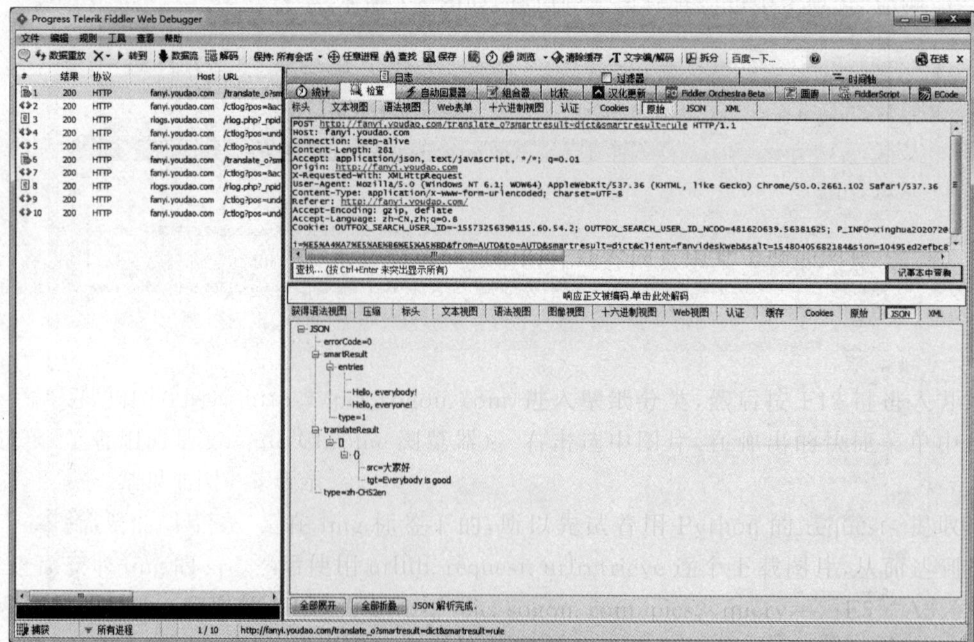

图 3-10 “检查”选项卡

可见其请求方法为 Post，请求地址为 http://fanyi.youdao.com/translate_o?smartresult=dict&smartresult=rule，请求协议为 HTTP/1.1。然后是请求头，请求头中有一个比较重要的设置如下：

```
Content - Type:application/x - www - form - urlencoded; charset = UTF - 8
```

Content-Type 被指定为 application/x-www-form-urlencoded，这是最常见的 Post 提交数据的方式。浏览器的 form 表单如果不设置 enctype 属性，那么最终就会以 application/x-www-form-urlencoded 方式提交数据。

此方式提交数据给服务器，提交的数据按照 key1=val1&key2=val2 的方式进行编码，key 和 val 都进行了 URL 转码。大部分服务端语言都对这种方式有很好的支持。本例如下：

```
i = % E5 % A4 % A7 % E5 % AE % B6 % E5 % A5 % BD&from = AUTO&to = AUTO&smartresult = dict&client =
fanyideskweb&salt = 15480405682184&sign = 10495ed2efbc8fa6bffbca9420985af1&ts =
1548040568218&bv = 4415abcea4c1a2e7f1af67e7e1b9742c&doctype = json&version = 2.1&keyfrom =
fanyi.web&action = FY_BY_CLICKBUTTION&typoResult = false
```

很多时候，我们用 Ajax 提交数据时也是使用这种方式。例如 jQuery 的 Ajax，Content-Type 默认值都是“application/x-www-form-urlencoded;charset=utf-8”。

另外，Post 还有如下 3 种提交数据方式。

• Content-Type：application/json；charset=utf-8

表示会上传一个 json 文件，json 文件的格式是 utf-8，json 文件中保存传输给服务器的数据。

• Content-Type：multipart/form-data

使用表单上传文件时，必须让 form 的 enctyped 等于这个值。

• Content-Type：text/xml；charset=utf-8

表示会上传一个 XML 文件，采用 XML-RPC（XML Remote Procedure Call）协议。XML 作为编码方式的远程调用规范。

接着，在“检查”选项卡可得到 Post 请求的响应正文如下：

```
HTTP/1.1 200 OK
Server: nginx
Date: Mon, 21 Jan 2019 03:16:08 GMT
Content - Type: application/json; charset = utf - 8
Transfer - Encoding: chunked
Connection: keep - alive
Vary: Accept - Encoding
Content - Encoding: gzip
```

可见 Content-Type：application/json；charset=utf-8，这说明在响应头结束后，会有一个 utf-8 编码的 JSON。选择“JSON”选项卡可以看到这个 json 的内容，如图 3-11 所示。

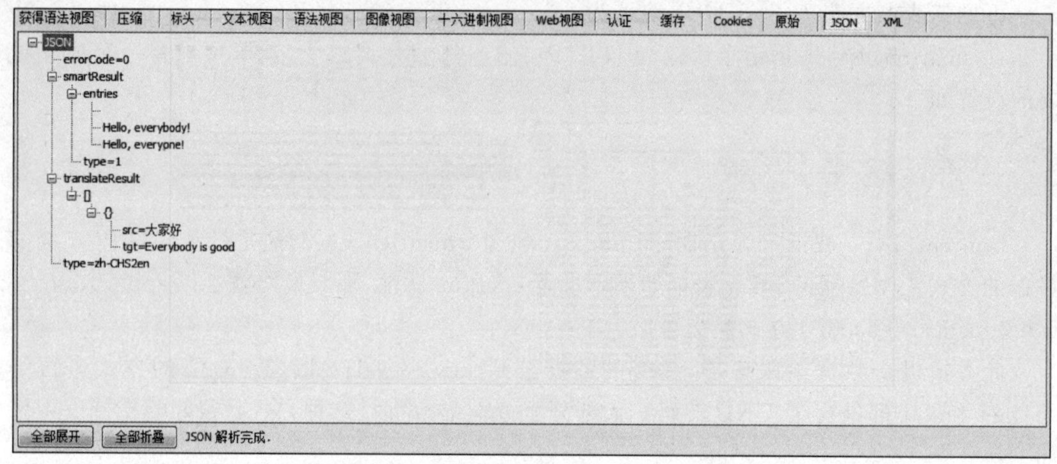

图 3-11 响应的 JSON 内容

从图 3-11 中的响应 JSON 内容可见，用户提交的被翻译数据“大家好”及翻译后的结果“Everybody is good”。在网络爬虫程序中解析 JSON 内容就可以获取翻译后的文本了。

3.2 Socket 编程

3.2.1 Socket 的概念

Socket 是网络编程的一个抽象概念。Socket 是套接字的英文名称，主要是用于网络通信编程。20 世纪 80 年代初，美国政府的高级研究工程机构（ARPA）给加利福尼亚大学 Berkeley 分校提供了资金，让他们在 UNIX 操作系统下实现 TCP/IP 协议。在这个项目中，研究人员为 TCP/IP 网络通信开发了一个应用程序接口（API）。这个 API 称为 Socket（套接字）。Socket 是 TCP/IP 网络最为通用的 API。任何网络通信都是通过 Socket 来完成的。

通常用一个 Socket 表示“打开了一个网络链接”，而打开一个 Socket 需要知道目标计算机的 IP 地址和端口号，再指定协议类型即可。

创建套接字需要使用套接字构造函数，套接字构造函数格式如下：

```
socket(family,type[,protocal])
```

使用给定的套接字家族、套接字类型、协议编号来创建套接字。

参数：

- family：套接字家族，可以使 AF_UNIX 或者 AF_INET、AF_INET6。
- type：套接字类型，可以根据是面向连接的还是非连接分为 SOCK_STREAM 或 SOCK_DGRAM。
- protocol：一般不填，默认为 0。

参数取值含义如表 3-3 所示。

表 3-3　参数含义

参　　数	含　　义
socket. AF_UNIX	只能够用于单一的 UNIX 系统进程间通信
socket. AF_INET	服务器之间网络通信
socket. AF_INET6	IPv6
socket. SOCK_STREAM	流式 Socket ，针对 TCP
socket. SOCK_DGRAM	数据报式 Socket ，针对 UDP
socket. SOCK_RAW	原始套接字。首先,普通的套接字无法处理 ICMP、IGMP 等网络报文,而 SOCK_RAW 可以；其次,SOCK_RAW 也可以处理特殊的 IPv4 报文；此外,利用原始套接字,可以通过 IP_HDRINCL 套接字选项由用户构造 IP 头
socket. SOCK_SEQPACKET	可靠的连续数据包服务

3.2.2　Socket 提供的函数方法

Socket 同时支持数据流 Socket 和数据报 Socket。

例如,创建 TCP Socket：

```
s = socket.socket(socket.AF_INET,socket.SOCK_STREAM)
```

创建 UDP Socket：

```
s = socket.socket(socket.AF_INET,socket.SOCK_DGRAM)
```

在 Python 中,Socket 模块中 Socket 对象提供的函数方法如表 3-4 所示。

表 3-4　Socket 对象函数方法

函　　数	描　　述
服务器端套接字	
s. bind(host,port)	绑定地址(host,port)到套接字,在 AF_INET 下以元组(host,port)的形式表示地址
s. listen(backlog)	开始 TCP 监听。backlog 指定在拒绝连接之前,可以连接的最大数量。该值至少为 1,大部分应用程序设为 5 就可以了
s. accept()	被动接受 TCP 客户端连接,(阻塞式)等待连接的到来
客户端套接字	
s. connect(address)	主动与 TCP 服务器连接。一般 address 的格式为元组(hostname,port),如果连接出错,返回 socket. error 错误
s. connect_ex()	connect()函数的扩展版本,出错时返回出错码,而不是抛出异常
公共用途的套接字函数	
s. recv(bufsize,[,flag])	接收 TCP 数据,数据以字节串形式返回,bufsize 指定要接收的最大数据量。flag 提供有关消息的其他信息,通常可以忽略
s. send(data)	发送 TCP 数据,将 data 中的数据发送到连接的套接字。返回值是要发送的字节数量,该数量可能小于 data 的字节大小
s. sendall(data)	完整发送 TCP 数据,完整发送 TCP 数据。将 data 中的数据发送到连接的套接字,但在返回之前会尝试发送所有数据。成功返回 None,失败则抛出异常

续表

函　数	描　述
s. recvform(bufsize,[,flag])	接收 UDP 数据，与 recv()类似，但返回值是(data,address)。其中 data 是包含接收数据的字节串，address 是发送数据的套接字地址
s. sendto(data,address)	发送 UDP 数据，将数据发送到套接字，address 是形式为(ip,port)的元组，指定远程地址。返回值是发送的字节数
s. close()	关闭套接字
s. getpeername()	返回连接套接字的远程地址。返回值通常是元组(ipaddr,port)
s. getsockname()	返回套接字自己的地址。通常是一个元组(ipaddr,port)
s. settimeout(timeout)	设置套接字操作的超时时间，timeout 是一个浮点数，单位是秒。值为 None 表示没有超时时间。一般，超时时间应该在刚创建套接字时设置，因为它们可能用于连接的操作(如 connect())
s. gettimeout()	返回当前超时的值，单位是秒，如果没有设置超时，则返回 None
s. fileno()	返回套接字的文件描述符
s. makefile()	创建一个与该套接字相关联的文件

了解了 TCP/IP 协议的基本概念，以及 IP 地址、端口的概念和 Socket 后，就可以开始进行网络编程了。下面采用 TCP 协议类型来开发网络通信程序。

3.2.3　TCP 协议编程

TCP 可建立可靠连接，并且通信双方都可以以流的形式发送数据。图 3-12 所示为面向连接支持数据流 TCP 的时序图。

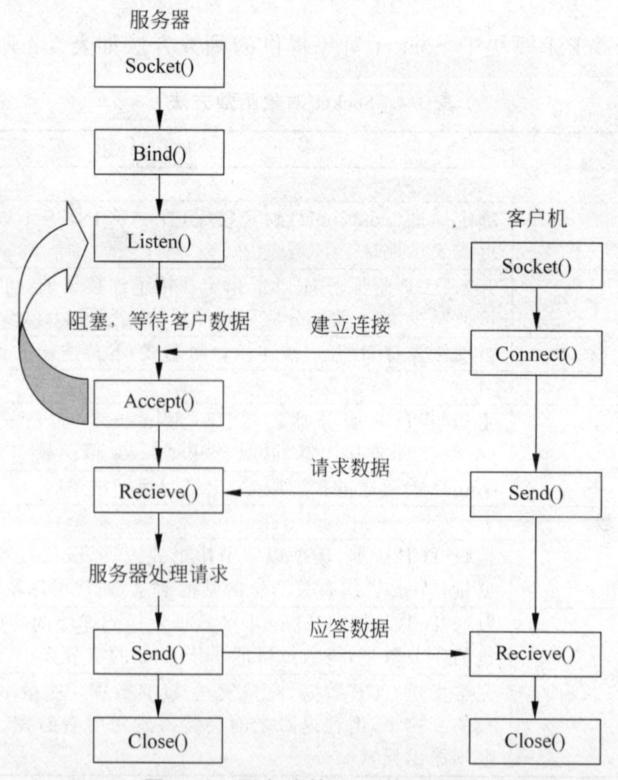

图 3-12　面向连接 TCP 的时序图

由图 3-3 可以看出,客户机(Client)与服务器(Server)的关系是不对称的。

对于 TCP C/S,服务器首先启动,然后在某一时刻启动客户机与服务器建立连接。服务器与客户机开始都必须调用 Socket()建立一个套接字 Socket,然后服务器调用 Bind()将套接字与一个本机指定端口绑定在一起,再调用 Listen()使套接字处于一种被动的准备接收状态,这时客户机建立套接字便可通过调用 Connect()和服务器建立连接。服务器就可以调用 Accept()来接收客户机连接。然后继续侦听指定端口,并发出阻塞,直到下一个请求出现,从而实现多个客户机连接。连接建立之后,客户机和服务器之间就可以通过连接发送和接收数据。最后,待数据传送结束,双方调用 Close()关闭套接字。

日常生活中大多数连接都是可靠的 TCP 连接。创建 TCP 连接时,主动发起连接的称为客户端,被动响应连接的称为服务器。

当在浏览器中访问当当购书网站时,用户自己的计算机就是客户端,浏览器会主动向当当网的服务器发起连接。如果一切顺利,当当的服务器接受了连接,一个 TCP 连接就建立起来了,后面的通信就是发送网页内容了。

【例 3-1】 使用 Socket 的 TCP 通信获取当当网首页的整个页面。

前面已经讲解了 HTTP 协议网络请求的原理,浏览器的主要功能是向服务器发出 HTTP 请求,获取响应报文,并且在浏览器窗口解析显示请求的网络资源。这里模拟浏览器向当当网发送一个 HTTP 的 Get 请求报文,请求获取当当网首页的 HTML 文件,服务器把包含该 HTML 文件的响应报文发送回本程序,从而获取整个网页的页面文件。

获取当当网首页的程序代码如下:

```
import socket                                          #导入 socket 模块
s = socket.socket(socket.AF_INET, socket.SOCK_STREAM)  #创建一个 socket:
s.connect(('www.dangdang.com', 80))                    #建立与当当网站连接
#发送 HTTP 请求
s.send(b'GET / HTTP/1.1\r\nHost: www.dangdang.com\r\nConnection: close\r\n\r\n')
#接收数据:
buffer = []
while True:
    #每次最多接收 1KB:
    d = s.recv(1024)
    if d:
        buffer.append(d)
    else:
        break
#b''是一个空字节,join()是列表的函数,buffer 是一个字节串的列表,使用空字节把 buffer 这个字
节列表连接在一起,成为一个新的字节串
data = b''.join(buffer)
header, html = data.split(b'\r\n\r\n', 1)
print(header.decode('utf-8'))
#把接收的数据写入文件:
with open('当当.html', 'wb') as f:
    f.write(html)
```

代码中首先要创建一个基于 TCP 连接的 Socket:

```
import socket                                               #导入 socket 模块
s = socket.socket(socket.AF_INET, socket.SOCK_STREAM)       #创建一个 socket:
s.connect(('www.sina.com.cn', 80))                          #建立与当当网站连接
```

创建 Socket 时，AF_INET 指定使用 IPv4 协议，如果要用更先进的 IPv6，就指定为 AF_INET6。SOCK_STREAM 指定使用面向流的 TCP 协议。这样，一个 Socket 对象就创建成功了，但是还没有建立连接。

客户端要主动发起 TCP 连接，必须知道服务器的 IP 地址和端口号。当当网站的 IP 地址可以用域名 www.dangdang.com 自动转换到 IP 地址，但是怎么知道当当服务器的端口号呢？

答案是作为服务器，提供什么样的服务，端口号就必须固定下来。由于用户想要访问网页，因此当当提供网页服务的服务器必须把端口号固定在 80 端口，因为 80 端口是 Web 服务的标准端口。其他服务都有对应的标准端口号，例如，SMTP 服务是 25 端口，FTP 服务是 21 端口等。端口号小于 1024 的是 Internet 标准服务的端口，端口号大于 1024 的，可以任意使用。

因此，连接当当服务器的代码如下：

```
s.connect((' www.dangdang.com ', 80))
```

注意参数是一个 tuple，包含地址和端口号。

建立 TCP 连接后，就可以向当当服务器发送请求，要求返回首页的内容：

```
#发送数据请求
s.send(b'GET / HTTP/1.1\r\nHost: www.dangdang.com \r\nConnection: close\r\n\r\n')
```

TCP 连接创建的是双向通道，双方都可以同时给对方发数据。但是谁先发谁后发，怎么协调，要根据具体的协议来决定。例如，HTTP 协议规定客户端必须先发请求给服务器，服务器收到后才发数据给客户端。

发送的文本格式必须符合 HTTP 标准，如果格式没问题，接下来就可以接收当当服务器返回的数据了：

```
#接收数据:
buffer = []
while True:
    d = s.recv(1024)        #每次最多接收 1KB
    if d:                   #是否为空数据
        buffer.append(d)    #字节串增加到列表中
    else:
        break               #返回空数据,表示接收完毕,退出循环
data = b''.join(buffer)
```

接收数据时，调用 recv(max)方法，一次最多接收指定的字节数。因此，在一个 while 循环中反复接收，直到 recv()返回空数据，表示接收完毕，退出循环。

在 data=b''.join(buffer)语句中,b''是一个空字节,join()是连接列表的函数,buffer 是一个字节串的列表,使用空字节把 buffer 这个字节列表连接在一起,成为一个新的字节串。这是 Python 3 的新功能,以前 join()函数只能连接字符串,现在可以连接字节串。

接收完数据后,调用 close()方法关闭 Socket。这样,一次完整的网络通信就结束了。

```
s.close()                        #关闭连接
```

接收到的数据包括 HTTP 头和网页本身,用户只需要把 HTTP 头和网页分离一下,把 HTTP 头打印出来,网页内容保存到文件:

```
header, html = data.split(b'\r\n\r\n', 1)   #以'\r\n\r\n'分割,且仅分割 1 次
print(header.decode('utf-8'))               #decode('utf-8')以 utf-8 编码将字节串转换成字符串
#把接收的数据写入文件:
with open('d:\\当当.html', 'wb') as f:      #以写方式打开文件'当当.html',即可以写入信息
    f.write(html)
```

程序运行后,在 D 盘上可以看到"当当.html"文件,也就是用户把当当的首页爬到本机了。现在,只需要在浏览器中打开这个"当当.html"文件,就可以看到当当的首页了。由于许多网站(如新浪网站)现已改成 HTTPS 安全传输协议,HTTPS 在 HTTP 的基础上加入了 SSL 协议,SSL 依靠证书来验证服务器的身份,并为浏览器和服务器之间的通信加密。读者可以换成其他网站(如当当网 www.dangdang.com),这样仍可以采用 HTTP 传输协议测试本例。

而 HTTPS 传输协议需要使用 SSL 模块,所以采用 HTTPS 协议访问新浪网站代码如下:

```
import socket                                  #导入 socket 模块
import ssl
#s = socket.socket(socket.AF_INET,socket.SOCK_STREAM)      #创建一个 socket
s = ssl.wrap_socket(socket.socket())
s.connect(('www.sina.com.cn', 443))            #建立与新浪网站连接
#发送数据请求
s.send(b'GET / HTTP/1.1\r\nHost:www.sina.com.cn\r\nConnection: close\r\n\r\n')
#接收数据:
buffer = []
while True:
    d = s.recv(1024)                           #每次最多接收服务器端 1KB 数据
    if d:                                      #是否为空数据
        buffer.append(d)                       #字节串增加到列表中
    else:
        break                                  #返回空数据,表示接收完毕,退出循环
data = b''.join(buffer)
header, html = data.split(b'\r\n\r\n', 1)
print(header.decode('utf-8'))
#把接收的数据写入文件:
with open('d:\\sina.html', 'wb') as f:
    f.write(html)
```

运行结果如下：

```
HTTP/1.1 200 OK
Server: edge-esnssl-1.12.1-13
Date: Wed, 12 Dec 2018 14:37:14 GMT
Content-Type: text/html
Content-Length: 572032
Connection: close
Last-Modified: Wed, 12 Dec 2018 14:36:02 GMT
Vary: Accept-Encoding
X-Powered-By: shci_v1.03
Expires: Wed, 12 Dec 2018 14:38:06 GMT
Cache-Control: max-age=60
Age: 10
Via: https/1.1 cnc.beixian.ha2ts4.205 (ApacheTrafficServer/6.2.1 [cMsSfW]), https/1.1 cnc.
zhengzhou.ha2ts4.196 (ApacheTrafficServer/6.2.1 [cHs f ])
X-Via-Edge: 1544625434199db313c73f4fb9e3d2b04c19e
X-Cache: HIT.196
X-Via-CDN: f=edge,s=cnc.zhengzhou.edssl.211.nb.sinaedge.com,c=115.60.49.219;f=edge,
s=cnc.zhengzhou.ha2ts4.196.nb.sinaedge.com,c=61.158.251.211;f=Edge,s=cnc.zhengzhou.
ha2ts4.196,c=61.158.251.196
```

HTTP响应的头信息中 HTTP/1.1 200 OK 表示访问成功，而不再出现 HTTP/1.1 302 Moved Temporarily 错误。

通过上面的例子，可以掌握采用底层 Socket 编程实现浏览网页的过程，熟悉 HTTP 通信过程。在实际的爬虫开发中，使用 Python 网页访问的标准库 urllib、第三方库 requests 等浏览网页更加容易，后面爬虫的开发主要使用 urllib、requests 库来实现浏览网页、抓取网页。

第 4 章

小试牛刀——下载网站图片

4.1 HTTP 下载网站图片功能介绍

用户使用本程序输入一个网址(例如当当网 http://www.dangdang.com/),则自动下载指定网址页面中所有的图片到本机的 E:/img1/文件夹下。

4.2 程序设计的思路

本程序主要分成三个过程。

(1) 抓取网页的源代码。前面章节介绍的使用浏览器查看网页源代码需要手动操作,而爬虫程序需要自动获取网页源代码 HTML 文件。使用 Socket 编程技术获取网页文件相对麻烦,所以这里采用 Python 的 urllib 库实现,urllib 是 Python 自带的标准库,无须安装直接可以使用。urllib 库提供了如下功能:网页请求、响应获取、代理和 cookie 设置、异常处理、URL 解析,爬虫所需要的功能 urllib 库基本上都有。掌握 urllib 标准库,可以深入理解后面更加便利的 requests 库。

(2) 获取图片的超链接。图片显示一般采用<img>标签,例如:

```
<img src="http://img.yeitu.com/2017/0830/1860.jpg" alt="仙鹤" width="600" height="300">
```

src 属性中保存的图片的超链接网址,一般可以采用绝对网址"http://img.yeitu.com/2017/0830/1860.jpg"或者相对网址,例如,中原工学院网站的某个图片网址如下:

```
<img src="images/ico2.jpg" align="absmiddle" border="0">
```

这里采用的是相对网址，实际完整的超链接网址是 http://www.zut.edu.cn/images/ico2.jpg。本程序使用正则表达式获取图片的超链接网址。

(3) 根据图片的超链接网址下载图片到本地文件夹中。

本章按照以上步骤来实现爬取指定页面上的图片。

视频讲解

4.3 关键技术

4.3.1 urllib 库简介

urllib 是 Python 标准库中最为常用的 Python 网页访问的模块，可以让用户像访问本地文本文件一样读取网页的内容。Python 2 系列使用的是 urllib2，Python 3 将其全部整合为 urllib；在 Python 3.x 中，可以使用 urllib 这个库抓取网页。

urllib 库提供了一个网页访问的简单易懂的 API 接口，还包括一些函数方法，用于对参数编码、下载网页等操作。这个模块的使用门槛非常低，初学者也可以尝试去抓取和读取或者保存网页。urllib 是一个 URL 处理包，这个包中集合了一些处理 URL 的模块，如下：

(1) urllib.request 模块是用来打开和读取 URL 的；

(2) urllib.error 模块包含一些由 urllib.request 产生的错误，可以使用 try 进行捕捉处理；

(3) urllib.parse 模块包含了一些解析 URL 的方法；

(4) urllib.robotparser 模块用来解析 robots.txt 文本文件。它提供了一个单独的 RobotFileParser 类，通过该类提供的 can_fetch()方法测试爬虫是否可以下载一个页面。

4.3.2 urllib 库的基本使用

下面的例子将使用 urllib.request 和 urllib.parse 这两个模块，以说明 urllib 库的使用方法。

使用 urllib.request.urlopen()函数可以很轻松地打开一个网站，读取并打印网页信息。

urlopen()函数格式：

```
urlopen(url[, data[, proxies]])
```

urlopen()返回一个 response 对象，然后可以像本地文件一样操作这个 response 对象来获取远程数据。其中参数 url 表示远程数据的路径，一般是网址；参数 data 表示以 post 方式提交到 url 的数据(提交数据的两种方式：post 与 get，一般情况下很少用到这个参数)；参数 proxies 用于设置代理。urlopen 还有一些可选参数，具体信息可以查阅 Python 自带的文档。

urlopen 返回的 response 对象提供了如下方法：

- read()，readline()，readlines()，fileno()，close()：这些方法的使用方式与文件对象完全一样；
- info()：返回一个 httplib.HTTPMessage 对象，表示远程服务器返回的头信息；
- getcode()：返回 HTTP 状态码。如果是 HTTP 请求，200 表示请求成功完成；404

表示网址未找到；

- geturl()：返回请求的 url。

了解这些，就可以写一个最简单爬取网页的程序。

```
#urllib_test01.py
from urllib import request
if __name__ == "__main__":
    response = request.urlopen("http://fanyi.baidu.com")
    html = response.read()
    html = html.decode("utf-8") #decode()命令将网页的信息进行解码,否则乱码
    print(html)
```

urllib 使用 request.urlopen()打开和读取 URL 信息，返回的对象 response 如同一个文本对象，可以调用 read()进行读取。再通过 print()将读到的信息打印出来。

运行 py 程序文件，输出信息如图 4-1 所示。

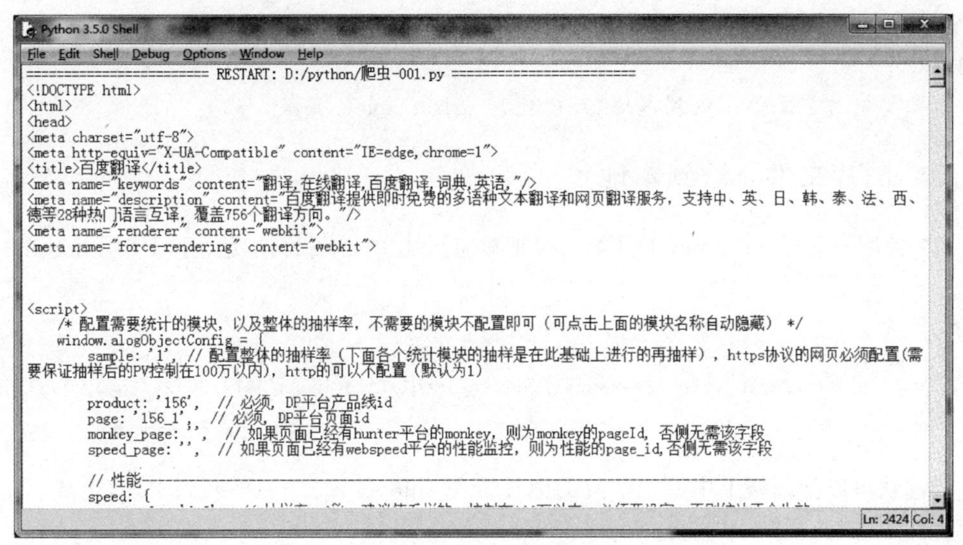

图 4-1　读取的百度翻译网页源码

其实这就是浏览器接收到的信息，只不过用户在使用浏览器的时候，浏览器已经将这些信息转化成了界面信息供浏览。浏览器就是作为客户端从服务器端获取信息，然后将信息解析，再展示。

这里通过 decode()命令将网页的信息进行解码：

```
html = html.decode("utf-8")
```

当然这个前提是已经知道了这个网页是使用 utf-8 编码的，怎么查看网页的编码方式呢？非常简单的方法是使用浏览器查看网页源码，只需要找到 head 标签开始位置的 chareset，就知道网页是采用何种编码了。由图 4-1 可知，百度翻译网页采用的是 utf-8 编码。

例如，当当网首页的源码如下：

```
<head>
<title>当当—网上购物中心：图书、数码、家电、服装、鞋包等,正品低价,货到付款</title>
<meta http-equiv="Content-Type" content="text/html; charset=GB2312">
</head>
```

从中可知，当当网首页是采用的GB2312编码。

需要说明的是，urlopen()函数中的url参数不仅可以是一个字符串，如 http://www.baidu.com，也可以是一个Request对象，需要首先定义一个Request对象，然后将这个Request对象作为urlopen的参数使用，方法如下：

```
req = request.Request("http://fanyi.baidu.com/")   #Request 对象
response = request.urlopen(req)
html = response.read()
html = html.decode("utf-8")
print(html)
```

注意

如果要把对应文件下载到本地，可以使用urlretrieve()函数。

视频讲解

4.3.3 图片文件下载到本地

(1) 使用request.urlretrieve()函数。要把对应图片文件下载到本地，可以使用urlretrieve()函数。

```
from urllib import request
request.urlretrieve("http://www.zzti.edu.cn/_mediafile/index/2017/06/24/1qjdyc7vq5.jpg",
"aaa.jpg")
```

本例就可以把网络上中原工学院的图片资源1qjdyc7vq5.jpg下载到本地，生成aaa.jpg图片文件。

(2) 使用Python的文件操作write()函数写入文件。

```
from urllib import request
import urllib
url = 'http://www.zzti.edu.cn/_mediafile/index/2017/06/24/1qjdyc7vq5.jpg'
url1 = urllib.request.Request(url)                    #Request 对象
page = urllib.request.urlopen(url1).read()            #将 url 页面的源代码保存成字符串
#open().write()方法原始且有效
open('c:\\aa.jpg', 'wb').write(page)                  #写入 aa.jpg 文件中
```

4.4 程序设计的步骤

首先，用urllib库来模拟浏览器访问网站的行为，由给定的网站链接(url)得到对应网页的源代码(html标签)。其中，源代码以字符串的形式返回。

其次，用正则表达式 re 库在字符串（网页源代码）中匹配表示图片链接的小字符串，返回一个列表。

最后，循环列表，根据图片链接将图片保存到本地。

其中 urllib 库的使用在 Python 2.x 和 Python 3.x 中的差别很大，本案例以 Python 3.x 为例。

```
'''
    第一个简单的爬取图片程序，使用 Python 3.x 和 urllib 库
'''
import urllib.request
import re                      #正则表达式
def getHtmlCode(url):          #该方法传入 url，返回 url 的 html 源码
    headers = {
        'User-Agent': 'Mozilla/5.0 (Linux; Android 6.0; Nexus 5 Build/MRA58N) AppleWebKit/
537.36 (KHTML, like Gecko) Chrome/56.0.2924.87 Mobile Safari/537.36'
    }
    url1 = urllib.request.Request(url, headers = headers)   #Request 函数将 url 添加头部，
                                                            #模拟浏览器访问
    page = urllib.request.urlopen(url1).read()   #将 url 页面的源代码保存成字符串
    page = page.decode('GB2312','ignore')        #字符串转码
    return page

def getImg(page): #该方法传入 html 的源码，经过截取其中的 img 标签，将图片保存到本机
    #imgList = re.findall(r'(https:[^\s]*?(jpg|png|gif))',page)一些网站采用 https 协议
    imgList = re.findall(r'(http:[^\s]*?(jpg|png|gif))',page)
    x = 100
    if not os.path.exists("E:/img1"):                #判断 E:/img1 文件夹是否存在
        os.mkdir("E:/img1")
    for imgUrl in imgList:   #列表循环
        try:
            print('正在下载: %s' % imgUrl[0])
            #urlretrieve(url,local)方法根据图片的 url 将图片保存到本机
            #urllib.request.urlretrieve(imgUrl[0],'E:/img1/%d.jpg' % x)
            urllib.request.urlretrieve(imgUrl[0],'E:/img1/%d.%s' % (x,imgUrl[1]))
            x += 1
        except:
             continue
if __name__ == '__main__':
    #url = 'http://www.dangdang.com'                              #指定当当网首页
    url = 'http://search.dangdang.com/?key=python&act=input'  #搜索 python 图书的网址页面
    page = getHtmlCode(url)
```

运行上面的程序，可见在本地磁盘上 E:/img1/文件夹下确实获取到大量 python 图书的图片。getImg(page)中使用了 findall(正则表达式，代表页面源码的 str)函数，实现了在字符串中按照正则表达式截取其中的子字符串。findall()返回一个列表，列表中的元素是一个个的元组，元组的第一个元素是图片的 url，第二个元素是 url 的扩展名，列表形式如下：

```
[[('http://img61.ddimg.cn/ddreader/dangebook/hot1.png', 'png'),
('http://img61.ddimg.cn/ddreader/dangebook/hot1.png', 'png'),
('http://img3m3.ddimg.cn/98/31/23928893-1_b_11.jpg', 'jpg'),
('http://img3m2.ddimg.cn/40/15/25227022-1_b_1.jpg', 'jpg'),
……]
```

上述代码在找图片的 url 时，用的是 re（正则表达式）。如果 re 用得好会有奇效，用得不好则效果极差。既然得到了网页的源代码，我们也可以根据标签的名称来得到其中的内容。

由于正则表达式难以掌握，第 6 章用一个第三方库 BeautifulSoup，根据标签的名称来对网页内容进行截取。BeautifulSoup 可以轻松找出“所有的链接< a >”或者“所有 class 是 ×××的链接< a >”，再或者是“所有匹配.cn 的链接 url”。

运行上面的程序，可在本地磁盘 E:/img/文件夹下获取大量 python 图书的图片，但是如果爬取 http://www.dangdang.com 首页，则无法得到全部图片，这是由于当当网站首页采用 Ajax 动态网页技术，在下载的当当网页源代码文件中没有这些图片的超链接网址，所以没有下载到所有图片。在后面的章节会学习如何从 Ajax 动态网页中获取所有图片的超链接网址。

第 5 章

调用百度 API 获取数据——小小翻译器

5.1 小小翻译器功能介绍

许多网站提供了 API,通过它可获取网站提供的信息,如天气预报、股票交易信息及火车售票信息等。小小翻译器使用百度翻译开放平台提供的 API,能够实现简单的翻译功能,用户输入自己需要翻译的单词或者句子,即可得到翻译的结果,运行界面如图 5-1 所示。该翻译器不仅能够将英文翻译成中文,也可以将中文翻译成英文或者其他语言。

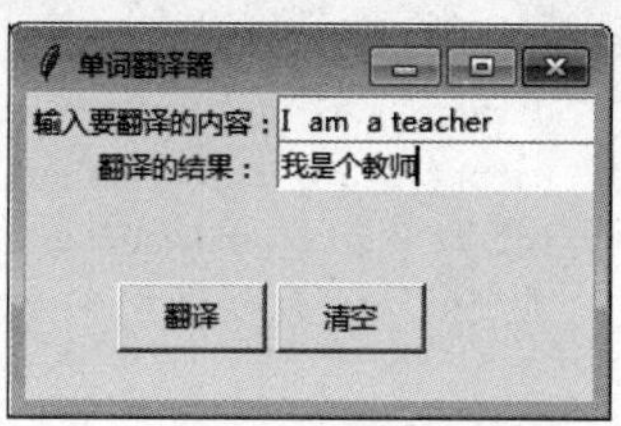

图 5-1 小小翻译器运行界面

5.2 程序设计的思路

百度翻译开放平台提供了 API,可以提供高质量的翻译服务。通过调用百度翻译 API 可以编写在线翻译程序。

百度翻译开放平台每月提供 200 万字符的免费翻译服务,只要拥有百度账号并申请成为开发者就可以获得所需要的账号和密码。下面是开发者的申请链接:

```
http://api.fanyi.baidu.com/api/trans/product/index
```

为方便使用,百度翻译开放平台提供了详细的接入文档,链接如下:

```
http://api.fanyi.baidu.com/api/trans/product/apidoc
```

在文档中列出了详细的使用方法。

按照百度翻译开放平台文档中的要求，生成 URL 请求网页，提交后可返回 JSON 数据格式的翻译结果，再将得到的 JSON 格式的翻译结果解析出来。

5.3 关键技术

5.3.1 urllib 库的高级使用

前面章节使用 urllib. request. urlopen()打开和读取 URL 信息，返回的对象 response 如同一个文本对象，可以调用 read()进行读取，再通过 print()将读到的信息打印出来。下面学习 urllib 库的其他一些功能。

1. 获取服务器响应信息

与浏览器的交互过程一样，request. urlopen()代表请求过程，它返回的 HTTPResponse 对象代表响应。返回内容作为一个对象更便于操作，HTTPResponse 对象 status 属性返回请求 HTTP 后的状态，在处理数据之前要先判断状态情况。如果请求未被响应，需要终止内容处理。reason 属性非常重要，可以得到未被响应的原因，url 属性是返回页面 URL。HTTPResponse. read()是获取请求的页面内容的二进制形式。

也可以使用 getheaders()返回 HTTP 响应的头信息，例如：

```
from urllib import request
f = request.urlopen(' http://fanyi.baidu.com ')
data = f.read()
print('Status:', f.status, f.reason)
for k, v in f.getheaders():
    print('%s: %s' % (k, v))
```

可以看到 HTTP 响应的头信息。

```
Status: 200 OK
Content - Type: text/html
Date: Sat, 15 Jul 2017 02:18:26 GMT
P3p: CP = " OTI DSP COR IVA OUR IND COM "
Server: Apache
Set - Cookie: locale = zh; expires = Fri, 11 - May - 2018 02:18:26 GMT; path = /; domain =
.baidu.com
Set - Cookie: BAIDUID = 2335F4F896262887F5B2BCEAD460F5E9:FG = 1; expires = Sun, 15 - Jul - 18
02:18:26 GMT; max - age = 31536000; path = /; domain = .baidu.com; version = 1
Vary: Accept - Encoding
Connection: close
Transfer - Encoding: chunked
```

同样也可以使用 response 对象的 geturl()方法、info()方法、getcode()方法获取相关的 URL、响应信息和响应 HTTP 状态码。

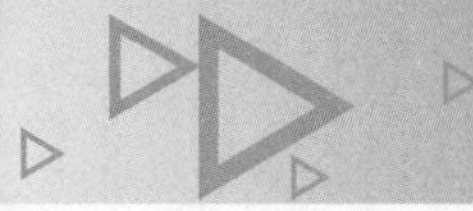

```
# - * - coding: UTF - 8 - * -
from urllib import request
if __name__ == "__main__":
    req = request.Request("http://fanyi.baidu.com/")
    response = request.urlopen(req)
    print("geturl 打印信息: %s" % (response.geturl()))
    print('********************************************')
    print("info 打印信息: %s" % (response.info()))
    print('********************************************')
    print("getcode 打印信息: %s" % (response.getcode()))
```

可以得到如下运行结果：

```
geturl 打印信息: http://fanyi.baidu.com/
********************************************
info 打印信息: Content-Type: text/html
Date: Sat, 15 Jul 2017 02:42:32 GMT
P3p: CP=" OTI DSP COR IVA OUR IND COM "
Server: Apache
Set-Cookie: locale=zh; expires=Fri, 11-May-2018 02:42:32 GMT; path=/; domain=
.baidu.com
Set-Cookie: BAIDUID=976A41D6B0C3FD6CA816A09BEAC3A89A:FG=1; expires=Sun, 15-Jul-18
02:42:32 GMT; max-age=31536000; path=/; domain=.baidu.com; version=1
Vary: Accept-Encoding
Connection: close
Transfer-Encoding: chunked
********************************************
getcode 打印信息: 200
```

学会了使用简单的语句对网页进行抓取之后，接下来学习如何向服务器发送数据。

2. 向服务器发送数据

可以使用 urlopen()函数中的 data 参数向服务器发送数据。根据 HTTP 规范，GET 用于信息获取，POST 是向服务器提交数据的一种请求。

从客户端向服务器提交数据使用 POST；从服务器获得数据到客户端使用 GET。然而，GET 也可以提交，与 POST 的区别如下。

(1) GET 方式可以通过 URL 提交数据，待提交数据是 URL 的一部分；采用 POST 方式，待提交数据放置在 HTML HEADER 内。

(2) GET 方式提交的数据最多不超过 1024B，POST 没有对提交内容的长度限制。

下面通过具体的 GET 方式和 POST 方式提交例子来说明。

(1) 以 GET 方式提交 email 和 password 信息。

```
LOGIN_URL = "http://www.kiwisns.com/postLogin/"
values = {'email':'xmj@user.com','password':'123456'}
data = urllib.parse.urlencode(values).encode()
geturl = LOGIN_URL + "?" + data      #直接以 URL 链接提交数据,链接中包含了所有的参数
req = urllib.request.Request(geturl)
response = request.urlopen(req)      #传入创建好的 Request 对象,用 GET 方式提交
```

(2) 以 POST 方式提交 email 和 password 信息。

```
LOGIN_URL = 'http:// www.kiwisns.com/postLogin/'
values = {'email':'xmj@user.com','password':'123456'}
data = urllib.parse.urlencode(values).encode()
req = urllib.request.Request(URL,data)          #传送的数据就是这个参数 data
response = request.urlopen(req,data)            #传入创建好的 Request 对象,用 POST 方式提交
```

如果没有设置 urlopen()函数的 data 参数，HTTP 请求采用 GET 方式，也就是从服务器获取信息。如果设置 data 参数，HTTP 请求采用 POST 方式，也就是向服务器传递数据。

data 参数有自己的格式，它是一个基于 application/x-www.form-urlencoded 的格式，具体格式不用了解，可以使用 urllib.parse.urlencode()函数将字符串自动转换成上面所说的格式。

5.3.2 使用 User Agent 隐藏身份

1. 为何要设置 User Agent

有一些网站不喜欢被爬虫程序访问，所以会检测连接对象，如果是爬虫程序，也就是非人点击访问，它就会阻止继续访问。所以，为了让程序正常运行，需要隐藏自己的爬虫程序的身份。此时，就可以通过设置 User Agent 来达到隐藏身份的目的。User Agent 的中文名为用户代理，简称 UA。

User Agent 存放于 Headers 中，服务器就是通过查看 Headers 中的 User Agent 来判断是谁在访问。在 Python 中，如果不设置 User Agent，程序将使用默认的参数，那么这个 User Agent 就会有 Python 的字样，如果服务器检查 User Agent，那么没有设置 User Agent 的 Python 程序将无法正常访问网站。

Python 允许修改这个 User Agent 来模拟浏览器访问，它的强大毋庸置疑。

2. 常见的 User Agent

1) Android

```
• Mozilla/5.0 (Linux; Android 4.1.1; Nexus 7 Build/JRO03D) AppleWebKit/535.19 (KHTML, like
  Gecko) Chrome/18.0.1025.166 Safari/535.19
• Mozilla/5.0 (Linux; U; Android 4.0.4; en-gb; GT-I9300 Build/IMM76D) AppleWebKit/534.30
  (KHTML, like Gecko) Version/4.0 Mobile Safari/534.30
• Mozilla/5.0 (Linux; U; Android 2.2; en-gb; GT-P1000 Build/FROYO) AppleWebKit/533.1
  (KHTML, like Gecko) Version/4.0 Mobile Safari/533.1
```

2) Firefox

```
• Mozilla/5.0 (Windows NT 6.2; WOW64; rv:21.0) Gecko/20100101 Firefox/21.0
• Mozilla/5.0 (Android; Mobile; rv:14.0) Gecko/14.0 Firefox/14.0
```

3) Google Chrome

- Mozilla/5.0 (Windows NT 6.2; WOW64) AppleWebKit/537.36 (KHTML, like Gecko) Chrome/27.0.1453.94 Safari/537.36
- Mozilla/5.0 (Linux; Android 4.0.4; Galaxy Nexus Build/IMM76B) AppleWebKit/535.19 (KHTML, like Gecko) Chrome/18.0.1025.133 Mobile Safari/535.19

4) iOS

- Mozilla/5.0 (iPad; CPU OS 5_0 like Mac OS X) AppleWebKit/534.46 (KHTML, like Gecko) Version/5.1 Mobile/9A334 Safari/7534.48.3
- Mozilla/5.0 (iPod; U; CPU like Mac OS X; en) AppleWebKit/420.1 (KHTML, like Gecko) Version/3.0 Mobile/3A101a Safari/419.3

上面列举了 Andriod、Firefox、Google Chrome、iOS 的一些 User Agent。

3. 设置 User Agent 的方法

设置 User Agent 有两种方法。

(1) 在创建 Request 对象时,填入 headers 参数(包含 User Agent 信息),这个 headers 参数要求为字典。

(2) 在创建 Request 对象时不添加 headers 参数,在创建完成之后,使用 add_header() 的方法,添加 headers。

方法一:

使用上面提到的 Android 的第一个 User Agent,在创建 Request 对象时传入 headers 参数,编写代码如下:

```
# -*- coding: UTF-8 -*-
from urllib import request
if __name__ == "__main__":
    #以 CSDN 为例,CSDN 不更改 User Agent 是无法访问的
    url = 'http://www.csdn.net/'
    head = {}
    #写入 User Agent 信息
    head['User-Agent'] = 'Mozilla/5.0 (Linux; Android 4.1.1; Nexus 7 Build/JRO03D) AppleWebKit/535.19 (KHTML, like Gecko) Chrome/18.0.1025.166 Safari/535.19'
    req = request.Request(url, headers=head)  #创建 Request 对象
    response = request.urlopen(req)           #传入创建好的 Request 对象
    html = response.read().decode('utf-8')    #读取响应信息并解码
    print(html)                               #打印信息
```

方法二:

使用上面提到的 Android 的第一个 User Agent,在创建 Request 对象时不传入 headers 参数,创建之后使用 add_header()方法,添加 headers,编写代码如下:

```
# -*- coding: UTF-8 -*-
from urllib import request
```

```
if __name__ == "__main__":
    #以 CSDN 为例,CSDN 不更改 User Agent 是无法访问的
    url = 'http://www.csdn.net/'
    req = request.Request(url)                    #创建 Request 对象
    req.add_header('User - Agent', 'Mozilla/5.0 (Linux; Android 4.1.1; Nexus 7 Build/JRO03D)
AppleWebKit/535.19 (KHTML, like Gecko) Chrome/18.0.1025.166 Safari/535.19') #传入 headers
    response = request.urlopen(req)               #传入创建好的 Request 对象
    html = response.read().decode('utf - 8')      #读取响应信息并解码
    print(html)                                   #打印信息
```

5.3.3 JSON 使用

JSON(JavaScript Object Notation)是一种轻量级的数据交换格式,比 XML 更小、更快、更易解析,易于读写且占用带宽小,网络传输速度快,适用于数据量大且不要求保留原有类型的情况。它是 JavaScript 的子集,易于阅读和编写。

前端和后端进行数据交互,就是通过 JSON 进行的。因为 JSON 易于被识别的特性,常被作为网络请求的返回数据格式。在爬取动态网页时,经常会遇到 JSON 格式的数据,Python 中可以使用 JSON 模块来对 JSON 数据进行解析。

1. JSON 的结构

JSON 常见形式为"名称/值"对的集合。

例如下面这样:

```
{"firstName": "Brett", "lastName": "McLaughlin"}
```

JSON 允许使用数组,采用方括号[]实现。

例如:

```
{
    "people":[
        {"firstName": "Brett",
         "lastName":"McLaughlin"
        },
        {"firstName":"Jason",
         "lastName":"Hunter"
        }
    ]
}
```

在这个示例中,只有一个名为 people 的名称,值是包含两个元素的数组,每个元素是一个人的信息,其中包含名和姓。

XML 和 JSON 都使用结构化方法来标记数据,下面做一个简单的比较。

用 XML 表示中国部分省市数据如下:

```
<?xml version = "1.0" encoding = "utf - 8"?>
< country >
    < name >中国</name >
    < province >
        < name >黑龙江</name >
        < cities >
            < city >哈尔滨</city >
            < city >大庆</city >
        </cities >
    </province >
    < province >
        < name >广东</name >
        < cities >
            < city >广州</city >
            < city >深圳</city >
            < city >珠海</city >
        </cities >
    </province >
    < province >
        < name >新疆</name >
        < cities >
            < city >乌鲁木齐</city >
        </cities >
    </province >
</country >
```

用 JSON 表示如下，其中省份采用的是数组。

```
{
    "name": "中国",
    "province": [{
        "name": "黑龙江",
        "cities": {
            "city": ["哈尔滨", "大庆"]
        }
    }, {
        "name": "广东",
        "cities": {
            "city": ["广州", "深圳", "珠海"]
        }
    }, {
        "name": "新疆",
        "cities": {
            "city": ["乌鲁木齐"]
        }
    }]
}
```

由上例可以看出，JSON 简单的语法格式和清晰的层次结构明显比 XML 容易阅读，并且在数据交换方面，因为 JSON 所使用的字符要比 XML 少得多。所以，可以节约传输数据所占用的带宽。

JSON 中的数据类型和 Python 中的数据类型转化关系如表 5-1 所示。

表 5-1　JSON 中的数据类型和 Python 中的数据类型转化关系

JSON 的数据类型	Python 的数据类型	JSON 的数据类型	Python 的数据类型
object	dict	number (real)	float
array	list	true、false	True、False
string	str	null	None
number (int)	int		

2. JSON 模块中常用的方法

在使用 JSON 这个模块前，首先要导入 JSON 库：import json。

JSON 模块主要提供了 4 个方法：dumps、loads、dump 和 load，如表 5-2 所示。

表 5-2　JSON 模块中常用的方法

方　法	功能描述
json.dumps()	将 Python 对象转换成 JSON 字符串
json.loads()	将 JSON 字符串转换成 Python 对象
json.dump()	将 Python 类型数据序列化为 JSON 对象后写入文件
json.load()	读取文件中 JSON 形式的字符串并转化为 Python 类型数据

下面通过例子说明这个方法的使用。

1) json.dumps()

json.dumps()的作用是将 Python 对象转换成 JSON 字符串。

```
import json
data = {'name':'nanbei','age':18}
s= json.dumps(data)              #将 Python 对象编码成 json 字符串
print(s)
```

运行结果如下：

```
{"name": "nanbei", "age": 18}
```

JSON 注意事项：

- 名称必须用双引号(即"name")来包括；
- 值可以是字符串、数字、true、false、null、JavaScript 数组或子对象。

从运行结果可见，原先的'name''age'单引号已经变成双引号"name" "age"。

2) json.loads()

json.loads()的作用是将 JSON 字符串转换成 Python 对象。

```
import json
data = {'name':'nanbei','age':18}
a = json.dumps(data)
print(json.loads(a))             #将 json 字符串编码成 Python 对象—dict 字典
```

运行结果如下：

```
{'name': 'nanbei', 'age': 18}
```

对 JSON 文件要先读文件，然后才能转换成 Python 对象。

```
f = open('stus.json',encoding = 'utf - 8')          #'stus.json'是一个 JSON 文件
content = f.read()                                  #使用 loads()方法,需要先读文件成字符串
user_dic = json.loads(content)                      #转换成 Python 的字典对象
print(user_dic)
```

3) json.load()

json.load()的作用是读取文件中 JSON 形式的字符串并转化为 Python 类型数据。

```
import json
f = open('stus.json',encoding = 'utf - 8')
user_dic = json.load(f)        #f 是文件对象
print(user_dic)
```

可见 loads()传入的是字符串，而 load()传入的是文件对象。使用 loads()时需要先读文件成字符串再使用，而 load()则不用先读文件成字符串，而是直接传入文件对象。

4) json.dump()

json.dump()的作用是将 Python 类型数据序列化为 JSON 对象后写入文件。

```
stus = { 'xiaojun':88, 'xiaohei':90, 'lrx':100}
f = open('stus2.json','w',encoding = 'utf - 8')            #以写方式打开 stus2.json 文件
json.dump(stus,f)                                          #写入 stus2.json 文件
f.close()                                                  #文件关闭
```

5.4 程序设计的步骤

5.4.1 设计界面

采用 Tkinter 的 place 几何布局管理器设计 GUI 图形界面，运行效果如图 5-2 所示。

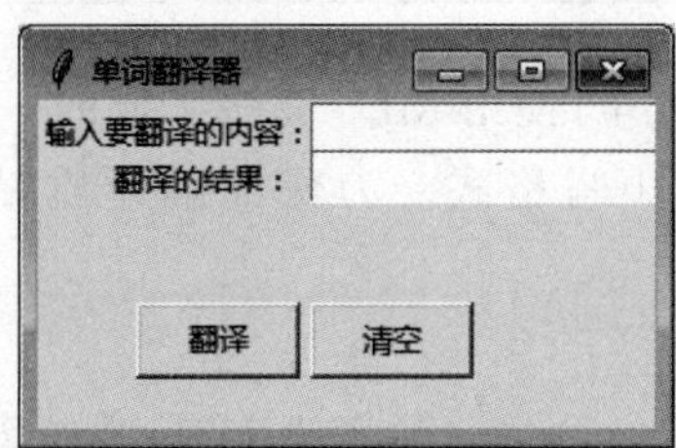

图 5-2 place 几何布局管理器

新建文件 translate_test. py，编写如下代码：

```
from tkinter import *
if __name__ == "__main__":
    root = Tk()
    root.title("单词翻译器")
    root['width'] = 250;root['height'] = 130
    Label(root,text = '输入要翻译的内容：',width = 15).place(x = 1,y = 1)  #绝对坐标(1,1)
    Entry1 = Entry(root,width = 20)
    Entry1.place(x = 110,y = 1)                                          #绝对坐标(110,1)
    Label(root,text = '翻译的结果：',width = 18).place(x = 1,y = 20)     #绝对坐标(1,20)
    s = StringVar()                                                      #一个 StringVar()对象
    s.set("大家好,这是测试")
    Entry2 = Entry(root,width = 20,textvariable = s)
    Entry2.place(x = 110,y = 20)                                         #绝对坐标(110,20)
    Button1 = Button(root,text = '翻译',width = 8)
    Button1.place(x = 40,y = 80)                                         #绝对坐标(40,80)
    Button2 = Button(root,text = '清空',width = 8)
    Button2.place(x = 110,y = 80)                                        #绝对坐标(110,80)
    #给 Button 绑定鼠标监听事件
    Button1.bind("<Button-1>",leftClick)                                 #翻译按钮
    Button2.bind("<Button-1>",leftClick2)                                #清空按钮
    root.mainloop()
```

5.4.2 使用百度翻译开放平台 API

使用百度翻译需要向 http://api. fanyi. baidu. com/api/trans/vip/translate 通过 POST 或 GET 方法发送表 5-3 中的请求参数来访问服务。

表 5-3 请求参数

参数名	类型	必填参数	描述	备注
q	TEXT	Y	请求翻译 query	UTF-8 编码
from	TEXT	Y	翻译源语言	语言列表(可设置为 auto)
to	TEXT	Y	译文语言	语言列表(不可设置为 auto)
appid	INT	Y	APP ID	可在管理控制台查看
salt	INT	Y	随机数	
sign	TEXT	Y	签名	appid+q+salt+密钥的 MD5 值

sign 签名是为了保证调用安全，使用 MD5 算法生成的一段字符串，生成的签名长度为 32 位，签名中的英文字符均为小写格式。为保证翻译质量，请将单次请求长度控制在 6000B 以内(汉字约为 2000 个)。

签名生成方法如下。

(1) 将请求参数中的 appid、query(q，注意为 UTF-8 编码)、随机数 salt 以及平台分配的密钥(可在管理控制台查看)按照 appid+q+salt+密钥的顺序拼接得到字符串 1。

(2) 对字符串 1 做 md5，得到 32 位小写的 sign。

注意

- 先将需要翻译的文本转换为 UTF-8 编码。
- 在发送 HTTP 请求之前需要对各字段做 URL encode。
- 在生成签名拼接 appid+q+salt+密钥字符串时,q 不需要做 URL encode,在生成签名之后,发送 HTTP 请求之前才需要对要发送的待翻译文本字段 q 做 URL encode。

例如,将 apple 从英文翻译成中文,请求参数如下:

```
q = apple
from = en
to = zh
appid = 2015063000000001
salt = 1435660288
平台分配的密钥: 12345678
```

生成签名参数 sign。

(1) 拼接字符串 1。

```
拼接 appid = 2015063000000001 + q = apple + salt = 1435660288 + 密钥 = 12345678
得到字符串 1  = 2015063000000001apple143566028812345678
```

(2) 计算签名 sign(对字符串 1 做 md5 加密,注意计算 md5 之前,串 1 必须为 UTF-8 编码)。

```
sign = md5(2015063000000001apple143566028812345678)
sign = f89f9594663708c1605f3d736d01d2d4
```

通过 Python 提供的 hashlib 模块中的 hashlib. md5()可以实现签名计算。例如:

```
import hashlib
m = '2015063000000001apple143566028812345678'
m_MD5 = hashlib.md5(m)
sign = m_MD5.hexdigest()
print( 'm = ',m)
print ('sign = ',sign)
```

得到签名之后,按照百度文档中的要求生成 URL 请求,提交后可返回翻译结果。

完整请求如下:

```
http://api. fanyi. baidu. com/api/trans/vip/translate? q = apple&from = en&to = zh&appid = 2015063000000001&salt = 1435660288&sign = f89f9594663708c1605f3d736d01d2d4
```

也可以使用 POST 方法传送需要的参数。

本案例采用 urllib. request. urlopen()函数中的 data 参数向服务器发送数据。

下面是发送 data 实例,向"百度翻译"发送要翻译数据,得到翻译结果。

```
# - * - coding: UTF - 8 - * -
from tkinter import *
from urllib import request
from urllib import parse
import json
import hashlib
def translate_Word(en_str):
    #simulation browse load host url,get cookie
    URL = 'http://api.fanyi.baidu.com/api/trans/vip/translate'
    #en_str = input("请输入要翻译的内容:")
    #创建 Form_Data 字典,存储向服务器发送的 Data
    #Form_Data = {'from':'en','to':'zh','q':en_str,''appid'':'2015063000000001', 'salt':
'1435660288'}
    Form_Data = {}
    Form_Data['from'] = 'en'
    Form_Data['to'] = 'zh'
    Form_Data['q'] = en_str                              #要翻译数据
    Form_Data['appid'] = '20180121000117349'             #申请的 APP ID
    Form_Data['salt'] = str(random.randint(32768, 65536))#随机数
    Key = "ttYhzFOaRxcimQ9cFaJ5"                         #平台分配的密钥
    m = Form_Data['appid'] + en_str + Form_Data['salt'] + Key
    m_MD5 = hashlib.md5(m.encode('utf8'))
    Form_Data['sign'] = m_MD5.hexdigest()

    data = parse.urlencode(Form_Data).encode('utf - 8')   #使用 urlencode 方法转换标准格式
    response = request.urlopen(URL,data)         #传递 Request 对象和转换完格式的数据
    html = response.read().decode('utf - 8')             #读取信息并解码
    translate_results = json.loads(html)                 #使用 JSON
    print(translate_results)                             #打印出 JSON 数据
    translate_results = translate_results['trans_result'][0]['dst']     #找到翻译结果
    print("翻译的结果是: %s" % translate_results)         #打印翻译信息
    return translate_results
def leftClick(event):                                    #翻译按钮事件函数
   en_str = Entry1.get()                                 #获取要翻译的内容
   print(en_str)
   vText = translate_Word(en_str)
   Entry2.config(Entry2,text = vText)                    #修改翻译结果框文字
   s.set("")
   Entry2.insert(0,vText)
def leftClick2(event):                                   #清空按钮事件函数
   s.set("")
   Entry2.insert(0,"")
```

这样就可以查看翻译的结果了,如下所示:

输入要翻译的内容:I am a teacher

翻译的结果是:我是个教师。

得到的 JSON 数据如下:


```
{'from': 'en', 'to': 'zh', 'trans_result': [{'dst': '我是个教师.', 'src': 'I am a teacher'}]}
```

返回结果是JSON格式的，包含表5-4中的字段。

表5-4 翻译结果的JSON字段

字段名	类型	描述
from	TEXT	翻译源语言
to	TEXT	译文语言
trans_result	MIXED LIST	翻译结果
src	TEXT	原文
dst	TEXT	译文

其中，trans_result包含src和dst字段。

JSON是一种轻量级的数据交换格式，其中保存着想要的翻译结果，我们需要从爬取到的内容中找到JSON格式的数据，再将得到的JSON格式的翻译结果解析出来。

这里向服务器发送数据Form_Data也可以直接按如下方式写：

```
Form_Data = {'from':'en', 'to':'zh', 'q':en_str,''appid'':'2015063000000001', 'salt': '1435660288'}
```

现在只做了将英文翻译成中文，稍加改动就可以将中文翻译英文了：

```
Form _Data = { 'from':'zh', 'to':'en', 'q':en_str,''appid'':'2015063000000001', 'salt':
'1435660288' }
```

这一行中的from和to的取值，应该可以用于其他语言之间的翻译。如果源语言语种不确定可设置为auto，目标语言语种不可设置为auto。百度翻译支持的语言简写如表5-5所示。

表5-5 百度翻译支持的语言简写

语言简写	名称	语言简写	名称
auto	自动检测	bul	保加利亚语
zh	中文	est	爱沙尼亚语
en	英语	dan	丹麦语
yue	粤语	fin	芬兰语
wyw	文言文	cs	捷克语
jp	日语	rom	罗马尼亚语
kor	韩语	slo	斯洛文尼亚语
fra	法语	swe	瑞典语
spa	西班牙语	hu	匈牙利语
th	泰语	cht	繁体中文
ara	阿拉伯语	vie	越南语
ru	俄语	el	希腊语
pt	葡萄牙语	nl	荷兰语
de	德语	pl	波兰语

读者可查阅资料编程向“有道翻译”http://fanyi.youdao.com/translate?smartresult=dict发送要翻译的数据data，得到翻译结果。

5.5 API调用拓展——爬取天气预报信息

目前绝大多数网站以动态网页的形式发布信息。所谓动态网页，就是用相同的格式呈现不同的内容。例如，每天访问中国天气网，看到的信息呈现格式是不变的，但天气信息数据是变化的。如果网站没有提供API调用的功能，则可以先获取网页数据，然后将网页数据转换为字符串后利用正则表达式提取所需的内容，即所谓的爬虫方式。利用爬虫经常获取的是网页中动态变化的数据。因此，爬虫程序是自动获取网页中动态变化数据的工具。

中国天气网(http://www.weather.com.cn)向用户提供国内各城市的天气信息，并提供API供程序获取所需的天气数据，返回数据格式为JSON。

中国天气网提供API网址类似http://www.weather.com.cn/data/cityinfo/101180101.html，其中，101180101为郑州的城市编码。各城市编码可通过网络搜索取得。

例如：荥阳 101180103 新郑 101180106 新密 101180105 登封 101180104 中牟 101180107 巩义 101180102 上街 101180108 郑州 101180101 卢氏 101181704 灵宝 101181702 三门峡 101181701 义马 101181705 渑池 101181703 陕县 101181706 南阳 101180701 新野 101180709 邓州 101180711 南召 101180702 方城 101180703

下面的代码为调用API在中国天气网获取郑州市当天天气预报数据的实例。

```
import urllib.request                  #引入 urllib 包中的模块 request
import json                            #引入 json 模块
code = '101180101'                     #郑州市城市编码
#用字符串变量 url 保存合成的网址
url = 'http://www.weather.com.cn/data/cityinfo/%s.html' % code
print('url = ',url)
obj = urllib.request.urlopen(url)  #调用函数 urlopen()打开给定的网址,结果返回到对象 obj 中
print('type(obj) = ',type(obj))        #输出 obj 的类型
data_b = obj.read()                    #read()从对象 obj 中读取内容,内容为 bytes 字节流数据
print('字节流数据 = ',data_b)
data_s = data_b.decode('utf-8')        #bytes 字节流数据转换为字符串类型
print('字符串数据 = ',data_s)
#调用 JSON 的函数 loads()将 data_s 中保存的字符串数据转换为字典型数据
data_dict = json.loads(data_s)
print('data_dict = ',data_dict)        #输出字典 data_dict 的内容
rt = data_dict['weatherinfo']          #取得键为"weatherinfo"的内容
print('rt = ',rt)                      #rt 仍然为字典型变量
#获取城市名称、天气状况、最高温和最低温
my_rt = ('%s, %s, %s~%s') % (rt['city'],rt['weather'],rt['temp1'],rt['temp2'])
print(my_rt)
```

代码中，用字符串变量url保存合成的网址，该网址为给定编码城市的当天天气预报。调用函数urlopen()打开给定的网址，结果返回到对象obj中。调用函数read()从对象obj中读取天气预报内容，最后调用JSON的函数loads()将天气预报内容转换为字典型数据，保存到字典型变量data_dict中。从字典型变量data_dict中取得键为“weatherinfo”的内

容，保存到变量 rt 中，rt 仍然为字典型变量。

城市名称、天气状况、最高温和最低温均是从字典型变量 rt 中取得的，键分别为“city”“weather”“temp1”“temp2”。

运行结果如下：

```
url = http://www.weather.com.cn/data/cityinfo/101180101.html
type(obj) = <class 'http.client.HTTPResponse'>
字节流数据 = b'{"weatherinfo":{"city":"\xe9\x83\x91\xe5\xb7\x9e","cityid":"101180101",
"temp1":"17\xe2\x84\x83","temp2":"27\xe2\x84\x83","weather":"\xe9\x98\xb4\xe8\xbd\x99\
xb4","img1":"n2.gif","img2":"d0.gif","ptime":"18:00"}}'
字符串数据 = {"weatherinfo":{"city":"郑州","cityid":"101180101","temp1":"17℃","temp2":
"27℃","weather":"阴转晴","img1":"n2.gif","img2":"d0.gif","ptime":"18:00"}}
data_dict = {'weatherinfo': {'ptime': '18:00', 'img2': 'd0.gif', 'weather': '阴转晴', 'img1':
'n2.gif', 'temp1': '17℃', 'cityid': '101180101', 'temp2': '27℃', 'city': '郑州'}}
rt = {'ptime': '18:00', 'img2': 'd0.gif', 'weather': '阴转晴', 'img1': 'n2.gif', 'temp1': '17℃',
'cityid': '101180101', 'temp2': '27℃', 'city': '郑州'}
郑州,阴转晴,17℃～27℃
```

从结果可知，函数 urlopen()的返回值为来自服务器的回应对象，调用其 read()函数可得 bytes 字节流类型的数据，将 bytes 字节流类型的数据转换为字符串类型，即为 JSON 数据。调用 JSON 函数 loads()可将 JSON 数据转换为字典型数据，而中国天气网返回的数据为嵌套 1 层的字典型数据。因此，首先通过 rt＝data_dict['weatherinfo']取得城市天气预报信息，再通过 rt['city']、rt['weather']、rt['temp1']和 rt['temp2']取得具体的数据。

提示

由于最近中国天气网 API 获取方式已经不支持了，可以根据以上思路从 http://t.weather.itboy.net/api/weather/city/101180101 获取所需天气信息，返回数据格式也为 JSON。

Python

第 6 章

动态网页爬虫应用——抓取百度图片

视频讲解

6.1 程序功能介绍

本程序使用网络爬虫技术爬取百度图片某主题的相关图片，并且能按某一关键字搜索图片下载到本地指定的文件夹中。本程序主要完成下载功能，不需要设计图形化界面。运行时出现如下提示：

```
Please input you want search:
```

让用户输入关键词，例如，夏敏捷，然后按 Enter 键，得到如图 6-1 所示的效果。

```
======= RESTART: I:\（第14本） Python轻松学项目案例开发 （Python课程设计案例）\百度图片下载00.py =======
Please input you want search: 夏敏捷
Current page:0**********************************
开始下载:http://img14.360buyimg.com/n0/jfs/t1273/309/228568970/10584/3d71a1e0/550b853bN692a3537.jpg
开始下载:http://img13.360buyimg.com/n0/jfs/t586/241/26929280/71476/2c65610c/54484fe6Nb33010bd.jpg
开始下载:http://img002.21cnimg.com/photos/album/20160511/m600/5C2557BC2AEC044F4324EAEEBCAF018C.jpeg
开始下载:http://img3x2.ddimg.cn/10/9/1293525892-1_u_2.jpg
开始下载:http://imgs.soufun.com/news/2014_08/01/news/1406859161065_000.jpg
开始下载:http://g-ec4.images-amazon.com/images/G/28/BOOK-Catalog/shfz/20101117/B0040IF6VQ_01_amzn.jpg
开始下载:http://imgs.soufun.com/news/2013_09/30/news/1380523396671_000.jpg
开始下载:http://img3m1.ddimg.cn/39/22/1067418831-1_u_1.jpg
开始下载:http://qnimg.zowoyoo.com/img/280179/1493550929586.jpg
开始下载:http://img1.gtimg.com/house_guangzhou/pics/hv1/75/165/1475/95954025.jpg
```

图 6-1 爬取百度图片运行效果示意

6.2 程序设计的思路

一般来说，制作一个爬虫需要以下几个步骤。

(1) 分析需求，这里的需求就是爬取网页图片。

(2) 分析网页源代码和网页结构，配合 F12 热键查看网页源代码。

(3) 编写正则表达式或者 XPath 表达式。

(4) 正式编写 Python 爬虫代码。

本章按照上述步骤来实现按关键词爬取百度图片。

6.3 关键技术

6.3.1 Ajax 动态网页

Ajax 是一种在无须重新加载整个网页的情况下，能够更新部分网页的技术。Ajax 是一种用于创建快速动态网页的技术。

通过在后台与服务器进行少量数据交换，Ajax 可以使网页实现异步更新。这意味着可以在不重新加载整个网页的情况下，对网页的某部分内容进行更新。传统的网页(不使用 Ajax)如果需要更新内容，必须重载整个网页。

有很多使用 Ajax 的应用网站案例，如新浪微博、Google 地图、开心网、百度图片、搜狗图片等。

下面是 Ajax 应用的网页，其中包含一个 div 标签和一个按钮。div 标签用于显示来自服务器的信息。当按钮被单击时，它负责调用名为 loadXMLDoc()的函数：

```
<html>
    <body>
        <div id="myDiv"><h3>Let Ajax change this text</h3></div>
        <button type="button" onclick="loadXMLDoc()">Change Content</button>
    </body>
</html>
```

运行效果如图 6-2 所示。当单击按钮后，div 标签的文字发生改变，但是整个页面没被刷新。

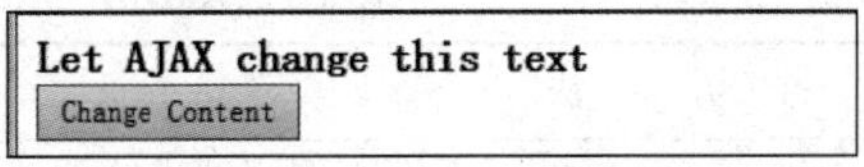

Let AJAX change this text

Change Content

图 6-2　Ajax 的应用网页

在页面的 head 部分添加一个<script>标签，该标签中包含了这个 loadXMLDoc()事件函数。

```
<head>
    <script type="text/javascript">
    function loadXMLDoc()
    {
        //Ajax script goes here …
        var xmlhttp = new XMLHttpRequest();
        xmlhttp.onreadystatechange = function()
        {
          if (xmlhttp.readyState == 4 && xmlhttp.status == 200)
          {
             document.getElementById("myDiv").innerHTML = xmlhttp.responseText;
          }
```

```
            }
            xmlhttp.open("GET","/ajax/test1.txt",true);  //请求文本文件 test1.txt
            xmlhttp.send();
        }
    </script>
</head>
```

下面解释一下 Ajax 的工作原理。

XMLHttpRequest 是 Ajax 的基础，所有现代浏览器均支持 XMLHttpRequest 对象。XMLHttpRequest 用于在后台与服务器交换数据，这意味着可以在不重新加载整个网页的情况下，对网页的某部分进行更新。

1. 创建 XMLHttpRequest 对象

所有现代浏览器（IE7＋、Firefox、Chrome、Safari 及 Opera）均内建 XMLHttpRequest 对象。创建 XMLHttpRequest 对象的语法如下：

```
var xmlhttp = new XMLHttpRequest();
```

2. 向服务器发送请求

如需将请求发送到服务器，使用 XMLHttpRequest 对象的 open()和 send()方法，见表 6-1 所示。例如：

```
xmlhttp.open("GET","test1.txt",true);          //请求服务器上的 test1.txt 文本文件
xmlhttp.send();                                 //发送请求
```

表 6-1　XMLHttpRequest 对象的 open()和 send()方法

方　　法	描　　述
open(method,url,async)	规定请求的类型、URL 及是否异步处理请求。其中，method：请求的类型；GET 或 POST；url：文件在服务器上的位置；async：true(异步)或 false(同步)。XMLHttpRequest 对象如果要用于 Ajax，其 open()方法的 async 参数必须设置为 true
send(string)	将请求发送到服务器。其中 string 仅用于 POST 请求

如果希望通过 GET 方法发送信息，可向 URL 添加信息，如下：

```
xmlhttp.open("GET","demo_get2.asp?fname = Bill&lname = Gates",true);
xmlhttp.send();
```

如果需要像 HTML 表单那样 POST 数据，可使用 setRequestHeader()来添加 HTTP 头。然后在 send()方法中添加发送的数据，如下：

```
xmlhttp.open("POST","ajax_test.asp",true);
xmlhttp.setRequestHeader("Content - type","application/x - www - form - urlencoded");
xmlhttp.send("fname = Bill&lname = Gates");
```

与 POST 相比，GET 请求更简单也更快，并且在大部分情况下都能用。在以下情况中请使用 POST 请求。

- 无法使用缓存文件(更新服务器上的文件或数据库)。
- 向服务器发送大量数据(POST 没有数据量限制)。
- 发送包含未知数量字符的用户输入时，POST 比 GET 更稳定，也更可靠。

open()方法的 url 参数是被请求服务器上文件的地址。该文件可以是任何类型的文件，如.txt 和.xml，或者服务器脚本文件，如.asp 和.php(在传回响应之前，能够在服务器上执行任务)。

```
xmlhttp.open("GET","ajax_test.asp",true);
```

3. 服务器响应

如需获得来自服务器的响应，可使用 XMLHttpRequest 对象的 responseText 或 responseXML 属性。两者的区别是 responseText 属性获得字符串形式的响应数据，而 responseXML 属性获得 XML 形式的响应数据。

4. onreadystatechange 事件

当请求被发送到服务器时，就会产生一些响应，触发 onreadystatechange 事件。在 onreadystatechange 事件中，可以判断服务器完成请求的状况来处理页面。

XMLHttpRequest 的 readyState 属性存有请求的状况信息，取值是从 0 到 4。其中：

- 0：请求未初始化；
- 1：服务器连接已建立；
- 2：请求已接收；
- 3：请求处理中；
- 4：请求已完成，且响应已就绪。

当 readyState 等于 4 且状态为 200 时，表示响应已就绪，从而把 myDiv 这个 DIV 的文本内容改成请求的文本文件 test1.txt 的文字内容。

```
xmlhttp.onreadystatechange = function()
{
  if (xmlhttp.readyState == 4 && xmlhttp.status == 200)
  {
     document.getElementById("myDiv").innerHTML = xmlhttp.responseText;
  }
}
```

Ajax 可以获取文本文件、XML 文件，也可用来与数据库进行动态通信。网页通过 Ajax 从数据库读取信息，限于篇幅，这里就不作介绍了。读者了解 Ajax 技术后，便于爬取动态页面时进行页面结构及数据请求的分析。

6.3.2 BeautifulSoup 库概述

BeautifulSoup(英文原意是美丽的蝴蝶)是一个 Python 处理 HTML/XML 的函数库，

是 Python 内置的网页分析工具，用来快速地转换被抓取的网页。它产生一个转换后的 DOM 树，尽可能和原文档内容含义一致，这种措施通常能够满足搜集数据的需求。

BeautifulSoup 提供一些简单的方法及类 Python 语法来查找、定位、修改一棵转换后的 DOM 树。BeautifulSoup 自动将送进来的文档转换为 Unicode 编码，而且在输出的时候转换为 UTF-8。BeautifulSoup 可以找出“所有的链接<a>”或者“所有 class 是 X X X 的链接<a>”，再或者是“所有匹配. cn 的链接 url”。BeautifulSoup4 的中文文档请参见页面：http://beautifulsoup.readthedocs.io/zh_CN/latest/。

1. BeautifulSoup 安装

使用 pip 直接安装 beautifulsoup4：

```
pip3 install beautifulsoup4
```

推荐在现在的项目中使用 BeautifulSoup4(bs4)，导入时需要 import bs4。

2. BeautifulSoup 的基本使用方式

下面使用一段代码演示 BeautifulSoup 的基本使用方式。

```
from bs4 import BeautifulSoup
#doc 可以使一个 html 内容的字符串,本例是列表需要转换成字符串
doc = ['<html><head><title>The story of Monkey</title></head>',
       '<body><p id="firstpara" align="center">This is one paragraph</p>',
       '<p id="secondpara" align="center">This is two paragraph</p>',
       '</html>']
soup = BeautifulSoup(''.join(doc), "html.parser")  #提供字符串信息,''.join(doc)将其合并为
                                                   #字符串
print (soup.prettify())
```

使用时 BeautifulSoup 首先必须导入 bs4 库：

```
from bs4 import BeautifulSoup
```

创建 beautifulsoup 对象：

```
soup = BeautifulSoup(html)
```

另外，还可以用本地 HTML 文件来创建对象，例如：

```
soup = BeautifulSoup(open('index.html'), "html.parser")  #提供本地 HTML 文件
```

上面这句代码便是将本地 index.html 文件打开，用它来创建 soup 对象。

也可以使用网址 URL 获取 HTML 文件，例如：

```
from urllib import request
response = request.urlopen("http://www.baidu.com")
html = response.read()
```

```
html = html.decode("utf-8") #decode()命令将网页的信息进行解码否则乱码
soup = BeautifulSoup(html , "html.parser")                #远程网站上的 HTML 文件
```

程序段最后格式化输出 beautifulsoup 对象的内容。

```
print (soup.prettify())
```

运行结果如下：

```
<html>
 <head>
  <title> The story of Monkey </title>
 </head>
 <body>
  <p align="center" id="firstpara">
   This is one paragraph
   </p>
   <p align="center" id="secondpara">
    This is two paragraph
   </p>
 </body>
</html>
```

以上便是输出结果，格式化打印出了 beautifulsoup 对象(DOM 树)的内容。

Beautiful Soup 将复杂 HTML 文档转换成一个复杂的树形结构，每个节点都是 Python 对象，所有对象可以归纳为如下 4 种：

- Tag。
- NavigableString。
- BeautifulSoup(前面例子中已经使用过)。
- Comment。

1) Tag 对象

通俗来讲，Tag 就是 HTML 中的一个个标签，例如：

```
<title> The story of Monkey </title>
<a href="http://example.com/elsie" id="link1"> Elsie </a>
```

上面的< title >< a >等 HTML 标签加上里面包括的内容就是 Tag，下面用 Beautiful Soup 来获取 Tags。

```
print (soup.title)
print (soup.head)
```

输出如下：

```
<title> The story of Monkey </title>
<head><title> The story of Monkey </title></head>
```

可以利用 BeautifulSoup 对象 soup 加标签名轻松地获取这些标签的内容,不过要注意,它查找的是在所有内容中第一个符合要求的标签。如何查询所有的标签将在后面进行介绍。

可以验证一下这些对象的类型。

```
print (type(soup.title))      #输出:     <class 'bs4.element.Tag'>
```

Tag 有两个重要的属性：name 和 attrs,下面分别来感受一下。

```
print (soup.name)           #输出:[document]
print (soup.head.name)      #输出:head
```

soup 对象本身比较特殊,它的 name 即为[document],对于其他内部标签,输出的值便为标签本身的名称。

```
print (soup.p.attrs)     #输出:{'id': 'firstpara', 'align': 'center'}
```

在这里,把 p 标签的所有属性打印出来,得到的类型是一个字典。

如果想要单独获取某个属性,可以获取它的 id：

```
print (soup.p['id'] )     #输出:firstpara
```

还可以利用 get 方法传入属性的名称,二者是等价的：

```
print (soup.p.get(' id') )     #输出:firstpara
```

可以对这些属性和内容进行修改,例如：

```
soup.p['class'] = "newClass"
```

还可以对这个属性进行删除,例如：

```
del soup.p['class']
```

2）NavigableString 对象

已经得到了标签的内容,要想获取标签内部的文字怎么办呢？很简单,用.string 即可,例如：

```
soup. title.string
```

这样就轻松获取到了标签中的内容,如果用正则表达式则麻烦得多。

3）BeautifulSoup 对象

BeautifulSoup 对象表示的是一个文档的全部内容。大部分时候可以把它当作 Tag 对象,是一个特殊的 Tag,下面的代码可以分别获取它的类型、名称及属性。

```
print (type(soup))        #输出: <class 'bs4.BeautifulSoup'>
print (soup.name )        #输出: [document]
print (soup.attrs )       #输出空字典: {}
```

4) Comment 对象

Comment 注释对象是一个特殊类型的 NavigableString 对象，其内容不包括注释符号，如果不好好处理它，可能会对文本处理造成意想不到的麻烦。

6.3.3　BeautifulSoup 库操作解析 HTML 文档树

1. 遍历文档树

(1)“.contents”属性和“.children”属性获取直接子节点。

tag 的“.contents”属性可以将 tag 的子节点以列表的方式输出。

```
print (soup.body.contents )
```

输出如下：

```
[<p align="center" id="firstpara">This is one paragraph</p>,
 <p align=" center " id="secondpara">This is two paragraph</p>]
```

输出为列表，可以用列表索引来获取它的某一个元素。

```
print (soup.body.contents[0] ) #获取第一个<p>
```

输出如下：

```
<p align="center" id="firstpara">This is one paragraph </p>
```

“.children”属性返回的不是一个 list，它是一个 list 生成器对象。不过可以通过遍历获取所有子节点。

```
for child in soup.body.children:
    print (child )
```

输出如下：

```
<p align="center" id="firstpara">This is one paragraph </p>
<p align=" center " id="secondpara">This is two paragraph </p>
```

(2) .descendants 属性获取所有子孙节点。

“.contents”和“.children”属性仅包含 tag 的直接子节点，“.descendants”属性可以对所有 tag 的子孙节点进行递归循环，和 children 类似，也需要遍历获取其中的内容。

运行结果如下：

```
for child in soup.descendants:
    print (child )
```

可以发现，所有的节点都被打印出来了，先是最外层的 HTML 标签，其次从 head 标签一个个剥离，以此类推。

（3）节点内容。

如果一个标签中没有标签了，那么“. string”就会返回标签中的内容。如果标签中只有唯一的一个标签，那么“. string”也会返回最里面标签的内容。

如果 tag 包含了多个子标签节点，tag 就无法确定. string 方法应该调用哪个子标签节点的内容，则“. string”的输出结果是“None”。

```
print (soup. title.string )        #输出<title>标签里面的内容
print (soup. body.string )         #<body>标签包含了多个子节点,所以输出 None
```

输出如下：

```
The story of Monkey
None
```

（4）父节点。

“. parent”属性获取父节点。

```
p = soup.title
print (p.parent.name)     #输出父节点名 Head
```

输出如下：

```
Head
```

以上是遍历文档树的基本用法。

2. 搜索文档树

（1）find_all(name , attrs , recursive , text , ** kwargs)。

find_all() 方法搜索当前 tag 的所有 tag 子节点，并判断是否符合过滤器的条件。参数如下：

① name 参数：可以查找所有名字为 name 的标签。

```
print (soup.find_all('p')) #输出所有<p>标签
[<p align = "center" id = "firstpara"> This is one paragraph </p>, <p align = "center" id =
"secondpara"> This is two paragraph </p>]
```

如果 name 参数传入正则表达式作为参数，BeautifulSoup 会通过正则表达式的 match()来匹配内容。下面的例子中找出所有以 h 开头的标签。

```
for tag in soup.find_all(re.compile("^h")):
    print(tag.name , end = " ")      # html head
```

输出如下：

```
html head
```

这表示< html >和< head >标签都被找到了。

② attrs 参数：按照 tag 标签属性值检索，需要列出属性名和值，采用字典形式。

例如：

```
soup.find_all('p',attrs = {'id':"firstpara"})或者 soup.find_all('p', {'id':"firstpara"})
```

它们都是查找属性值 id 是"firstpara"的< p >标签。

也可以采用关键字形式“soup. find_all('p', id="firstpara"})”。

③ recursive 参数。调用 tag 的 find_all()方法时，BeautifulSoup 会检索当前 tag 的所有子孙节点，如果只想搜索 tag 的直接子节点，可以使用参数 recursive=False。

④ text 参数。通过 text 参数可以搜索文档中的字符串内容。

```
    print (soup.find_all(text = re.compile("paragraph"))) # re.compile()正则表达式
输出: ['This is one paragraph', 'This is two paragraph']
```

re. compile("paragraph")正则表达式，表示所有含有 paragraph 的字符串都匹配。

⑤ limit 参数。find_all() 方法返回全部的搜索结构，如果文档树很大，那么搜索会很慢。如果我们不需要全部结果，就可以使用 limit 参数限制返回结果的数量。当搜索到的结果数量达到 limit 的限制时，停止搜索并返回结果。

文档树中有两个 tag 符合搜索条件，但结果只返回了 1 个，因为我们限制了返回数量。

```
    soup.find_all("p", limit = 1)
输出: [<p align = "center" id = "firstpara"> This is one paragraph </p>]
```

(2) find(name , attrs , recursive , text)。

此方法与 find_all()方法唯一的区别是 find_all()方法返回全部结果的列表，而后者 find()方法返回找到的第一个结果。

3. 用 CSS 选择器筛选元素

在写 CSS 时，标签名不加任何修饰，类名前加点，id 名前加 #，在这里也可以利用类似的方法来筛选元素，用到的方法是 soup. select()，返回类型是列表 list。

(1) 通过标签名查找：

```
soup.select('title')                # 选取<title>元素
```

（2）通过类名查找：

```
soup.select('.firstpara') # 选取 class 是 firstpara 的元素
soup.select_one(".firstpara" ) # 查找 class 是 firstpara 的第一个元素
```

（3）通过 id 名查找：

```
soup.select('#firstpara') # 选取 id 是 firstpara 的元素
```

以上 select 方法返回的结果都是列表形式，可以遍历形式输出，然后用 get_text()方法或 text 属性来获取它的内容。

```
soup = BeautifulSoup(html, 'html.parser')
print (type(soup.select('div')))
print (soup.select('div')[0].get_text())        # 输出首个<div>元素的内容
for title in soup.select('title'):
   print( title.text)                           # 输出所有<div>元素的内容
```

处理网页需要对 HTML 有一定的理解，BeautifulSoup 库是一个非常完备的 HTML 解析函数库，有了 BeautifulSoup 库的知识，就可以进行网络爬虫实战了。

```
from bs4 import BeautifulSoup
def getHtmlCode(url):     # 该方法传入 url,返回 url 的 html 的源码
    headers = {
     'User-Agent': 'MMozilla/5.0 (Windows NT 6.1; WOW64; rv:31.0) Gecko/20100101 Firefox/31.0'
    }
    url1 = urllib.request.Request(url, headers=headers) # Request 函数将 url 添加到头部,
                                                        # 模拟浏览器访问
    page = urllib.request.urlopen(url1).read()  # 将 url 页面的源代码保存成字符串
    page = page.decode('UTF-8')                 # 字符串转码
    return page

def getImg(page,localPath): # 该方法传入 html 的源码,截取其中的 img 标签,将图片保存到本机
    soup = BeautifulSoup(page,'html.parser')    # 按照 html 格式解析页面
    imgList = soup.find_all('img')              # 返回包含所有 img 标签的列表
    x = 0
    for imgUrl in imgList:                      # 列表循环
        print('正在下载: %s'%imgUrl.get('src'))
        #urlretrieve(url,local)方法根据图片的 url 将图片保存到本机
        urllib.request.urlretrieve(imgUrl.get('src'),localPath+'%d.jpg'%x)
        x+=1
if __name__ == '__main__':
    url = 'http://www.zhangzishi.cc/20160928gx.html'  # 指定网址
    localPath = 'e:/img/'
    page = getHtmlCode(url)
    getImg(page,localPath)
```

可见使用 BeautifulSoup 比正则表达式更加简单地找到所有 img 标签。

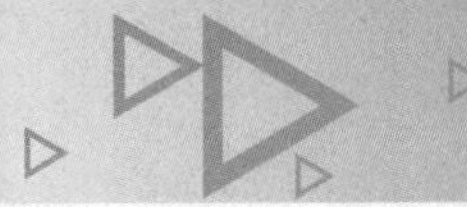

如果爬虫程序不仅获取图片，还需获取价格、出版社等信息，使用 BeautifulSoup 比较方便，后面的案例使用 BeautifulSoup 轻松获取当当网中所搜图书的书名、价格、作者、出版社等信息。

6.3.4　requests 库的使用

requests 库和 urllib 库的作用且使用方法基本一致，都是根据 http 协议操作各种消息和页面。使用 requests 库比 urllib 库更简单一些。

1. requests 库安装

使用 pip 直接安装 requests：

```
pip3 install requests
```

安装后进入 Python，导入模块，测试是否安装成功。

```
import requests
```

没有出错即安装成功。

requests 库的使用请参阅中文官方文档：http://cn.python-requests.org/zh_CN/latest/。

2. 发送请求

发送请求很简单，首先要导入 requests 模块：

```
>>> import requests
```

接下来获取一个网页，如中原工学院的首页：

```
>>> r = requests.get('http://www.zut.edu.cn')
```

接下来，就可以使用 r 的各种方法和函数了。

另外，HTTP 请求还有很多类型，如 POST、PUT、DELETE、HEAD、OPTIONS，都可以用同样的方式实现：

```
>>> r = requests.post("http://httpbin.org/post")
>>> r = requests.head("http://httpbin.org/get")
```

3. 在 URLs 中传递参数

有时需要在 URL 中传递参数，如在采集百度搜索结果时的 wd 参数(搜索词)和 rn 参数(搜索结果数量)，可以通过字符串连接的形式手动组成 URL，但 requests 也提供了一种简单的方法：

```
>>> payload = {'wd': '夏敏捷', 'rn': '100'}
>>> r = requests.get("http://www.baidu.com/s", params = payload)
>>> print(r.url)
```

结果如下：

```
http://www.baidu.com/s?wd=%E5%A4%8F%E6%95%8F%E6%8D%B7&rn=100
```

上述 wd=的乱码就是“夏敏捷”的 URL 转码形式。

POST 参数请求例子如下：

```
requests.post('http://www.itwhy.org/wp-comments-post.php', data={'comment': '测试 POST'})
#POST 参数
```

4. 获取响应内容

```
>>> r = requests.get('http://www.baidu.com') #返回一个 response 对象 r
>>> r.text
```

使用 get()方法后，会返回一个 response 对象，其存储了服务器响应的内容。如上面实例中已经提到的 r.text、r.status_code……。

用户可以通过 r.text 来获取网页的内容。

结果如下：

```
'<!DOCTYPE html>\r\n<!--STATUS OK--><html><head><meta http-equiv=content-type
content=text/html;charset=utf-8><meta http-equiv=X-UA-Compatible content=IE=Edge>
<meta content=always name=referrer>…'
```

另外，还可以通过 r.content 来获取页面内容。

```
>>> r.content
```

r.content 是以字节的方式显示的。所以，在 IDLE 中以 b 开头。

```
>>> r.encoding                          #可以使用 r.encoding 来获取网页编码
```

结果是：

```
'ISO-8859-1'
```

当发送请求时，requests 库会根据 HTTP 头部来获取网页编码；当使用 r.text 时，requests 库就会使用这个编码。若 HTTP 头部中没有 charset 字段，则默认为 ISO-8859-1 编码模式，无法解析中文，这是乱码的原因。可以修改 requests 库的编码方式。

```
>>> r = requests.get('http://www.baidu.com')
>>> r.encoding
'ISO-8859-1'
>>> r.encoding = 'utf-8'                #修改编码解决乱码问题
```

像上面的例子，对 encoding 修改后就直接用修改后的编码去获取网页内容。

5. JSON

如果用到 JSON,就要引入新模块,如 json 和 simplejson,但在 requests 库中已经有了内置的函数 json()。这里以查询 IP 地址的 API 为例:

```
>>> url = 'http://whois.pconline.com.cn/ipJson.jsp?ip = 202.196.32.7&json = true'
>>> r = requests.get(url)
>>> r.json()
{'ip': '202.196.32.7', 'pro': '河南省', 'proCode': '410000', 'city': '郑州市', 'cityCode': '410100',
'region': '', 'regionCode': '0', 'addr': '河南省郑州市 中原工学院', 'regionNames': '', 'err': ''}
>>> r.json()['city']
'郑州市'
```

可以看到是以字典的形式返回了 IP 全部内容。

6. 网页状态码

可以用 r.status_code 来检查网页的状态码。

```
>>> r = requests.get('http://www.mengtiankong.com')
>>> r.status_code
200
>>> r = requests.get('http://www.mengtiankong.com/123123/')
>>> r.status_code
404
```

能正常打开网页的返回 200,不能正常打开的返回 404。

7. 响应的头部内容

可以通过 r.headers 来获取响应的头部内容。

```
>>> r = requests.get('http://www.zhidaow.com')
>>> r.headers
{
    'content - encoding': 'gzip',
    'transfer - encoding': 'chunked',
    'content - type': 'text/html; charset = utf - 8';
    …
}
```

可以看到是以字典的形式返回了全部内容,我们可以访问部分内容。

```
>>> r.headers['Content - Type']
'text/html; charset = utf - 8'
>>> r.headers.get('content - type')
'text/html; charset = utf - 8'
```

8. 设置超时时间

可以通过 timeout 属性设置超时时间,如果超过这个时间还没获得响应内容,就会提示错误。

```
>>> requests.get('http://github.com', timeout = 0.001)
Traceback (most recent call last):
  File "<stdin>", line 1, in <module>
requests.exceptions.Timeout: HTTPConnectionPool(host = 'github.com', port = 80): Request timed
out. (timeout = 0.001)
```

9. 代理访问

采集时为避免被封 IP，经常会使用代理。requests 也有相应的 proxies 属性。

```
import requests
proxies = {
  "http": "http://10.10.1.10:3128",
  "https": "http://10.10.1.10:1080",
}
requests.get("http://www.zhidaow.com", proxies = proxies)
```

如果代理需要账户和密码，可使用如下形式：

```
proxies = {
    "http": "http://user:pass@10.10.1.10:3128/",
}
```

10. 请求头内容

请求头内容可以用 r.request.headers 来获取。

```
>>> r.request.headers
{'Accept - Encoding': 'identity, deflate, compress, gzip',
'Accept': '*/*', 'User - Agent': 'python - requests/1.2.3 CPython/2.7.3 Windows/XP'}
```

11. 自定义请求头部

伪装请求头部是爬虫采集信息时经常用的，可以用这个方法来隐藏自己：

```
>>> r = requests.get('http://www.zhidaow.com')
>>> print( r.request.headers['User - Agent'])                #输出 python - requests/2.13.0'
>>> headers = {'User - Agent': 'xmj'}
>>> r = requests.get('http://www.zhidaow.com', headers = headers)  #伪装的请求头部
>>> print( r.request.headers['User - Agent'] )               #输出 xmj,避免被反爬虫
```

另一个定制 header 的例子如下：

```
import requests
import json
data = {'some': 'data'}
headers = {'content - type': 'application/json',
```

```
        'User-Agent': 'Mozilla/5.0 (X11; Ubuntu; Linux x86_64; rv:22.0) Gecko/20100101
Firefox/22.0'}
r = requests.post('https://api.github.com/some/endpoint', data=data, headers=headers)
print(r.text)
```

下面用 requests 库替换 urllib 库，并用 open().write()方法替换 urllib.request.urlretrieve(url, localPath)方法来下载中原工学院主页上的所有图片。

```
'''''
    使用 requests,bs4 库下载中原工学院主页上的所有图片
'''
import os
import requests
from bs4 import BeautifulSoup
def getHtmlCode(url):       #该方法传入 url,返回 url 的 html 的源码
    headers = {
     'User-Agent': 'MMozilla/5.0 (Windows NT 6.1; WOW64; rv:31.0) Gecko/20100101 Firefox/31.0'
    }
    r= requests.get(url,headers=headers)
    r.encoding='UTF-8'  #指定网页解析的编码格式
    page = r.text           #获取 url 页面的源代码字符串文本
    return page

def getImg(page,localPath): #该方法传入 html 的源码,截取其中的 img 标签,将图片保存到本机
    if not os.path.exists(localPath):                    #新建文件夹
        os.mkdir(localPath)
    soup = BeautifulSoup(page,'html.parser')            #按照 html 格式解析页面
    imgList = soup.find_all('img')                       #返回包含所有 img 标签的列表
    x = 0
    for imgUrl in imgList:                               #列表循环
        try:
            print('正在下载: %s'%imgUrl.get('src'))
            if "http://" not in imgUrl.get('src'):  #不是绝对路径 http 开始
                m='http://www.zut.edu.cn/'+imgUrl.get('src')
                print('正在下载: %s'%m)
                ir = requests.get('http://www.zut.edu.cn/'+imgUrl.get('src'))
            else:
                ir = requests.get(imgUrl.get('src'))
            #write()方法写入本地文件中
            open(localPath+'%d.jpg'%x, 'wb').write(ir.content)
            x+=1
        except:
             continue
if __name__ == '__main__':
    url = 'http://www.zut.edu.cn/'
    localPath = 'e:/ img/'
    page = getHtmlCode(url)
    getImg(page,localPath)
```

下面用 requests 库多页面爬取当当网的书籍信息并保存到 csv 文件中。

这里爬取当当网中关于“python”的书籍信息，内容包括书籍名称、作者、出版社、当前价格。具体开发步骤如下。

(1) 打开当当网，搜索“python”，等待页面加载，获取当前网址：“http://search.dangdang.com/? key=python&act=input”。

(2) 右击，在弹出的快捷菜单中选择“检查”(经过 JavaScript 处理过的网页源代码)或者“查看网页源代码”，获取当前页面的网页信息。

(3) 分析网页代码，可见截取的内容如图 6-3 所示。

```
▼<ul class="bigimg" id="component_59">
  ▼<li ddt-pit="1" class="line1" id="p24003310" sku="24003310"> == $0
    ▶<a title=" Python编程 从入门到实践" ddclick="act=normalResult_picture&pos=24003310_0_1_q"
    ▶<p class="name" name="title">…</p>
    ▶<p class="detail">…</p>
    ▶<p class="price">…</p>
    ▶<div class="lable_label">…</div>
    ▼<p class="search_star_line">
      ▶<span class="search_star_black">…</span>
       <a href="http://product.dangdang.com/24003310.html?point=comment_point" target="_blank
       评论</a>
     </p>
     <span class="tag_box"></span>
    ▶<p class="search_book_author">…</p>
    ▶<div class="shop_button">…</div>
   </li>
  ▶<li ddt-pit="2" class="     " id="p25576578" sku="25576578">…</li>
  ▶<li ddt-pit="3" class="line3" id="p25218035" sku="25218035">…</li>
  ▶<li ddt-pit="4" class="line4" id="p23997502" sku="23997502">…</li>
  ▶<li ddt-pit="5" class="line5" id="p25312917" sku="25312917">…</li>
  ▶<li ddt-pit="6" class="line6" id="p25333314" sku="25333314">…</li>
  ▶<li ddt-pit="7" class="line7" id="p23961748" sku="23961748">…</li>
  ▶<li ddt-pit="8" class="line8" id="p25574315" sku="25574315">…</li>
  ▶<li ddt-pit="9" class="line9" id="p25286312" sku="25286312">…</li>
  ▶<li ddt-pit="10" class="line10" id="p25251315" sku="25251315">…</li>
  ▶<li ddt-pit="11" class="line11" id="p23617284" sku="23617284">…</li>
```

图 6-3　图书信息所在标签位置

所有图书列表信息位于< ul class="bigimg" id="component_59">中，其内部的每一项< li >即是一本图书的信息，如下所示：

```
< li ddt - pit = "1" class = "line1" id = "p24003310" sku = "24003310">
< a title = " Python 编程 从入门到实践" href = "http://product. dangdang. com/24003310. html" target = " _blank" > < img src = " http://img3m0. ddimg. cn/67/4/24003310 - 1 _ b _ 7. jpg" alt = " Python 编程 从入门到实践">< p class = "cool_label"></p ></a >
< p class = "price"> < span class = "search_now_price"> ¥ 62. 00 </span > < a class = "search_discount" style = "text - decoration: none;">定 价: </a > < span class = "search_pre_price"> ¥ 89. 00</span >< span class = "search_discount">  (6. 97 折)</span ></p >
……
< li >
```

从中可以获取每本书对应详细信息的页面，例如，上面的< li >内部是一本书名《Python 编程 从入门到实践》，对应详细信息的页面链接 URL 为 http://product. dangdang. com/24003310. html，图书封面图片为 http://img3m0. ddimg. cn/67/4/24003310-1_b_7. jpg，定价为 62. 00 元。

(4) 抓取相关书籍的链接 URL 后，然后遍历每个 URL，从该书籍的具体页面中寻找书籍名称、作者、出版社、当前价格信息(如果仅仅是爬取书名、定价，可以不用进入每本书籍的详细信息链接页面获取，只要在搜索出来的图 6-3 所示的页面中获取即可)。查找书籍名称、作者、出版社、当前价格信息标签位置方法同上。

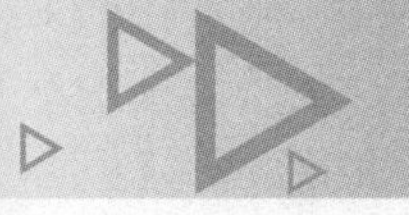

代码如下：

```
import requests
from bs4 import BeautifulSoup
def get_all_books():                    # 获取每本图书的链接 URL
    """
        获取该页面所有符合要求的图书的链接
    """
    url = 'http://search.dangdang.com/?key = python&act = input'
    book_list = []
    r = requests.get(url, timeout = 30)
    soup = BeautifulSoup(r.text, 'lxml')  # pip3 install lxml 直接安装 lxml 库

    book_ul = soup.find_all('ul', {'class': 'bigimg'})
    book_ps = book_ul[0].find_all('p',{'class':'name','name':'title'})
    for book_p in book_ps:
        book_a = book_p.find('a')
        book_url = book_a.get('href') # 对应详细信息的页面链接 URL
        book_title = book_a.get('title') # 书名
        #print(book_title + "\n" + book_url)
        book_list.append(book_url)
    return book_list

def get_book_information(book_url):
    """
        获取每本书籍的信息
    """
    print(book_url)
    headers = {
     'User - Agent': 'MMozilla/5.0 (Windows NT 6.1; WOW64; rv:31.0) Gecko/20100101 Firefox/31.0'
    }
    r= requests.get("http:" + book_url,headers = headers)
                                                  # 现在此处 book 网址有变化,少了 http:开头
    #r = requests.get(book_url, timeout = 60)
    soup = BeautifulSoup(r.text, 'lxml')
    book_info = []
    # 获取书籍名称
    div_name = soup.find('div', {'class': "name_info",'ddt - area':"001"})
    h1 = div_name.find('h1')
    book_name = h1.get('title')
    book_info.append(book_name)
    # 获取书籍作者
    div_author = soup.find('div',{'class':'messbox_info'})
    span_author = div_author.find('span',{'class':'t1','dd_name':'作者'})
    book_author = span_author.text.strip()[3:]
    book_info.append(book_author)
    # 获取书籍出版社
    div_press = soup.find('div',{'class':'messbox_info'})
    span_press = div_press.find('span',{'class':'t1','dd_name':'出版社'})
    book_press = span_press.text.strip()[4:]
    book_info.append(book_press)
```

```
    #获取书籍价钱
    div_price = soup.find('div',{'class':'price_d'})
    book_price = div_price.find('p',{'id':'dd-price'}).text.strip()
    book_info.append(book_price)
    return book_info
import csv
#获取每本书的信息,并把信息保存到csv文件中
def main():
    header = ['书籍名称','作者','出本社','当前价钱']
    with open('DeepLearning_book_info.csv','w',encoding='utf-8',newline='') as f:
        writer = csv.writer(f)
        writer.writerow(header)
        books = get_all_books()
        for i,book in enumerate(books):
            if i%10 == 0:
                print('获取了{}条信息,一共{}条信息'.format(i,len(books)))
            l = get_book_information(book)
            writer.writerow(l)
if __name__ == '__main__':
    main()
```

运行以上程序,可以获取 Python 图书的名称、作者、出本社、当前价格,被保存到 DeepLearn_book_info.csv 文件中,如图 6-4 所示。

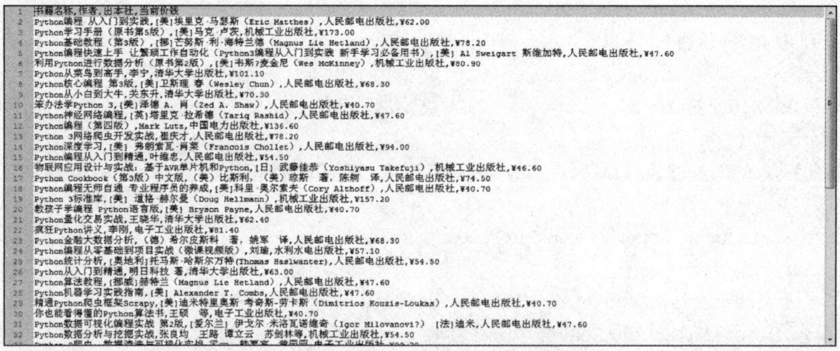

```
书籍名称,作者,出本社,当前价钱
Python编程 从入门到实践,[美]埃里克·马瑟斯（Eric Matthes）,人民邮电出版社,¥62.00
Python学习手册（原书第5版）,[美]马克·卢茨,机械工业出版社,¥173.00
Python基础教程（第3版）,[挪]芒努斯·利·海特兰德（Magnus Lie Hetland）,人民邮电出版社,¥78.20
Python编程快速上手 让繁琐工作自动化（Python3编程从入门到实践 新手学习必备用书）,[美] Al Sweigart 斯维加特,人民邮电出版社,¥47.60
利用Python进行数据分析（原书第2版）,[美]韦斯?麦金尼（Wes McKinney）,机械工业出版社,¥80.90
Python从菜鸟到高手,李宁,清华大学出版社,¥101.10
Python核心编程 第3版,[美]卫斯理 春（Wesley Chun）,人民邮电出版社,¥68.30
Python从小白到大牛,关东升,清华大学出版社,¥70.30
笨办法学Python 3,[美]泽德 A. 肖（Zed A. Shaw）,人民邮电出版社,¥40.70
Python神经网络编程,[英]塔里克·拉希德（Tariq Rashid）,人民邮电出版社,¥47.60
Python编程（第四版）,Mark Lutz,中国电力出版社,¥136.60
Python 3网络爬虫开发实战,崔庆才,人民邮电出版社,¥78.20
Python深度学习,[美] 弗朗索瓦·肖莱（Francois Chollet）,人民邮电出版社,¥94.00
Python编程从入门到精通,叶维忠,人民邮电出版社,¥54.50
物联网应用设计与实战：基于AVR单片机和Python,[日] 武藤佳恭（Yoshiyasu Takefuji）,机械工业出版社,¥46.60
Python Cookbook（第3版）中文版,（美）比斯利, （美）琼斯  著, 陈舸  译,人民邮电出版社,¥74.50
Python编程无师自通 专业程序员的养成,[美]科里·奥尔索夫（Cory Althoff）,人民邮电出版社,¥40.70
Python 3标准库,[美] 道格·赫尔曼（Doug Hellmann）,机械工业出版社,¥157.20
教孩子学编程 Python语言版,[美] Bryson Payne,人民邮电出版社,¥40.70
Python量化交易实战,王晓华,清华大学出版社,¥62.40
疯狂Python讲义,李刚,电子工业出版社,¥81.40
Python金融大数据分析,（德）希尔皮斯科  著, 姚军  译,人民邮电出版社,¥68.30
Python编程从零基础到项目实战（微课视频版）,刘瑜,水利水电出版社,¥57.10
Python统计分析,[奥地利]托马斯·哈斯尔万特(Thomas Haslwanter),人民邮电出版社,¥54.50
Python从入门到精通,明日科技 著,清华大学出版社,¥63.00
Python算法教程,[挪威]赫特兰（Magnus Lie Hetland）,人民邮电出版社,¥47.60
Python机器学习实践指南,[美] Alexander T. Combs,人民邮电出版社,¥47.60
精通Python爬虫框架Scrapy,[美]迪米特里奥斯 考奇斯-劳卡斯（Dimitrios Kouzis-Loukas）,人民邮电出版社,¥40.70
你也能看得懂的Python算法书,王硕  等,电子工业出版社,¥40.70
Python数据可视化编程实战 第2版,[爱尔兰] 伊戈尔·米洛瓦诺维奇（Igor Milovanovi?） [法]迪米,人民邮电出版社,¥47.60
Python数据分析与挖掘实战,张良均  王路  谭立云  苏剑林等,机械工业出版社,¥54.50
```

图 6-4　获取的所有 Python 图书信息

掌握上述技术后,下面先爬取较简单的搜狗图片动态网页中某主题的图片。

6.3.5　Ajax 动态网页爬取

输入搜狗图片网址 http://pic.sogou.com/进入壁纸分类,然后按 F12 键进入开发人员选项(笔者用的是 Google Chrome 浏览器)。右击选中图片,在弹出的快捷菜单中选择"检查"命令,结果如图 6-5 所示。

发现需要的图片 src 是在 img 标签下的,所以先试着用 Python 的 requests 提取该标签,进而获取 img 的 src,然后使用 urllib.request.urlretrieve 逐个下载图片,从而达到批量获取资料的目的。爬取的 URL 为 http://pic.sogou.com/pics?query=%E5%A3%81%E7%BA%B8&mode=13。此 URL 来自进入壁纸分类后浏览器的地址栏,其中%E5%A3%81%E7%BA%B8 是壁纸的 URL 编码。

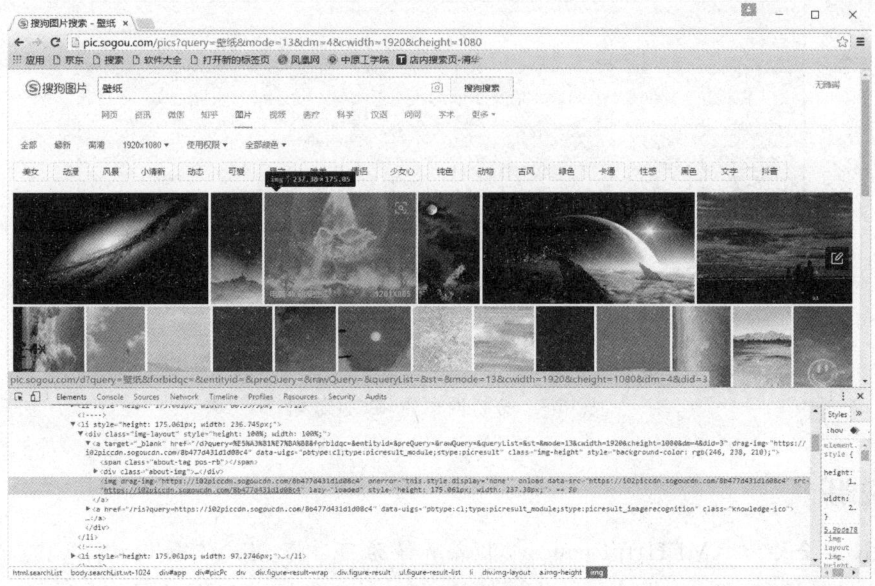

图 6-5 网页代码示意图

写出如下代码：

```
import requests
import urllib
from bs4 import BeautifulSoup
res = requests.get('http://pic.sogou.com/pics?query= %E5 %A3 %81 %E7 %BA %B8')
#爬取的 URL
soup = BeautifulSoup(res.text,'html.parser')
print(soup.select('img'))
```

输出如下：

```
[< img alt = "搜狗图片" src = "//search.sogoucdn.com/pic/pc/static/img/logo.a430dba.png"
drag - img = "https://hhypic.sogoucdn.com/deploy/pc/common_ued/images/common/ logo_cb2e773.
png" srcset = "//search.sogoucdn.com/pic/pc/static/img/logo@2x.d358e22.png 2x"/>]
```

发现输出内容并不包含我们要的图片元素，而是只剖析到 logo（见图 6-6）的 img，这显然不是我们想要的。也就是说需要的图片资料不在 http://pic.sogou.com/pics? query=%E5%A3%81%E7%BA%B8 的 HTML 源代码中。

图 6-6 logo.a430dba.png

这是为什么呢？可以发现，当在网页内向下滑动鼠标滚轮时，图片是动态刷新出来的，也就是说，该网页并不是一次加载出全部资源，而是动态加载资源。这也避免了因为网页过于臃肿，而影响加载速度。网页动态加载中找出图片元素的方法如下：

按 F12 键，在 Network 的 XHR 下单击文件链接后，在 Preview 选项卡中观察结果，如图 6-7 所示。

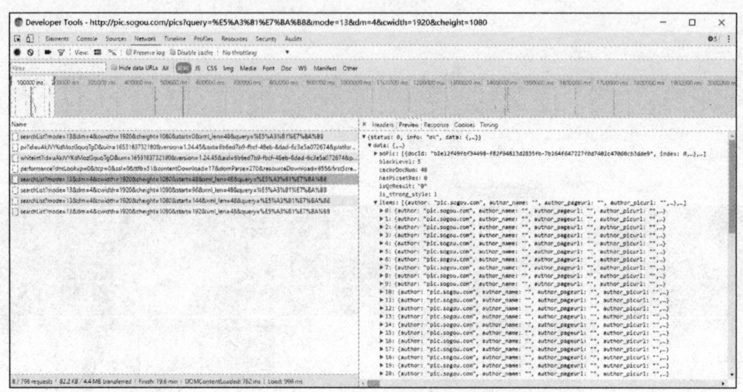

图 6-7　分析网页的 JSON 数据

说明

XHR 的全称为 XMLHttpRequest，中文解释为可扩展超文本传输请求。其中，XML 为可扩展标记语言，Http 为超文本传输协议，Request 为请求。XMLHttpRequest 对象可以在不向服务器提交整个页面的情况下，实现局部更新网页。当页面全部加载完毕后，客户端通过该对象向服务器请求数据，服务器端接收数据并处理后，向客户端反馈数据。XMLHttpRequest 对象提供了对 HTTP 协议的完全访问，包括做出 POST 和 HEAD 请求及普通 GET 请求的能力。XMLHttpRequest 可以同步或异步返回 Web 服务器的响应，并且能以文本或者一个 DOM 文档形式返回内容。尽管名为 XMLHttpRequest，但它并不限于和 XML 文档一起使用，它可以接收任何形式的文本文档。XMLHttpRequest 对象是为 Ajax 的 Web 应用程序架构的一项关键功能。

因为每一页加载的图片是有限的，通过不断往下滑它会动态地加载新图片，会发现图 6-7 中不断地出现一个重复的 http://pic.sogou.com/napi/pc/searchList?mode。单击图 6-7 中右侧 JSON 数据 items，发现下面是 0 1 2 3…，一个一个的貌似是图片元素。试着打开一个图片的地址 thumbUrl(URL)，发现确实是图片的地址。找到目标之后单击 XHR 下的 Headers 得到：

Request URL：

http://pic.sogou.com/napi/pc/searchList? mode=13&dm=4&cwidth=1920&cheight=1080&start=0&xml_len=48&query=%E5%A3%81%E7%BA%B8

试着去掉一些不必要的部分。技巧就是删掉可能的部分之后，访问不受影响。最后得到的 URL 为 http://pic.sogou.com/napi/pc/searchList? start=0&xml_len=48&query=%E5%A3%81%E7%BA%B8。

从字面意思可以知道 query 后面可能为分类。start 为开始下标，len 为长度，也即图片的数量。通过这个 URL 请求得到响应的 JSON 数据中包含着我们所需要的图片地址。有了上面分析可以写出如下代码：

```
import requests
import json
```

```
import urllib
def getSogouImag(category,length,path):
    n = length
    cate = category
    url = 'http://pic.sogou.com/napi/pc/searchList?query = ' + cate + '&start = 0&xml_len = ' +
str(n)
    print(url)
    imgs = requests.get(url)
    jd = json.loads(imgs.text)
    items = jd['data']['items']
    imgs_url = []
    for j in items:
        imgs_url.append(j['thumbUrl'])
    m = 0
    for img_url in imgs_url:
            print('*****  ' + str(m) + '.jpg  *****' + 'Downloading…')
            urllib.request.urlretrieve(img_url,path + str(m) + '.jpg')
            m = m + 1
    print('Download complete!')
getSogouImag('壁纸',200,'d:/download/壁纸/') #下载 200 张图片到 d:/download/壁纸/文件夹下
```

程序运行结果如图 6-8 所示。

图 6-8 爬取到 d:/download/壁纸/文件夹下的图片

至此，关于该爬虫程序的编程过程叙述完毕。整体来看，找到需要爬取元素所在 URL，是爬虫诸多环节中的关键。

有了搜狗图片下载图片的基础，下面来实现百度图片的下载。

6.4 程序设计的步骤

6.4.1 分析网页源代码和网页结构

首先进入百度图库 https://image.baidu.com/，输入某个关键字（如夏敏捷），单击“搜索”按钮后，可见如下网址：

```
https://image.baidu.com/search/index?tn=baiduimage&ipn=r&ct=201326592&cl=2&lm=-1&st=-1&sf=1&fmq=&pv=&ic=0&nc=1&z=&se=1&face=0&istype=2&ie=utf-8&fm=index&pos=history&word=%E5%A4%8F%E6%95%8F%E6%8D%B7
```

其中，%E5%A4%8F%E6%95%8F%E6%8D%B7 就是“夏敏捷”的 URL 编码（网址上不使用汉字），所看见的页面是“瀑布流版本”（见图 6-9），当向下滑动的时候可以不停地刷新，这是一个动态的网页（和搜狗图片类似，需要按 F12 键，通过 Network 下的 XHR 去分析网页的结构），而我们可以选择更简单的方法，就是单击网页右上方的“传统翻页版本”链接，如图 6-10 所示。

图 6-9 瀑布流版本下的图片

传统翻页版本下浏览器地址栏可见如下网址：

```
https://image.baidu.com/search/flip?tn=baiduimage&ipn=r&ct=201326592&cl=2&lm=-1&&face=0&istype=2&ie=utf-8&fm=index&pos=history&word=%E5%A4%8F%E6%95%8F%E6%8D%B7
```

传统翻页版本下单击“下一页”或某数字页码，网址会发生变化，而动态网页则不会。因为其分页参数是在 post 请求中的，本程序中使用传统翻页版本的“下一页”链接网址请求下一页面。

图 6-10 传统翻页版本下的图片

注意：现在百度已经隐藏“传统翻页版本”切换，但网址链接仍然可以使用，就是网址中 index 换成 flip，即可切换成传统翻页版本。可以发现传统翻页版本已经不显示图片，但我们程序借用它的翻页链接请求下一页面。

可以通过浏览器(谷歌 Chrome)的开发者工具来查看瀑布流版本网页的元素，按 F12 键打开“开发者工具”查看网页样式，注意当鼠标从结构表中滑过时会实时显示此段代码所对应的位置区域(注意先要单击开发者工具左上角的箭头按钮)。可以通过此方法，快速找到图片元素所对应的位置，如图 6-11 所示。

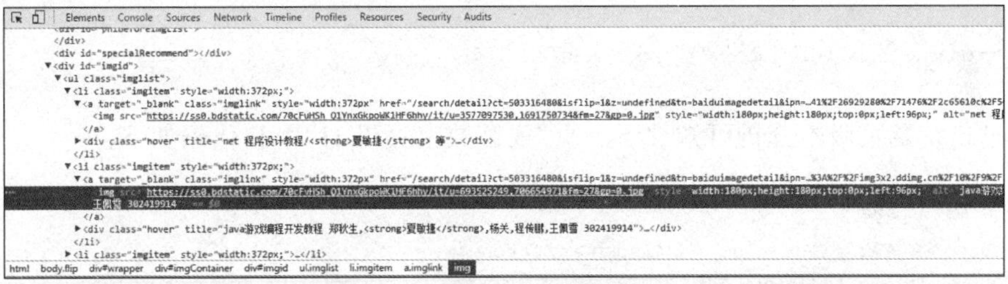

图 6-11 图片元素所对应的位置

由图 6-11 的分析可知，每个图片都在< ul class＝"imglist">下列表项< li class＝"imgitem" style＝"width:372px;">中，其中< img src＝"…">保存图片的这个网址。

```
<div id = "imgid">
  <ul class = "imglist">
    <li class = "imgitem" style = "width:372px;">
      <a target = "_blank"
       <img src = "https://ss0.bdstatic.com/70cFuHSh_Q1YnxGkpoWK1HF6hhy/it/
  u = 3577097530,1691750734&amp;fm = 27&amp;gp = 0.jpg" alt = "net 程序设计教程">
      </a>
  <div class = "hover" title = "net 程序设计教程/< strong >夏敏捷</strong > 等"></div >
  </li>
```

从上面找到了一张图片的路径：

```
https://ss0.bdstatic.com/70cFuHSh_Q1YnxGkpoWK1HF6hhy/it/u=3577097530,1691750734&amp;fm=27&amp;gp=0.jpg
```

可以在HTML源码中搜索此路径，找到它的位置，如下：

```
flip.setData('imgData',
{"queryEnc":"%E5%A4%8F%E6%95%8F%E6%8D%B7","displayNum":5722,"bdIsClustered":"1","listNum":1977,"bdFmtDispNum":"5722","bdSearchTime":"","isNeedAsyncRequest":0,
"data":[{"thumbURL":"https://ss0.bdstatic.com/70cFuHSh_Q1YnxGkpoWK1HF6hhy/it/u=3577097530,1691750734&fm=27&gp=0.jpg",
"middleURL":"https://ss0.bdstatic.com/70cFuHSh_Q1YnxGkpoWK1HF6hhy/it/u=3577097530,1691750734&fm=27&gp=0.jpg","largeTnImageUrl":"","hasLarge":0,
"hoverURL":"https://ss0.bdstatic.com/70cFuHSh_Q1YnxGkpoWK1HF6hhy/it/u=3577097530,1691750734&fm=27&gp=0.jpg","pageNum":0,
"objURL":"http://img13.360buyimg.com/n0/jfs/t586/241/26929280/71476/2c65610c/54484fe6Nb33010bd.jpg",
"fromURL":"ippr_z2C$qAzdH3FAzdH3Ftpj4_z&e3B31_z&e3Bv54AzdH3F8nc9adan0n_z&e3Bip4s",
"fromURLHost":"item.jd.com","currentIndex":"","width":800,"height":800,"type":"jpg",
"filesize":"","bdSrcType":"0","di":"35266154990","pi":"0","is":"0,0","partnerId":0,
"bdSetImgNum":0,"bdImgnewsDate":"1970-01-01 08:00",
```

可见"thumbURL""middleURL""objURL"均是图片的所在网址，这里选用"objURL"对应的网址图片。所以，写出如下正则表达式获取图片所在的网址：

```
re.findall('"objURL":"(.*?)"',content,re.S)
```

通过传统翻页版本分析可知，"下一页"或某数字页码HTML代码如下：

```
<div id="page">
<strong><span class="pc">1</span></strong>
<a href="/search/flip?tn=baiduimage&ie=utf-8&word=%E5%A4%8F%E6%95%8F%E6%8D%B7&pn=20&gsm=3c&ct=&ic=0&lm=-1&width=0&height=0"><span class="pc" data="right">2</span></a>
……
<a href="/search/flip?tn=baiduimage&ie=utf-8&word=%E5%A4%8F%E6%95%8F%E6%8D%B7&pn=40&gsm=0&ct=&ic=0&lm=-1&width=0&height=0"><span class="pc" data="right">3</span></a>
……
<a href="/search/flip?tn=baiduimage&ie=utf-8&word=%E5%A4%8F%E6%95%8F%E6%8D%B7&pn=180&gsm=0&ct=&ic=0&lm=-1&width=0&height=0"><span class="pc" data="right">10</span></a>
<a href="/search/flip?tn=baiduimage&ie=utf-8&word=%E5%A4%8F%E6%95%8F%E6%8D%B7&pn=20&gsm=3c&ct=&ic=0&lm=-1&width=0&height=0" class="n">下一页</a>
</div>
```

获取“下一页”链接的正则表达式如下：

```
re.findall('<div id="page">.*<a href="(.*?)" class="n">',content,re.S)[0]
```

6.4.2 设计代码

Python爬虫搜索百度图片库并下载图片的代码如下：

```
import requests #首先导入库
import re
#设置默认配置
MaxSearchPage = 20          #搜索页数
CurrentPage = 0             #当前正在搜索的页数
DefaultPath = "pictures"    #默认存储位置
NeedSave = 0                #是否需要存储
#图片链接正则和下一页的链接正则
def imageFiler(content):  #通过正则获取当前页面的图片地址数组
        return re.findall('"objURL":"(.*?)"',content,re.S)
def nextSource(content): #通过正则获取下一页的网址
        next = re.findall('<div id="page">.*<a href="(.*?)" class="n">',content,re.S)[0]
        print("---------" + "http://image.baidu.com" + next)
        return next
#爬虫主体
def spidler(source):
        content = requests.get(source).text #通过链接获取内容
        imageArr = imageFiler(content) #获取图片数组
        global CurrentPage
        print("Current page:" + str(CurrentPage) + "**********************")
        for imageUrl in imageArr:
            print(imageUrl)
            global NeedSave
            if NeedSave:                #如果需要保存图片,则下载图片,否则不下载图片
               global DefaultPath
               try:
                    #下载图片并设置超时时间,如果图片地址错误就不继续等待了
                    picture = requests.get(imageUrl,timeout=10)
               except:
                    print("Download image error! errorUrl:" + imageUrl)
                    continue
               #创建图片保存的路径
               imageUrl = imageUrl.replace('/','').replace(':','').replace('?','')
               pictureSavePath = DefaultPath + imageUrl
               fp = open(pictureSavePath,'wb') #以写入二进制的方式打开文件
               fp.write(picture.content)
               fp.close()
        global MaxSearchPage
        if CurrentPage <= MaxSearchPage: #继续下一页爬取
             if nextSource(content):
```

```
                CurrentPage += 1
                #爬取完毕后通过下一页地址继续爬取
                spidler("http://image.baidu.com" + nextSource(content))
#爬虫的开启方法
def beginSearch(page = 1,save = 0,savePath = "pictures/"):
        #(page:爬取页数,save:是否储存,savePath:默认储存路径)
        global MaxSearchPage,NeedSave,DefaultPath
        MaxSearchPage = page
        NeedSave = save                   #是否保存,0 为不保存,1 为保存
        DefaultPath = savePath            #图片保存的位置
        key = input("Please input you want search: ")
        StartSource = " http://image. baidu. com/search/flip? tn = baiduimage&ie = utf -
8&word = " + str(key) + "&ct = 201326592&v = flip" #分析链接可以得到,替换其'word'值后面的
数据来搜索关键词
        spidler(StartSource)
#调用开启的方法就可以通过关键词搜索图片了
beginSearch(page = 5,save = 1)                  #page = 5 是下载前 5 页,save = 1 保存图片
```

运行后输入搜索关键词，如“夏敏捷”，可以在 pictures 文件夹下得到夏敏捷的相关图片，如图 6-12 所示。这里下载的图片命名采用的是下载的网址。所以，需要去除文件名不允许的特殊字符，如“:”“/”“?”等。当然，更好的处理方法是文件名采用数字编号，避免网址中的特殊字符。

图 6-12　pictures 文件夹下得到相关图片

6.5　动态网页爬虫拓展——爬取今日头条新闻

一些网站的内容由前端的 JavaScript 脚本生成 Ajax 动态网页，由于呈现在网页上的内容是由 JavaScript 脚本生成的，能够在浏览器上看得到，但是在 HTML 源码中却查找不到。“今日头条”网站也是采用 Ajax 动态网页。例如，浏览器呈现的“今日头条”科技网页如图 6-13 所示。

图 6-13 “今日头条”科技网页

网页的新闻在 HTML 源码中一条都找不到，全是由 JavaScript 脚本动态生成加载的。遇到这种情况，应该如何对网页进行爬取呢？有如下两种方法。

方法一：和搜狗图片中获取图片方法一样，从网页响应中找到 JavaScript 脚本返回的 JSON 数据。

方法二：使用 Selenium 对网页进行模拟浏览器访问。

此处仍采用第一种方法，第 7 章是关于 Selenium 的使用，并讲解如何利用 Selenium 实现爬取今日头条的新闻。

6.5.1 找到 JavaScript 请求的数据接口

即使网页内容是由 JavaScript 脚本动态生成加载的，JavaScript 也需要对某个接口进行调用，并根据接口返回的 JSON 数据再进行加载和渲染。找到 JavaScript 调用的数据接口，从数据接口中找到网页中最后呈现的数据。

打开谷歌浏览器，按 F12 键打开网页调试工具，单击“科技”后，选择 NetWork 选项卡，发现有很多响应，筛选一下只看 XHR 响应，如图 6-14 所示。

可以发现少了很多链接，随便点开一个链接，如选择 city，PreView 选项卡中有一串 JSON 数据，如图 6-15 所示。全都是城市的列表，应该是加载地区新闻用的。

可以单击其他的链接分析一下是什么作用。最终可见“？category＝news_tech”链接请求的 JSON 数据就是需要的新闻信息。完整 URL 如下：

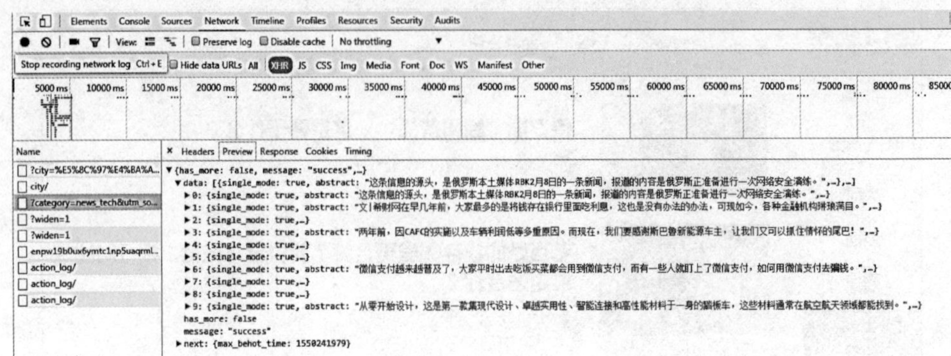

图 6-14　XHR 响应

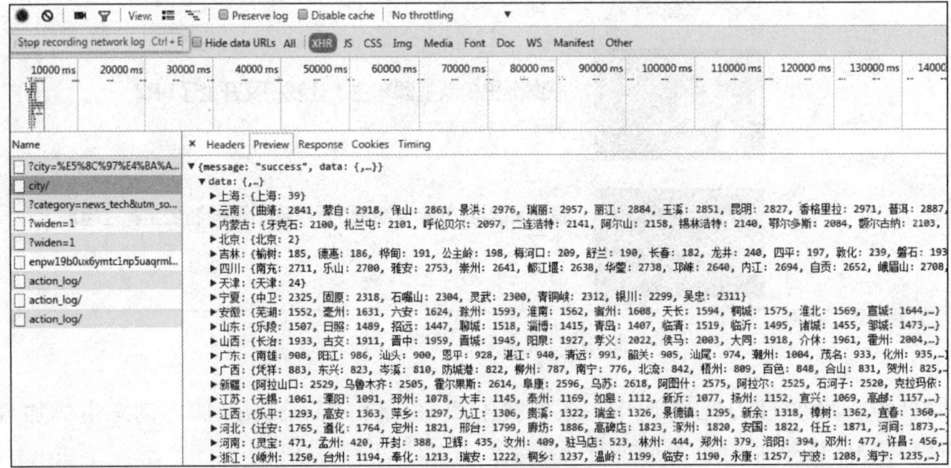

图 6-15　选择 city 的 JSON 数据

```
https://www.toutiao.com/api/pc/feed/?category=news_tech&utm_source=toutiao&widen=1&max_
behot_time=1550281752&max_behot_time_tmp=1550281752&tadrequire=true&as=
A1B5ACD667D71D8&cp=5C67A7710D780E1&_signature=gHrq3QAA3CoPuU6s4xQvboB66s
```

拖动浏览器的滚动条，可以看到 URL 发生的变化如下：

```
https://www.toutiao.com/api/pc/feed/?category=news_tech&utm_source=toutiao&widen=1&max_
behot_time=1550278445&max_behot_time_tmp=1550278445&tadrequire=true&as=
A1D56C2657D6183&cp=5C67E6E1D853BE1&_signature=l.cN.wAAy5wYNKmOrm5OV5f3De
https://www.toutiao.com/api/pc/feed/?category=news_tech&utm_source=toutiao&widen=1&max_
behot_time=1550277934&max_behot_time_tmp=1550277934&tadrequire=true&as=
A1153C0627861F3&cp=5C67A6F19FB31E1&_signature=l.cN.wAAy5wYNKmOrm42kpf3De"
```

查看数据接口 URL 返回的 JSON 数据，每次返回的 JSON 有 10 条新闻数据。URL 中有 max_behot_time、category、utm_source、widen、tadrequir、as、cp、_signature 8 个参数，其中 max_behot_time 可以看出是 10 位数字的时间戳；category 是对应的频道名，可以在首页找到；utm_source 固定是 toutiao，widen 固定是 1，tadrequire 固定是 false，剩下的就是

as、cp、_cp_signature 3 个参数。

由于今日头条进行反爬虫处理，使用 as、cp 和_signature 参数进行加密处理。由于 as、cp 和_signature 生成算法比较复杂，这里就不介绍如何自动生成 as、cp 和_signature 参数了，有兴趣的读者可上网找相关资料，例如：

https://blog.csdn.net/weixin_39416561/article/details/82111455。

有了对应的数据接口，就可以仿照之前的方法对数据接口进行请求并获取响应新闻数据了。

6.5.2 分析 JSON 数据

获取的 JSON 数据如下：


```
{has_more: false, message: "success", data: [{single_mode: true, … }, {single_mode: true, … }, … ], … }
data:[{single_mode: true, … }, {single_mode: true, … }, … ]
0:{single_mode: true, … }
1:{single_mode: true, … }
2:{single_mode: true, abstract: "转而在新加坡开启新的项目——Omn1 电动摩托车共享服务.新公司 OmniSharing 已经申请沙箱,计划出租 500 辆电动摩托车.", … }
3:{single_mode: true, … }
4:{single_mode: true, abstract: "众多厂商的各种"千奇百怪"的创新手段层出不穷,但奈何用户的换机欲望不断降低,全年整体的出货量下滑成为无情的现实.", … }
5:{single_mode: true, abstract: "不过在整个 2018 年当中,iPhoneXS 表现差强人意,大中华区的销售疲软直接导致了苹果股价的波动.", middle_mode: true, … }
6:{single_mode: true, … }
7:{single_mode: true, abstract: "《军武次位面》作者: C • C▲正在进行测试的美陆军的 M160 军用扫雷机器人在军用机器人高速发展的今天.", middle_mode: true, … }
8:{single_mode: true, abstract: "数据显示,2018 年拼多多新增用户中有 10.5% 来自"北上广深"四座一线城市,其中增长最快的竟然是大北京!", … }
9:{single_mode: true, … }
has_more:false
message:"success"
next:{max_behot_time: 1550243487}
```


可见在 data 下面是需要获取的新闻内容。data 是一个数组。其中一个元素内容如下：


```
single_mode: true
abstract:"日前,美国最大药妆连锁 Walgreens 宣布已开通支付宝.目前中国游客已能在横跨全美的3000 多家店铺使用手机付款,包括旅游热门城市纽约、旧金山和拉斯维加斯等."
article_genre:"article"
behot_time:1550243489
chinese_tag:"旅游"
comments_count:2
group_id:"6658131237086953995"
image_url:"//p1.pstatp.com/list/190x124/pgc-image/08d5872584cca024705418a8"
title:"支付宝: 已覆盖 54 个国家和地区"
```


从中可以获取摘要 abstract 和标题 title、图片 URL 的 image_url。

6.5.3 请求和解析数据接口

实现请求和解析数据接口的程序如下：

```
#数据接口 URL
url = 'https://www.toutiao.com/api/pc/feed/?category=news_tech&utm_source=toutiao&widen=1&max_behot_time=1550277934&max_behot_time_tmp=1550277934&tadrequire=true&as=A1153C0627861F3&cp=5C67A6F19FB31E1&_signature=1.cN.wAAy5wYNKmOrm42kpf3De'
headers = {
    'User-Agent': 'Mozilla/5.0 (Windows NT 6.1; WOW64) AppleWebKit/537.36 (KHTML, like Gecko) Chrome/50.0.2661.102 Safari/537.36',
    }
r= requests.get(url,headers=headers)     #对数据接口 URL 进行 HTTP 请求
wbdata = r.text
data = json.loads(wbdata)
#对 HTTP 响应的数据 JSON 化,并索引到新闻数据的位置
news = data['data']
print("---------------")
#对索引出来的 JSON 数据进行遍历和提取
for n in news:
    try:
        title = n['title']
        img_url = n['image_url']
        url = n['media_url']
        print(url,title,img_url)
    except:
        pass
```

至此，就完成了从动态网页中爬取新闻数据。以上代码仅能获取 10 条新闻，如果获取另外 10 条新闻，需要不断更换不同参数的数据接口 URL。

实际上进行 HTTP 请求时可以使用 params 传递 URL 参数，代码如下：

```
url = "http://www.toutiao.com/api/pc/feed/"
#传递的 URL 参数
data = {
        "category":"news_tech",
        "utm_source":"toutiao",
        "widen":"1",
        "max_behot_time":1550277934,
        "max_behot_time_tmp":1550277934,
        "tadrequire":"true",
        "as":"A1153C0627861F35C67A6F19FB31E1",
        "cp":"5C67A6F19FB31E1",
        "_signature":"1.cN.wAAy5wYNKmOrm42kpf3De"
    }
cookie='UM_distinctid=168f1594ff844-0239dfaabde7ea-414a0229-1fa400-168f1594ff93ae; tt_webid = 6658218847106467331; WEATHER_CITY =%E5%8C%97%E4%BA%AC; CNZZDATA1259612802=1310715322-1550235777-https%253A%252F%252Fwww.baidu.com%252F%7C1550241177; csrftoken = 5c12df1c9ba641d990db17ddb4c7c3ae; tt_webid = 6658218847106467331'
```

```
headers = {
    'User - Agent': 'Mozilla/5.0 (Windows NT 6.1; WOW64) AppleWebKit/537.36 (KHTML, like Gecko) Chrome/50.0.2661.102 Safari/537.36',
    'accept - encoding':'gzip, deflate, sdch, br',
    'accept - language':'zh - CN,zh;q = 0.8',
    'cache - control':'max - age = 0',
    'Cookie': cookie}
r = requests.get(url,params = data,headers = headers)
wbdata = r.text
data = json.loads(wbdata)
news = data['data']
for n in news:
    try:
        title = n['title']
        img_url = n['image_url']
        url = n['media_url']
        print(url,title,img_url)
    except:
        pass
```

这里程序功能不够强大，需要手动获取数据接口，在第 7 章将采用 Selenium 对网页进行模拟浏览器访问，可以很好地解决这个问题。

第 7 章

Selenium 操作浏览器应用——模拟登录

视频讲解

7.1 模拟登录程序功能介绍

由于需要爬取的网站大多先登录才能正常访问,或者需要登录后的 Cookie 值才能继续爬取。所以,网站的模拟登录是必须熟悉的。Selenium 是一个用于 Web 的自动化测试工具,最初是为网站自动化测试而开发的,类似于人们玩游戏用的按键精灵,可以按指定的命令自动操作。不同的是,Selenium 测试直接运行在浏览器中,就像真正的用户在操作一样。支持的浏览器包括 IE、Firefox、Safari、Chrome、Opera 等。这种模拟登录由于难度低,逐渐被一些小型爬虫项目使用。

本章主要介绍 Selenium 操作浏览器实现模拟登录。使用 Python 调用 Selenium 浏览器驱动,执行浏览器操作(输入用户名、密码数据和单击按钮),进行模拟登录豆瓣网站。

7.2 程序设计的思路

模拟用户登录网站的实现步骤如下。

(1) 定位用户名输入框,输入用户名。

(2) 定位密码输入框,输入密码。

(3) 定位“登录”按钮,并在代码中模拟单击该按钮。

要想定位这些页面元素,首先使用浏览器打开豆瓣网站 https://www.douban.com/。

查看网站的源代码,从中找到用户名输入框、密码输入框和“登录”按钮的 ID 或者 XPath。

用户名输入框的 HTML 源代码如下:

```
< input id = " username" name = " username" type = " text" class = " account - form - input"
placeholder = "手机号 / 邮箱" tabindex = "1">
```

密码输入框的 HTML 源代码如下：

```
< input id = "password" type = "password" name = "password" maxlength = "20" class = "account -
form - input password" placeholder = "密码" tabindex = "3">
```

“登录”按钮的源代码如下：

```
< a href = "javascript:;" class = "btn btn - account">登录豆瓣</a >
```

通过分析豆瓣网站 HTML 源代码后，就可以通过 Selenium 各种定位网页元素的方法来定位，以及模拟单击“登录”按钮等操作。

7.3　关键技术

7.3.1　安装 Selenium 库

Selenium 可以根据用户指令，让浏览器自动加载页面从而获取需要的数据，甚至页面的截屏、执行网站上某些单击等动作。Selenium 本身不带浏览器，需要与第三方浏览器结合在一起使用。但是用户有时需要让它内嵌在代码中运行，此时可以使用“无界面”的 PhantonJS 浏览器代替真实的浏览器。

要想使用 Selenium，必须先安装。安装方法如下。

方法一：在联网的情况下，通过 Windows 命令行(cmd)输入 pip install selenium，即可自动安装 selenium。安装完成后，输入 pip show selenium 可查看当前的 Selenium 版本，如图 7-1 所示。

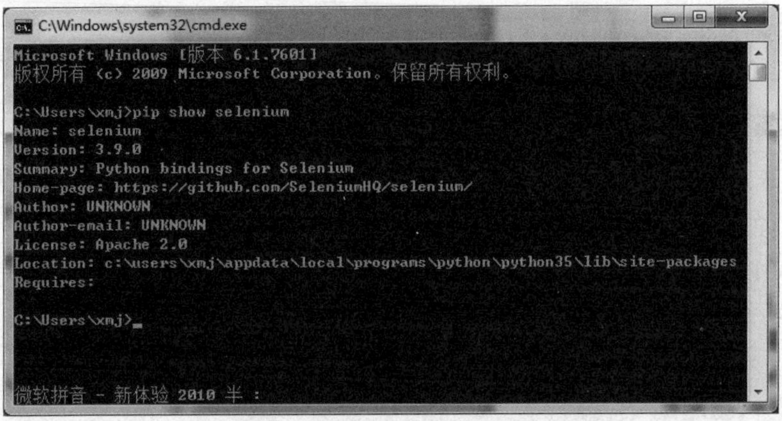

```
C:\Windows\system32\cmd.exe
Microsoft Windows [版本 6.1.7601]
版权所有 (c) 2009 Microsoft Corporation。保留所有权利。

C:\Users\xmj>pip show selenium
Name: selenium
Version: 3.9.0
Summary: Python bindings for Selenium
Home-page: https://github.com/SeleniumHQ/selenium/
Author: UNKNOWN
Author-email: UNKNOWN
License: Apache 2.0
Location: c:\users\xmj\appdata\local\programs\python\python35\lib\site-packages
Requires:

C:\Users\xmj>_

微软拼音 - 新体验 2010 半 ：
```

图 7-1　查看当前的 Selenium 版本

方法二：从 https://pypi.python.org/pypi/selenium 直接下载 Selenium 包。解压后，

在解压文件夹下执行 python3 setup. py install 命令即可安装。

安装 Selenium 成功后，还需要安装浏览器驱动 driver。以下是 3 大浏览器驱动下载地址。

- Chrome 的驱动 chromedriver 下载地址如下：

```
http://chromedriver.storage.googleapis.com/index.html
```

下载时注意 chrome 版本，查看本机的 chrome 的版本具体方法如下：

在地址栏中输入 chrome://version/后按 Enter 键，出现图 7-2 所示的界面。

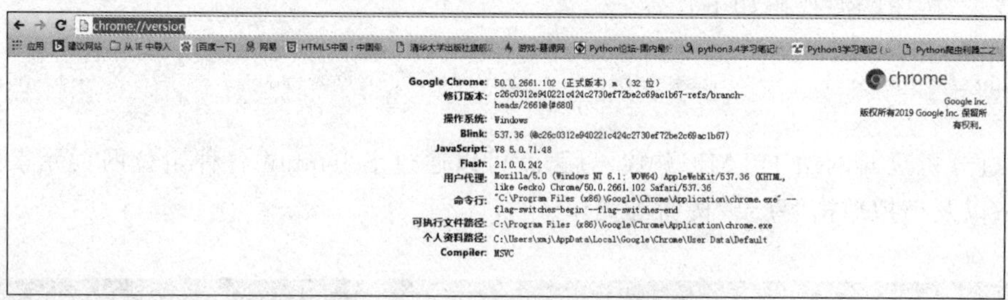

图 7-2 查看本机的 Chrome 的版本

chromedriver 版本支持的 Chrome 版本如下：

```
v2.33 支持 Chrome v60 - 62
v2.32 支持 Chrome v59 - 61
v2.31 支持 Chrome v58 - 60
v2.30 支持 Chrome v58 - 60
v2.29 支持 Chrome v56 - 58
```

- Firefox 的驱动 geckodriver 下载地址如下：

```
https://github.com/mozilla/geckodriver/releases/
```

- IE 的驱动 IEdriver 下载地址如下：

```
http://www.nuget.org/packages/Selenium.WebDriver.IEDriver/
```

注意

下载解压后，最好将 chromedriver. exe、geckodriver. exe、Iedriver. exe 复制到 Python 的安装目录，如 D:\python。然后将 Python 的安装目录添加到系统环境变量的 Path 中。

打开 Python 自带的集成开发环境 IDLE，分别输入以下代码启动不同的浏览器。

（1）启动谷歌浏览器：

```
from selenium import webdriver
browser = webdriver.Chrome()
#如果没有添加到系统环境变量，则需要指定 chromedriver.exe 所在文件夹
browser = webdriver.Chrome("D:\\chromedriver_win32\\chromedriver.exe")
browser.get('http://www.baidu.com/')
```

（2）启动火狐浏览器：

```
from selenium import webdriver
browser = webdriver.Firefox()
browser.get('http://www.baidu.com/')
```

（3）启动 IE 浏览器：

```
from selenium import webdriver
browser = webdriver.Ie()
browser.get('http://www.baidu.com/')
```

（4）测试 Selenium 代码：

```
from selenium import webdriver
browser = webdriver.Chrome("D:\\chromedriver_win32\\chromedriver.exe")
try:
    browser.get("https://www.baidu.com")
    print(browser.page_source)
finally:
    browser.close()
```

7.3.2　Selenium 详细用法

1. 声明浏览器对象

```
from selenium import webdriver
#声明谷歌、Firefox、Safari 等浏览器对象
browser = webdriver.Chrome()
browser = webdriver.Firefox()
browser = webdriver.Safari()
browser = webdriver.Edge()
browser = webdriver.PhantomJS()
```

2. 访问页面

```
from selenium import webdriver
browser = webdriver.Chrome()
browser.get("http://www.taobao.com")  #访问淘宝页面
print(browser.page_source)            #打印页面的源代码
browser.close()                       #关闭当前页面
```

3. 查找单个元素

```
from selenium import webdriver
from selenium.webdriver.common.by import By
```

```
browser = webdriver.Chrome()
browser.get("http://www.taobao.com")
input_first = browser.find_element_by_id("q")                    #查找 id 是"q"单个元素
input_second = browser.find_element_by_css_selector("#q")        #查找 css 类名是"q"单个元素
input_third = browser.find_element(By.ID,"q")                    #查找 id 是"q"单个元素
print(input_first,input_second,input_first)
browser.close()
```

4. 查找多个元素

```
from selenium import webdriver
from selenium.webdriver.common.by import By
browser = webdriver.Chrome()
browser.get("http://www.taobao.com")
lis = browser.find_elements_by_css_selector("li")          #查找 css 类名是" li "多个元素
lis_c = browser.find_elements(By.CSS_SELECTOR,"li")        #查找 css 类名是" li "多个元素
print(lis,lis_c)
browser.close()
```

5. 元素的交互操作

对获取到的元素调用交互方法，主要有输入内容和单击操作。

```
from selenium import webdriver
import time
browser = webdriver.Chrome()
browser.get("https://www.taobao.com")
input = browser.find_element_by_id("q")
input.send_keys("iPhone")                                       #输入内容:iPhone
time.sleep(10)
input.clear()
input.send_keys("iPad")                                         #输入内容 iPad
button = browser.find_element_by_class_name("btn-search")       #查找"btn-search"按钮
button.click()                                                  #单击操作
time.sleep(10)
browser.close()
```

6. 交互动作

页面上的一些鼠标操作，如右击、拖动鼠标、双击等，可以通过使用 ActionChains 把动作附加到交互动作链中，从而执行这些动作。

```
from selenium import webdriver
from selenium.webdriver import ActionChains
import time
```

```
from selenium.webdriver.common.alert import Alert
browser = webdriver.Chrome()
url = "http://www.runoob.com/try/try.php?filename = jqueryui - api - droppable"
browser.get(url)
#切换到目标元素所在的 frame
browser.switch_to.frame("iframeResult")
#确定拖曳目标的起点
source = browser.find_element_by_id("draggable")
#确定拖曳目标的终点
target = browser.find_element_by_id("droppable")
#形成动作链
actions = ActionChains(browser)
actions.drag_and_drop(source,target)
#执行动作
actions.perform()
```

7. 执行 JavaScript 脚本

下面的例子是拖曳进度条进度到最大,并弹出提示框。

```
from selenium import webdriver
browser = webdriver.Chrome()
browser.get("https://www.zhihu.com/explore")
browser.execute_script("window.scrollTo(0,document.body.scrollHeight)")
browser.execute_script("alert('To Button')")
browser.close()
```

8. 获取元素信息

下面的例子是获取元素的属性信息。

```
from selenium import webdriver
browser = webdriver.Chrome()
url = "https://www.zhihu.com/explore"
browser.get(url)
logo = browser.find_element_by_id("zh - top - link - logo")
print(logo)
print(logo.get_attribute("class"))   #获取元素 class 属性信息
browser.close()
```

下面的例子是获取元素的文本内容。

```
from selenium import webdriver
browser = webdriver.Chrome()
url = "https://www.zhihu.com/explore"
browser.get(url)
```

```
logo = browser.find_element_by_id("zh - top - link - logo")
print(logo)
print(logo.text)          # 获取元素的文本内容
browser.close()
```

下面的例子是获取元素 id、位置、大小和标签名。

```
from selenium import webdriver
browser = webdriver.Chrome()
url = "https://www.zhihu.com/explore"
browser.get(url)
logo = browser.find_element_by_id("zh - top - link - logo")
print(logo)
print(logo.id)                # id
print(logo.location)          # 位置
print(logo.tag_name)          # 标签名
print(logo.size)              # 大小
browser.close()
```

9. 等待

1）隐式等待

当使用了隐式等待执行测试的时候，如果 webdriver 没有在 DOM 中找到元素，将继续等待，超过设定的时间后则抛出找不到元素的异常。换句话说，当查找元素或元素并没有立即出现的时候，隐式等待将等待一段时间再查找 DOM，默认时间为 0。

```
from selenium import webdriver
browser = webdriver.Chrome()
url = "https://www.zhihu.com/explore"
browser.get(url)
browser.implicitly_wait(10)
logo = browser.find_element_by_id("zh - top - link - logo")
print(logo)
browser.close()
```

2）显式等待

显式等待是指定某个条件，然后设置最长等待时间，如果超过这个时间还没有找到元素，就会抛出异常。

```
from selenium import webdriver
from selenium.webdriver.common.by import By
from selenium.webdriver.support.ui import WebDriverWait
from selenium.webdriver.support import expected_conditions as EC
browser = webdriver.Chrome()
url = "https://www.taobao.com"
```

```
browser.get(url)
wait = WebDriverWait(browser,10)      #最长等待时间 10 秒
input = wait.until(EC.presence_of_element_located((By.ID,"q")))
button = wait.until(EC.element_to_be_clickable((By.CSS_SELECTOR,".btn - search")))
print(input,button)
browser.close()
```

10. 浏览器的前进和后退操作

```
from selenium import webdriver
import time
browser = webdriver.Chrome()
browser.get("https://www.taobao.com")
browser.get("https://www.baidu.com")
browser.get("https://www.python.org")
browser.back()          #后退
time.sleep(1)
browser.forward()       #前进
browser.close()
```

11. cookies 的处理

可使用 get_cookies()方法获取页面上所有的 cookies。delete_all_cookies()删除该页面上所有的 cookies。

```
from selenium import webdriver
import time
browser = webdriver.Chrome()
browser.get("https://www.zhihu.com/explore")
print(browser.get_cookies())            #获取页面上所有的 cookies
browser.add_cookie({"name":"name","domain":"www.zhihu.com","value":"germey"}) #添
加 cookies
print(browser.get_cookies())
browser.delete_all_cookies()            #删除所有的 cookies
print(browser.get_cookies())
browser.close()
```

12. 页面的切换

一个浏览器打开多个页面,所以需要实现页面的切换。

```
from selenium import webdriver
import time
browser = webdriver.Chrome()
browser.get("https://www.zhihu.com/explore")                  #打开页面
browser.execute_script("window.open()")                       #脚本又打开一个空页面
print(browser.window_handles)
browser.switch_to_window(browser.window_handles[1])           #切换页面
browser.get("https://www.taobao.com")
time.sleep(1)
```

```
browser.switch_to_window(browser.window_handles[0]) #切换页面
browser.get("https://python.org")
browser.close()
```

7.3.3 Selenium 应用实例

Selenium 控制 Chrome 浏览器访问百度，并搜索关键词“夏敏捷”，获取搜索结果。

```
from selenium import webdriver
from selenium.webdriver.common.by import By
from selenium.webdriver.common.keys import Keys
from selenium.webdriver.support import expected_conditions as EC
from selenium.webdriver.support.wait import WebDriverWait
import time
#browser = webdriver.Chrome("chromedriver_win32/chromedriver.exe") #过时,建议使用 Service
path = Service("chromedriver_win32/chromedriver.exe")
browser = webdriver.Chrome(service = path)
browser.maximize_window()
try:
    browser.get("https://www.baidu.com")
    #注释掉的代码部分,其语法格式是 selenium4.x之前版本适用的
    #input = browser.find_element_by_id("kw")
    #4.x之后 find_element 元素定位部分代码语法有所改变,需要用下面代码格式
    input = browser.find_element(By.ID, "kw")
    input.send_keys("夏敏捷")        #模拟键盘输入夏敏捷
    input.send_keys(Keys.ENTER)      #模拟键盘输入回车键
    wait = WebDriverWait(browser,10)
    wait.until(EC.presence_of_element_located((By.ID,"content_left")))
    print(browser.current_url)
    print(browser.get_cookies())     #获取 cookie
    print("------------------")
    print(browser.page_source)       #打印出 HTML 源代码
    time.sleep(3)
finally:
    browser.close()
```

运行结果如图 7-3 所示，同时输出访问的 url 网址和 cookie 信息。

```
https://www.baidu.com/s?ie = utf - 8&f = 8&rsv_bp = 0&rsv_idx = 1&tn = baidu&wd = %E5%A4%8F%E6%95%8F%E6%8D%B7&rsv_pq = b71a1d700000caa0&rsv_t = 8adbrMVl7YLIA1t7mK%2BHO6K%2Bptd8LFPW%2BO6JI2vZgts6%2FNemuPyu4Q4C99Q&rqlang = cn&rsv_enter = 1&rsv_sug3 = 3&rsv_sug2 = 0&inputT = 116&rsv_sug4 = 116
[{'name': 'H_PS_PSSID', 'path': '/', 'domain': '.baidu.com', 'secure': False, 'httpOnly': False, 'value': '1426_21094_26350_28413'}, {'name': 'delPer', 'path': '/', 'domain': '.baidu.com', 'secure': False, 'httpOnly': False, 'value': '0'}, {'value': '3BD16854B4625F26780D8F5E9941B0B1:FG=1', 'name': 'BAIDUID', 'path': '/', 'secure': False, 'domain': '.baidu.com', 'httpOnly': False, 'expiry': 3697442966.154094}, {'value': '1549959323', 'name': 'PSTM', 'path': '/', 'secure': False, 'domain': '.baidu.com', 'httpOnly': False, 'expiry': 3697442966.154283}, {'value': '3BD16854B4625F26780D8F5E9941B0B1', 'name': 'BIDUPSID', 'path': '/', 'secure': False, 'domain': '.baidu.com', 'httpOnly': False, 'expiry': 3697442966.154209}{'value': '0e71MPCfHjWuwbXsG2Oy5C3tmxeyIA5NY', 'name': 'H_PS_645EC', 'path': '/', 'secure': False, 'domain': 'www.baidu.com', 'httpOnly': False, 'expiry': 1549961912}]
```

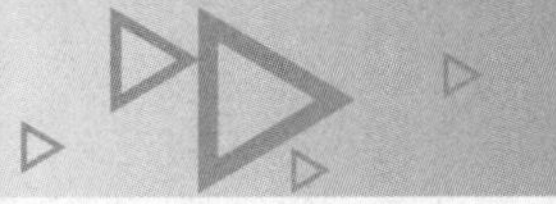

图 7-3 搜索关键词“夏敏捷”的搜索结果

7.4 程序设计的步骤

视频讲解

7.4.1 Selenium 定位 iframe(多层框架)

iframe 框架中实际上是嵌入了另一个页面,而 selenium webdriver 驱动每次只能在一个页面中识别。因此,需要用 switch_to. frame(iframe 的 id)方法去获取 iframe 中嵌入的页面,才能对那个页面里的元素进行定位。

如图 7-4 所示,在豆瓣网站的登录页面中,输入用户名和密码部分实际上是在

```
<iframe style="height: 300px; width: 300px;" frameborder="0" src="//accounts.douban.com/passport/login_popup?login_source=anony"></iframe>
```

这个 iframe 框架中的一个页面内,所以必须先定位到此 iframe 框架。

图 7-4 登录豆瓣网站

如果 iframe 框架有 id 属性或者 name，例如：

```
< iframe id = "authframe" height = "170" src = "https://authserver.zut.edu.cn/login?display = basic&amp; " frameborder = "0" width = "230" name = "1" scrolling = "no"></iframe >
```

id 属性为'authframe'，则 switch_to.frame()可以很方便地定位到所在的 iframe 框架：

```
browser.switch_to.frame('authframe')      #切换到目标元素所在的 iframe
```

注意，切到 iframe 中之后，便不能继续操作主文档的元素，这时如果操作主文档内容，则需切回主文档(最上级文档)；使用后需要再次对 iframe 定位。

```
browser..switch_to.default_content()   #切回主文档
```

但有时会遇到如豆瓣网站一样 iframe 里没有 id 或者 name 的情况，这时就需要用其他办法去定位。

定位 iframe 方法一：browser.find_element_by_xpath 定位到 iframe 元素。

```
    browser.switch_to.frame(browser.find_element_by_xpath(
'//*[@id = "anony - reg - new"]/div/div[1]/iframe'))
```

定位 iframe 方法二：根据 iframe 的一些属性，如 src 属性来定位 iframe。

```
    browser.switch_to.frame(browser.find_element_by_xpath(
"//iframe[contains(@src,'//accounts.douban.com/passport/login_popup?login_source = anony')]"))
```

7.4.2 模拟登录豆瓣网站

```
#模拟登录豆瓣
from selenium import webdriver
from time import sleep
browser = webdriver.Chrome("D:\\chromedriver_win32\\chromedriver.exe")
try:
    browser.get("https://www.douban.com/")
    #切换到目标元素所在的 iframe
    #定位 iframe 方法一:
    browser.switch_to.frame(browser.find_element_by_xpath(
'//*[@id = "anony - reg - new"]/div/div[1]/iframe'))
    #定位 iframe 方法二:
    browser.switch_to.frame(browser.find_element_by_xpath(
"//iframe[contains(@src,'//accounts.douban.com/passport/login_popup?login_source = anony')]"))
    #定位到"密码登录"无序列表标签元素
    li = browser.find_element_by_xpath("/html/body/div[1]/div[1]/ul[1]/li[2]")
    li.click()
    #用户名
```

```
    inputname = browser.find_element_by_name("username")
    inputname.send_keys("18530879925")       #用户名框输入
    inputpass = browser.find_element_by_name("password")
    inputpass.send_keys("jsjjc_33")          #密码框输入
    #<a href = "javascript:;" class = "btn btn - account">登录豆瓣</a>
    #登录按钮实际是个超链接
    button = browser.find_element_by_xpath('//*[@id = "tmpl_phone"]/div[5]/a')   #定位登录按钮
    button.click()
    sleep(3)
    browser.save_screenshot("zut.png")  #抓拍登录网站后图片
finally:
    pass
    #browser.quit()                          #关闭浏览器
```

运行后生成的图片如图 7-5 所示。

图 7-5　抓拍登录网站后图片

图 7-5 所示为登录成功后的页面，此时可以继续使用 Selenium 技术来获取页面中的信息。例如，页面中有多人的日记评论信息，通过分析源代码掌握结构基本，如图 7-6 所示。

```
▼<div class="content">
  ▶<div class="title">…</div>
  ▼<p> == $0
      "2018年对我来说非常重要，发生了好几件大事，分别和写作、阅读、冒险和旅行有关。他们串起来，组成了我这2字头的最后一年。而这一年，最难以忘怀的，无疑是伊拉克和叙利亚的旅行。本文首发..."
    </p>
  </div>
```

图 7-6 日记评论信息的 HTML 结构

```
//*[@id="statuses"]/div[2]/div[1]/div/div/div[2]/div[1]/div[2]/p
//*[@id="statuses"]/div[2]/div[2]/div/div/div[2]/div[1]/div[2]/p
//*[@id="statuses"]/div[2]/div[3]/div/div/div[2]/div[1]/div[2]/p
```

所以规律是第二个 div 下标改变即可。

```
for i in range(1,11):
    try:
        xpath = '//*[@id="statuses"]/div[2]/div[%d]/div/div/div[2]/div[1]/div[2]/p' % (i)
        p = browser.find_element_by_xpath(xpath)    # 定位<p>元素
        print(p.text)                               # 输出文本内容
    except:
        continue
```

运行后可见把前 10 个日记评论信息都打印出来，如下所示。

```
    2018年对我来说非常重要，发生了好几件大事，分别和写作、阅读、冒险和旅行有关。他们串起来，组成了我这2字头的最后一年。而这一年，最难以忘怀的，无疑是伊拉克和叙利亚的旅行。本文首发…
    去年冬天借住在李水南和江南处，我去之前，他俩不过是下班打声招呼的合租室友，以至于我问李水南隔壁那个小伙子做什么事的，李水南只知道他在培训学校当老师，教什么的并不知情，以此便可…
    二姐前段时间生了孩子，母亲就回故乡照顾二姐去了，于是家里就剩下我和父亲两个人。母亲走时，一直忧心忡忡地给我们说："我走了不知道你们该怎么吃饭，你们都这样懒。"我和父亲就在旁边笑…
    白色和红色的吉普像两艘小船游弋在孤峰之间，将数亿年前形成的喀斯特地貌甩在身后。吉普车里坐着我们一行六人。能迅速凑到五个不上班的朋友来广西自驾，我的中年裸辞也显得合乎情理了。虽然…
    大家好，我是《地球脉动2》的总制片人，迈克·冈顿，很高兴能够在豆瓣上，以这种形式与大家见面，我很荣幸。在此前腾讯视频举办的《王朝》超前首映礼上，很高兴听到中国的朋友们，特别是豆…
    10月的最后两天，爸爸每天忙得几乎不见踪影。我和宝宝睡得晚、起得晚，而爸爸早上五点即起，常在堂屋弄出动静，那时我还刚半梦半醒睡着不久。他起来便出去做事，平常是放鸭，要把鸭撵到田里…
    "Winter is coming"，当遥远的维斯特洛大陆的北境史塔克家族成员们互相说出这句话的时候，他们的心情非常沉重，因为这句话里包含太多的意义。我也是。我的原因…
    "边缘的、少数人的艺术，只能在一起抱团取暖。这在那个时候是克服艺术孤独的最好方式：共同创作，共同鼓励，甚至是共同生活。"作者：张之琪 在众多关于20世纪80年代中国前卫艺术的研究著…
```

豆瓣网站登录时没有验证码，不过现在需要验证码登录的网站越来越多，下面介绍基于 Cookie 绕过验证码实现自动登录。

7.5 基于 Cookie 绕过验证码实现自动登录

视频讲解

7.5.1 为什么要使用 Cookie

Cookie 是某些网站为了辨别用户身份、进行 Session 跟踪而存储在用户本地终端上的数据(通常经过加密)。用户打开浏览器,单击多个超链接,访问多个 Web 资源,然后关闭浏览器的过程,称为一个会话(Session)。每个用户在使用浏览器与服务器进行会话的过程中,不可避免各自会产生一些数据。每个用户的数据以 Cookie 的形式存储在用户各自的浏览器中。当用户使用浏览器再去访问此服务器中的 Web 资源时,就会带着用户各自的数据信息。

有些网站需要登录后才能访问网站页面,为了不让用户每次访问网站都进行登录操作,浏览器会在用户第一次登录成功后放一段加密的信息在 Cookie 中。下次用户访问时,网站先检查有没有 Cookie 信息,如果有且合法,那么就跳过登录操作,直接进入登录后的页面。

通过已经登录的 Cookie 信息,可以让爬虫绕过登录过程,直接进入登录后的页面。

7.5.2 查看 Cookie

下面以谷歌 Chrome 浏览器为例讲解查看 Cookie 的方法。

打开 Chrome,单击 Chrome 浏览器右上角的"自定义及控制"选项图标 ≡,选择"更多工具"→"开发者工具"命令,或者直接按 F12 键,会在网页内容下面打开开发者工具窗口,使用开发者工具经常会查看网页的 Cookies 和网络连接情况。

查看网页的 Cookies 可以选择 Network 选项卡,然后单击左侧的某超链接网址(如 www.baidu.com),右侧选择 Cookies 选项卡进行查看,如图 7-7 所示。查看其他信息可以在右侧选择 Headers 选项卡进行查看,如图 7-8 所示。

Name	Value	Doma...	Path	Expire...	Size	HTTP	Secure	Same...
▼Request Cookies					384			
BAIDUID	915E4B1FB4EDECD2CA5E6A57DBCEC894:...	N/A	N/A	N/A	47			
BDUSS	Yxc1VwZzh6TENtS01TWTd0ZUNUdml3dU...	N/A	N/A	N/A	198			
BD_HOME	0	N/A	N/A	N/A	11			
BD_UPN	12314353	N/A	N/A	N/A	17			
BIDUPSID	915E4B1FB4EDECD2CA5E6A57DBCEC894	N/A	N/A	N/A	43			
H_PS_PSSID	1447_21110_18559_26350_28413	N/A	N/A	N/A	41			
PSTM	1549964331	N/A	N/A	N/A	17			
delPer	0	N/A	N/A	N/A	10			
▼Response Cookies					104			
BDSVRTM	330		/	Session	20			
BD_HOME	1		/	Session	18			
H_PS_PSSID	1447_21110_18559_26350_28413	.baidu...	/	Session	66			

图 7-7 在 Network 选项卡下查看百度登录的 Cookies

在爬虫程序开发中,需要读者熟练掌握开发者工具,这样才能获取所要爬取信息对应的标签、Cookie 等信息。

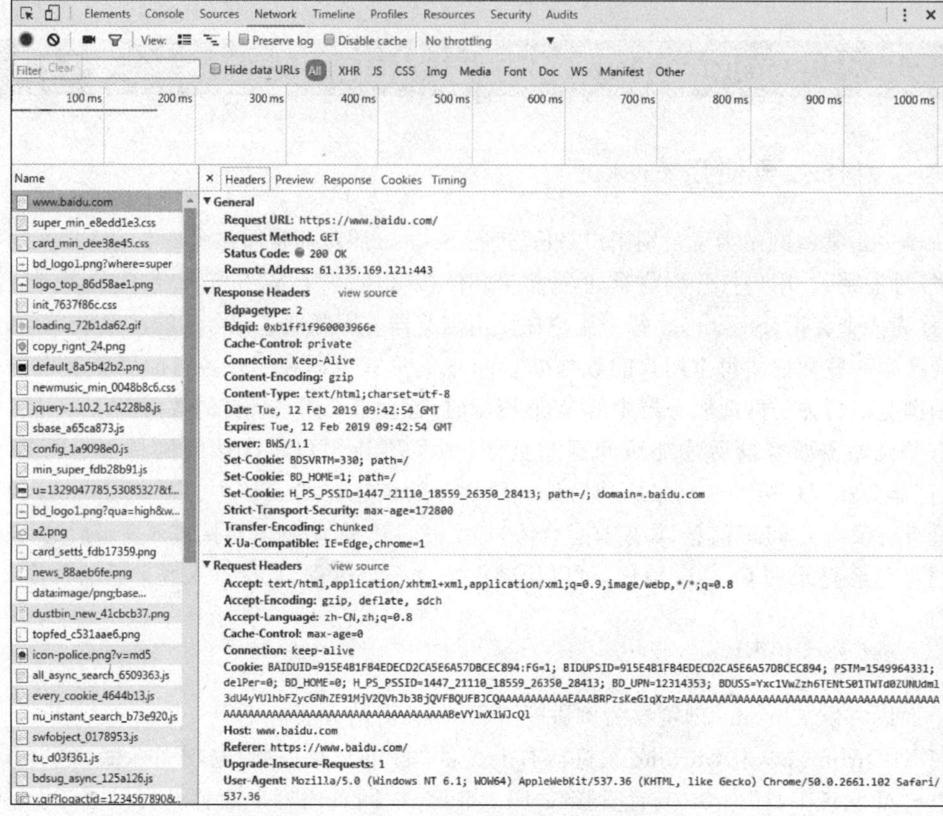

图 7-8　选择 Headers 选项卡进行查看请求和响应头信息

7.5.3　使用 Cookie 绕过百度验证码自动登录账户

如图 7-9 所示，登录自己的百度账号，使用浏览器的“开发者工具”获取 Cookie 信息后，使用下面的代码实现自动登录百度账户。

图 7-9　登录自己的百度账号

```
#案例：使用 Cookie 绕过百度验证码，自动登录账户
from selenium import webdriver
from time import sleep
#driver = webdriver.Firefox()
driver = webdriver.Chrome("D:\\chromedriver_win32\\chromedriver.exe")
driver.get("https://baidu.com/")
#手动添加 cookie
driver.add_cookie({'name':'BAIDUID','value':'92241303A3AC5BA1D9FD08FAA258A9BD:FG = 1'})
driver.add_cookie({'name':'BDUSS','value':'ktFaVU3QXBSSUxLNjFxLWg0Qlg1NkJuWGtqU1h6alA2cnF5bzg -
0eEFxZFpTQ0piQVFBQUFBJCQAAAAAAAAAAAAEAAAB～V4cC5～Pd0wAAAAAAAAAAAAAAAAAAAAAAAAAAAAAAAAAAAAAA -
AAAAAAAAAAAAAAAAAAAAAAAAAAAAAAAAAAAAAAAFm7 - lpZu～paM'})
sleep(3)
driver.refresh()
sleep(3)
```

运行程序可以看到“登录”链接已经是自己的百度用户名，说明已登录成功了。

7.6 Selenium 实现 Ajax 动态加载抓取今日头条新闻

视频讲解

7.6.1 Selenium 处理滚动条

Selenium 并不是万能的，有时在页面上操作无法实现，这就需要借助 JavaScript 脚本来完成。例如，当页面上的元素超过一屏后，想操作屏幕外的元素，Selenium 是不能直接定位到屏幕外的元素的。这时需要借助滚动条来滚动屏幕，使被操作的元素显示在当前的屏幕上。滚动条是无法直接用定位工具来定位的。Selenium 中也没有直接的方法去控制滚动条，这时只能借助 JavaScript 脚本。Selenium 提供了一个操作 JavaScript 的方法 execute_script()，可以直接执行 JavaScript 脚本。

1. 控制垂直滚动条高度

(1) 滚动条回到顶部：

```
js = "var q = document.documentElement.scrollTop = 0"
driver.execute_script(js)
```

(2) 滚动条拉到底部：

```
js = "var q = document.documentElement.scrollTop = 10000"
driver.execute_script(js)
```

可以修改 scrollTop 的值，来定位右侧滚动条的位置，0 是最上面，10000 是最底部。

以上方法在 Firefox 和 IE 浏览器上是可以的，但是用 Chrome 浏览器不管用。Chrome 浏览器解决办法如下：

```
js =  "var q = document.body.scrollTop = 0"              //滚动条回到顶部
js = "var q = document.body.scrollTop = 10000"           //滚动条拉到底部
driver.execute_script(js)
```

2. 控制水平滚动条

有时浏览器页面需要左右滚动(一般屏幕最大化后,左右滚动的情况已经很少见了),可通过 scrollTo(x, y)同时控制水平和垂直滚动条。

```
js = "window.scrollTo(100,400);"
driver.execute_script(js)
```

3. 元素聚焦

上面的方法可以解决拖动滚动条的位置问题,但有时无法确定需要操作的元素在什么位置,有可能每次打开的页面不一样,元素所在的位置也不一样,这时可以先让页面直接跳到元素出现的位置,然后再操作。

同样需要借助 JavaScript 去实现。具体如下:

```
target = driver.find_element_by_xxxx()
driver.execute_script("arguments[0].scrollIntoView();", target)
```

例如,定位 id =J_ItemList 的元素如下:

```
#聚焦 id = J_ItemList 元素
target = driver.find_element_by_id("J_ItemList")
driver.execute_script("arguments[0].scrollIntoView();", target)
```

7.6.2 Selenium 动态加载抓取今日头条新闻

下面实现一个借助 Selenium 拖动滚动条解决 Ajax 动态加载网页,获取"今日头条"中科技新闻信息的爬虫程序。

```
from selenium import webdriver
from lxml import etree
import time
#driver = webdriver.Chrome()
driver = webdriver.Chrome("D:\\chromedriver_win32\\chromedriver.exe")
driver.maximize_window()
driver.get('https://www.toutiao.com/')
driver.implicitly_wait(10)
driver.find_element_by_link_text('科技').click()          #模拟单击'科技'选项卡标签
driver.implicitly_wait(10)
for x in range(10):
    js = "var q = document.body.scrollTop = " + str(x * 500)
    driver.execute_script(js)                              #不断拖动滚动条
    time.sleep(2)

time.sleep(5)
```

```
page = driver.page_source
doc = etree.HTML(str(page))
contents = doc.xpath('//div[@class = "wcommonFeed"]/ul/li')
for x in contents:
    title = x.xpath('div/div[1]/div/div[1]/a/text()')     #定位到标题
    if title:
        title = title[0]
        with open('toutiao.txt', 'a+', encoding = 'utf8')as f:
            f.write(title + '\n')
        print(title)
    else:
        pass
```

运行结果是在磁盘上生成'toutiao.txt'文本文件，查看内容如下：

```
ofo 的新加坡牌照被暂时吊销
中国 5G"领头羊"华为能否突出重围?
模仿游戏体验 试玩广告成为最有效的应用内置广告形式
对人工智能现状的反思:2018 年
B 站有了两个"马爸爸",左腾讯右阿里
受印度电商新政影响 华为、OPPO 等转向与实体店合作
新旧势力引爆 B 端赋能时代,乱战之下谁能笑傲群雄?
麦肯锡分析报告:驱动制药行业并购潮的三大马车
土豪金、中国红…手机厂商为何爱在颜色上花心思?
拼多多增加补贴超 5 亿 为促品牌下乡
仅 599 元!小米又一新品上手体验,据说音质不错?
如果技术名词掌控世界,我们会如何形容当代生活?| 100 个生活大问题
社交电商的非典型性火爆,新零售兴起与电商落幕的孪生体
登上《Nature Medicine》的 NLP 成果,为啥是一次里程碑式的胜利?
零基础深度学习入门:由浅入深理解反向传播算法
新加坡单车共享平台 oBike 终止单车项目拟推出共享电动摩托车
```

当然读者可以右击页面，选择"检查"命令，分析页面结构可以进一步获取发布时间等信息。

7.7 Selenium 实现动态加载抓取新浪国内新闻

视频讲解

Python 爬取新浪国内新闻，首先需要分析国内新闻首页的页面组织结构，知道新闻标题、链接、时间等在哪个位置(也就是在哪个 HTML 元素中)。用 Google Chrome 浏览器打开要爬取的页面，网址为 https://news.sina.com.cn/china/，按 F12 键打开"开发人员工具"，单击工具栏左上角的 (即审查元素)，再单击某一个新闻标题，查看到一个新闻为 class=feed-card-item 的<div>元素，如图 7-10 所示。

```
<div class = feed - card - item >
    < h2 suda - uatrack = " key = index _ feed&amp; value = news _ click: 1356: 14: 0" class =
"undefined">< a href = " https://news. sina. com. cn/c/2019 - 04 - 13/doc - ihvhiqax2294459.
shtml" target = "_blank">全国首部不动产登记省级地方性法规将实施</a>
```

```
<div class = "feed - card - a feed - card - clearfix"><div class = "feed - card - time">今天
11:51 </div>
</div>
```

图 7-10　新闻所在的< div >元素

从图 7-10 中可知，要获取的新闻标题是< h2 >元素内容，新闻的时间是 class＝"feed-card-time"的< div >元素，新闻链接是< h2 >元素内部的< a href >元素。现在，就可以根据元素的结构编写爬虫代码。

首先导入需要用到的模块：BeautifulSoup、urllib. requests，然后解析网页。

```
from bs4 import BeautifulSoup
from datetime import datetime
import urllib.request
new_urls = set()                                   #存放未访问 url set 集合
url = 'https://news.sina.com.cn/china/'
web_data = urllib.request.urlopen(url).read()      #调用 read()读取响应对象 response 的内容
web_data = web_data.decode("utf - 8")
soup = BeautifulSoup(web_data,"html.parser")       #解析网页
```

下面提取新闻的时间、标题和链接信息。

```
for news in soup.select('.feed - card - item'):
    if(len(news.select('h2')) > 0):                      #去除为空的标题数据
        h2 = news.select('h2')[0].text                   #标题被存储在标签 h2
        time = news.select('.feed - card - time')[0].text #time 是 class 类型,前面加点来表示
        a = news.select('a')[0]['href']                  #将新闻链接 URL 网址存储在变量 a 中
        print(h2,time,a)
        new_urls.add(a)
```

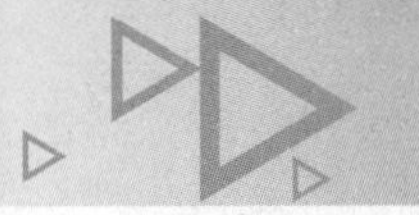

soup. select('. feed-card-item')取出所有特定 feed-card-item 类的元素；也就是所有新闻< div >元素。

注意

soup. select()找出所有 class 为 feed-card-item 的元素，class 名前面需要加点(.)，即英文状态下的句号；找出所有 id 为 artibodyTitle 的元素，id 名前面需要加井号(#)。

h2＝news. select('h2')[0]. text，[0]是取该列表中的第一个元素，text 是取文本数据；news. select('h2')[0]. text 存储在变量 h2 中。

time ＝ news. select('. feed-card-time')[0]. text 同上，将其数据存储在变量 time 中。

用户要抓取的链接存放在 a 标签中，后面用 href，将链接 URL 网址存储在变量 a 中；然后输出想要抓取的新闻标题、时间、链接。

运行程序，爬取新浪国内新闻部分结果是空。这是什么原因造成的呢？实际上按 F12 键打开的"开发人员工具"审查元素中看到的一些元素如< div class＝feed-card-item >，是网页源代码在浏览器执行 JavaScript 脚本动态生成的元素，这是浏览器处理过的最终网页。而爬虫获得的网页源代码是服务器发送到浏览器 HTTP 响应内容(原始网页源代码)，并没有执行 JavaScript 脚本，所以就找不到< div class＝feed-card-item >元素，故没有任何新闻结果。

解决办法如下：一种是直接从 JavaScript 中采集加载的数据，用 JSON 模块处理；另一种是借助 PhantomJS 和 Selenium 模拟浏览器工具，直接采集浏览器中已经加载好数据的网页。

这里通过 Selenium 模拟浏览器工具解决。爬取新浪国内新闻代码修改如下：

```
import urllib.request
from bs4 import BeautifulSoup
from selenium import webdriver
#如果没有添加到系统环境变量，则需要指定 chromedriver.exe 所在文件夹
driver = webdriver.Chrome("D:\\chromedriver_win32\\chromedriver.exe")
#driver = webdriver.Chrome()
driver.maximize_window()
driver.get("https://news.sina.com.cn/china/")
data = driver.page_source
soup = BeautifulSoup(data, 'lxml')
for new in soup.select('.feed - card - item'):
    if len(new.select('h2'))> 0:
        a = new.select('a')[0]['href']
        print(new.select('a')[0]['href'])        #新闻链接
        print(new.select('a')[0].text)           #新闻标题
        new_urls.add(a)
```

爬取 2019 年 4 月 14 日新浪国内新闻部分结果如下：

```
一南一北 两名"80 后"拟任厅级
https://news.sina.com.cn/c/2019 - 04 - 14/doc - ihvhiewr5667663.shtml
2019 北京半马鸣枪起跑 男女冠军均打破赛会纪录
https://news.sina.com.cn/c/2019 - 04 - 14/doc - ihvhiewr5671467.shtml
起底视觉中国：粤沪苏官司最多 最近告了一批医院
https://news.sina.com.cn/c/2019 - 04 - 14/doc - ihvhiewr5664941.shtml
```

如果需要获取新闻的具体内容，可以进一步分析某一个新闻页面，方法同上。

```
#根据得到的url获取html文件
def get_soup(url):
    res = urllib.request.urlopen(url).read()
    res = res.decode("utf-8")
    soup = BeautifulSoup(res,"html.parser") #解析网页
    return soup
#获取新闻中所需新闻来源，责任编辑、新闻详情等内容
def get_information(soup,url):
    dict = {}
    title = soup.select_one('title')
    if(title == None):
        return dict
    dict['title'] = title.text
    #<meta name = "weibo: article:create_at" content = "2018-12-17 16:16:58" />
    time_source = soup.find('meta',attrs = {'name':"weibo: article:create_at"})
    time = time_source["content"]                          #新闻时间
    dict['time'] = time
     #<meta property = "article:author" content = "新华网" />
    site_source = soup.find('meta',attrs = {'property':"article:author"})
    dict['site'] = site_source["content"]                  #新闻来源
    content_source = soup.find('meta',attrs = {'name':"weibo: article:create_at"})
    content_div = soup.select('#article')  #正文<div class = "article" id = "article">
    dict['content'] = content_div[0].text[0:100]       #新闻详情
    return dict
```

get_information(soup,url)返回一个字典，包含新闻来源、责任编辑、新闻详情等内容。

最后通过循环从 URL 集合中得到要访问某一个新闻的 URL，使用 get_information(soup,url)获取新闻详情等内容。

```
content = []
while 1:
    if (not new_urls):                          #空集合:
        break
    else:
        #从url集合中得到要访问的url
        url = new_urls.pop()
    soup = get_soup(url)                        #得到soup
    dict = get_information(soup,url)            #获取新闻详情等内容
    content.append(dict)
    print(dict)
```

至此，就完成爬取新浪国内新闻程序，运行后可见到每条新闻来源、责任编辑、新闻详情等内容。由于新浪网站不断改版，需要根据上面的思路进行适当的修改，才能真正爬取到新浪国内新闻。

第 8 章

微信网页版协议 API 应用——微信机器人

视频讲解

8.1　微信网页版机器人功能介绍

微信网页版是腾讯公司开发的微信官方工具，能够在电脑网页上使用微信，微信网页版基于 Https 请求，通过 API 的形式，与微信服务器进行数据交互，所有的协议均暴露，可通过浏览器抓包工具进行获取和分析。

目前国内流行的浏览器，如谷歌浏览器、火狐浏览器均带有开发者工具，通过网络请求面板，可以详细地看到整个微信网页版运行过程中涉及的所有 API 请求。根据上述所获取到的请求，模拟微信网页版的流程。

本章首先对微信网页版整体运行流程进行分析，使用 Python 语言模拟微信网页版的运行流程，实现登录、获取好友信息、发送消息等基础操作。在上述基础上，实现一些扩展操作，如自动确认好友请求、定时发送消息、好友状态检测、自动邀请好友加入群聊等。

通过对微信网页版协议的分析，对于 API 中的请求参数、请求方式、返回值等加深了理解，对于后续实际开发场景，有很多值得借鉴的地方。能够清晰地了解到微信网页版的整体运行流程，从而扩展我们的思维。在拓展个人微信号的同时，也能很好地练习 Python 基础，对学习网络爬虫等也有很大的帮助意义。

8.2　微信网页版机器人设计思路

8.2.1　分析微信网页版 API

本文以谷歌 Chrome 浏览器为例，讲解如何抓包分析微信网页版 API，步骤如下。

(1) 通过 Chrome 浏览器，打开开发者工具，如图 8-1 所示。

切换到 Network 选项卡，如图 8-2 所示。

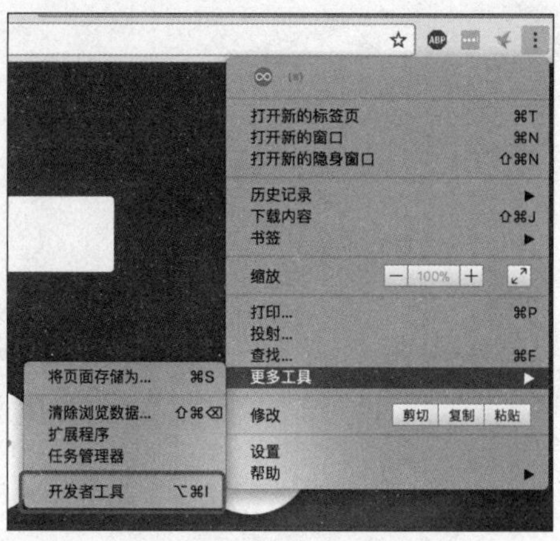

图 8-1　打开开发者工具

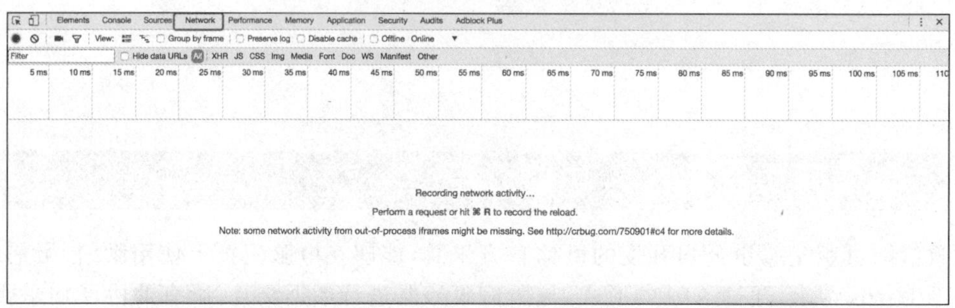

图 8-2　切换 Network 选项卡

可勾选 Preserve Log 复选框，否则跳转之后无法查看之前的请求信息。

提示

Chrome 开发者工具使用小技巧在以下网址 http://blog.csdn.net/Letasian/article/details/78461438 查阅。

(2) 打开微信网页版地址(https://wx.qq.com)。在左侧 URL 列表中，可以看到有以 jslogin 开始的，该 URL 即为获取登录所需二维码的 API 请求，如图 8-3 所示。

在图 8-3 中，左侧为所有的请求，单击某一个请求后，右侧会出现该请求的详细信息。

其中，General 中为请求的 URL(Request URL)和请求方式(Request Method)，常见的请求方式包括 Get 和 Post。Response Headers 为响应头信息，Request Headers 为请求头信息，包括常用的 User-Agent、Host、Referer、Cookie 等。Query String Parameters 为请求 URL 中的参数信息。

单击右侧的 Response 标签，可以看到如下格式的内容：window.QRLogin.code = 200; window.QRLogin.uuid = " QZNW7IsPLg== "；其中"window.QRLogin.code"代表该请求发送成功，"window.QRLogin.uuid"中的内容即为当前登录所需要的二维码信息。

将该 uuid 传入获取二维码的 URL 中，即可获取到二维码的图片，如图 8-4 所示。

(3) API 总结。根据上述过程，可以得知该 URL(https://login.wx.qq.com/jslogin?

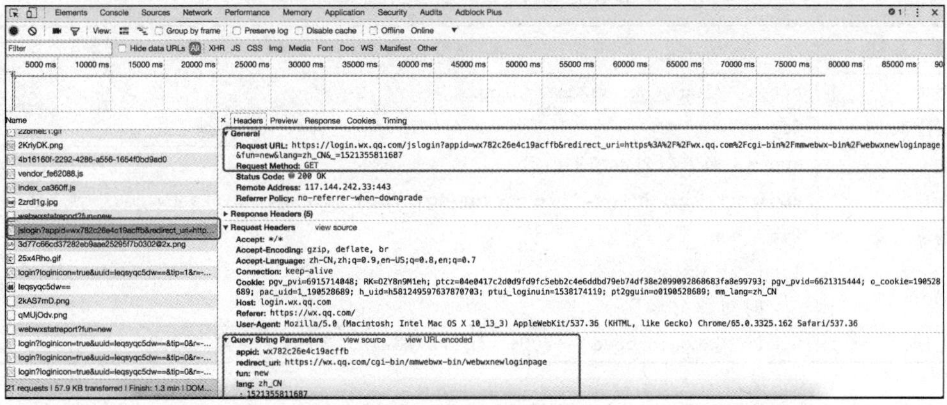

图 8-3 分析 URL

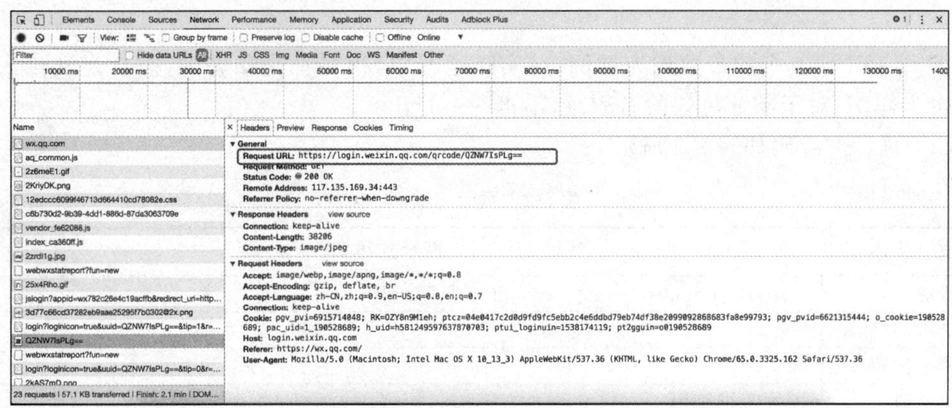

图 8-4 获取二维码图片

appid=wx782c26e4c19acffb&redirect_uri=https%3A%2F%2Fwx.qq.com%2Fcgi-bin%2Fmmwebwx-bin%2Fwebwxnewloginpage&fun=new&lang=zh_CN&_=1521356415189)即为获取登录所需二维码的 API，请求方式为 Get，其中参数列表中 appid 为微信开放平台注册的应用的 AppID，“_”为当前时间的 13 位毫秒值。

其余参数均固定，如下：

```
redirect_uri: https://wx.qq.com/cgi-bin/mmwebwx-bin/webwxnewloginpage
fun: new
lang: zh_cn
```

注意

appid 就是在微信开放平台注册的应用的 AppID。网页版微信有两个 AppID，早期的是 wx782c26e4c19acffb，在微信客户端上显示为应用名称为 Web 微信；现在用的是 wxeb7ec651dd0aefa9，显示名称为微信网页版。

根据上述分析，可将此 API 归纳为表 8-1。

表 8-1 获取登录所需的二维码

描　述	获取登录所需的二维码
地址	https://login.wx.qq.com/jslogin
请求类型	Get
请求参数	appid：wx782c26e4c19acffb redirect_uri：https://wx.qq.com/cgi-bin/mmwebwx-bin/webwxnewloginpage fun：new lang：zh_CN _：时间戳
返回值	window.QRLogin.code = 200; window.QRLogin.uuid = "oZOD_53KKw==";

其余各个 API 的分析方法类似，此处不再一一介绍。

8.2.2 API 汇总

下文 API 列表中的参数均为举例，在实际运行中，很多都是动态的，需自定义传入，返回值也为样例，对于部分过长的有删减，不再一一指出。

(1) 显示二维码如表 8-2 所示。

表 8-2 显示二维码

描　述	显示二维码
地址	https://login.weixin.qq.com/qrcode/{uuid}
请求类型	Get
请求参数	无
返回值	图片二进制流

(2) 等待扫描二维码如表 8-3 所示。

表 8-3 等待扫描二维码

描　述	等待微信手机客户端扫描二维码
地址	https://login.wx.qq.com/cgi-bin/mmwebwx-bin/login
请求类型	Get
请求参数	loginicon:true uuid:xxxx tip:0：未扫描 1：已扫描 r:(-940126109) 毫秒值取反 _:1494054830403 时间戳
返回值	window.code = xxx; xxx:408 登录超时；201 扫描成功；200 确认登录 当 code 为 200 时，数据包括跳转地址，如 window.redirect_uri = "https://wx2.qq.com/cgi-bin/mmwebwx-bin/webwxnewloginpage? ticket = AwglwtXTXfw9oQgP9js1V1ig@qrticket_0&uuid = 4fVCtDVBOg == &lang = zh_CN&scan = 1494055480";需将 ticket 参数保存

(3) 登录获取 Cookie 如表 8-4 所示。

表 8-4 登录获取 Cookie

描　　述	登录成功后获取 Cookie 信息
地址	https://wx2.qq.com/cgi-bin/mmwebwx-bin/webwxnewloginpage
请求类型	Get
请求参数	ticket:AwglwtXTXfw9oQgP9js1V1ig@qrticket_0 uuid:4fVCtDVBOg== lang:zh_CN scan:1494055480 fun:new version:v2
返回值	<error> <ret>0</ret> <message></message> <skey>@crypt_522d8a57_60a7646e99d8f25b230</skey> <wxsid>VOXSzwU5lNcrbor8</wxsid> <wxuin>2929094227</wxuin> <pass_ticket>aGK4HWSoVzFoQscFt2h0%2Fy</pass_ticket> <isgrayscale>1</isgrayscale> </error>

（4）微信初始化如表 8-5 所示。

表 8-5 微信初始化

描　　述	微信初始化
地址	https://wx2.qq.com/cgi-bin/mmwebwx-bin/webwxinit
请求类型	Post
数据类型	Json
请求头	Content-Type: application/json; charset=UTF-8

请求参数	{
	BaseRequest: { Uin: xxx, Sid: xxx, Skey: xxx, DeviceID: xxx, }
	}

返回值	{
	"BaseResponse": { "Ret": 0, "ErrMsg": "" },
	"Count": 11,
	"ContactList": [...],
	"SyncKey": {
	"Count": 4,
	"List": [
	{
	"Key": 1,
	"Val": 635705559

续表

<table>
<tr><th>描　述</th><th>微信初始化</th></tr>
<tr><td>返回值</td><td><pre>
            },
            …
        ]
    },
    "User": {
        "Uin": xxx,
        "UserName": xxx,
        "NickName": xxx,
        …
    },
    "ChatSet": xxx,
    "SKey": xxx,
    "ClientVersion": 369297683,
    "SystemTime": 1453124908,
    "InviteStartCount": 40,
    "MPSubscribeMsgCount": 2,
    "MPSubscribeMsgList": […],
    "ClickReportInterval": 600000
}
</pre></td></tr>
</table>

(5) 开启微信通知如表 8-6 所示。

表 8-6　开启微信通知

<table>
<tr><th>描　述</th><th>开启手机微信客户端状态通知</th></tr>
<tr><td>地址</td><td>https://wx2.qq.com/cgi-bin/mmwebwx-bin/webwxstatusnotify</td></tr>
<tr><td>请求类型</td><td>Post</td></tr>
<tr><td>参数类型</td><td>Json</td></tr>
<tr><td>请求头</td><td>Content-Type: application/json; charset = UTF-8</td></tr>
<tr><td>请求参数</td><td><pre>
{
    BaseRequest: { Uin: xxx, Sid: xxx, Skey: xxx, DeviceID: xxx },
    Code: 3,
    FromUserName: 自己的 ID,
    ToUserName: 自己的 ID,
    ClientMsgId: 时间戳
}
</pre></td></tr>
<tr><td>返回数据</td><td><pre>
{
    "BaseResponse": {"Ret": 0,"ErrMsg": ""},
    "MsgID": "1848761205298770623"
}
</pre></td></tr>
</table>

（6）获取联系人列表如表 8-7 所示。

表 8-7 获取联系人列表

描　　述	获取联系人列表
地址	https://wx2.qq.com/cgi-bin/mmwebwx-bin/webwxgetcontact
请求类型	Post
参数类型	Json
请求头	Content-Type: application/json; charset = UTF-8

请求参数	{
	BaseRequest: { Uin: xxx, Sid: xxx, Skey: xxx, DeviceID: xxx, }
	}

返回数据	{
	"BaseResponse": {
	"Ret": 0,
	"ErrMsg": ""
	},
	"MemberCount": 334,
	"MemberList": [
	{
	"Uin": 0,
	"UserName": xxx,
	"NickName": "Urinx",
	…
	},
	…
	],
	"Seq": 0
	}

（7）获取指定联系人详细信息如表 8-8 所示。

表 8-8 获取指定联系人详细信息

描　　述	获取指定联系人详细信息
地址	https://wx2.qq.com/cgi-bin/mmwebwx-bin/webwxbatchgetcontact
请求类型	Post
参数类型	Json
请求头	Content-Type: application/json; charset = UTF-8
请求参数	{"BaseRequest": { "Uin": 2929094227, "Sid": "VOXSzwU5lNcrbor8", "Skey": "@crypt_522d8a57_68f25b230", "DeviceID": "e586776133027541" }, "Count": 1, "List": [

续表

<table>
<tr><th>描　　述</th><th>获取指定联系人详细信息</th></tr>
<tr><td>请求参数</td><td><pre>
        {
            "UserName": "@591768165ac0c9b8326bbe1355",
            "EncryChatRoomId": "@@62ea4eba9ecd4a8111327b7cb"
        }
    ]
}</pre></td></tr>
<tr><td>返回数据</td><td><pre>
{
    "BaseResponse": {
        "Ret": 0,
        "ErrMsg": ""
    },
    "Count": 1,
    "ContactList": [
        {
            "Uin": 0,
            "UserName": "@59176816542bb0c9b8326bbe1355",
            "NickName": "路人甲",
            "HeadImgUrl": "/cgi - bin/mmwebwx - bin/webwxgeticon? seq =
0&username = @591755&chatroomid = @6a8f2&skey = ",
            "ContactFlag": 0,
          …
        }
    ]
}</pre></td></tr>
</table>

(8) 检查新消息如表 8-9 所示。

表 8-9　检查新消息

描　　述	检查新消息
地址	https://webpush2.weixin.qq.com/cgi-bin/mmwebwx-bin/synccheck
请求类型	Get
参数类型	Json
请求头	Content-Type: application/json; charset = UTF-8

请求参数	{
	    BaseRequest: { Uin: xxx, Sid: xxx, Skey: xxx, DeviceID: xxx, }
	}

返回值	window.synccheck = {retcode:"xxx",selector:"xxx"} retcode:0 正常；　1100 失败/登出微信；　1101 其他地方登录 Web 版微信；　1102 手机上主动退出 selector: 0 正常；　2 新的消息；　6 联系人信息变更；　7 进入/离开聊天界面

（9）获取新消息如表 8-10 所示。

表 8-10　获取新消息

描　　述	获取新消息
地址	https://wx2.qq.com/cgi-bin/mmwebwx-bin/webwxsync
请求类型	Post
参数类型	Json
请求头	Content-Type: application/json; charset = UTF-8

请求参数	{
	　　BaseRequest: { Uin: xxx, Sid: xxx, Skey: xxx, DeviceID: xxx },
	　　SyncKey: xxx,
	　　rr: 时间戳取反
	}

返回值	{ 'BaseResponse': {'ErrMsg': '', 'Ret': 0},
	'SyncKey': { 'Count': 7,
	　　　'List': [{'Val': 636214192, 'Key': 1},]
	　}, 'ContinueFlag': 0,
	　'AddMsgCount': 1,
	　'AddMsgList': [{
	　　　　'FromUserName': '',
	　　　　'RecommendInfo': {…},
	　　　　'Content': "",
	　　　　…
	　　　},
	　　　…
	　],
	}

（10）发送文本消息如表 8-11 所示。

表 8-11　发送文本消息

描　　述	发送文本消息
地址	https://wx2.qq.com/cgi-bin/mmwebwx-bin/webwxsendmsg
请求类型	Post
参数类型	Json
请求头	Content-Type: application/json; charset = UTF-8

请求参数	{
	　　BaseRequest: { Uin: xxx, Sid: xxx, Skey: xxx, DeviceID: xxx },
	　　Msg: {
	　　　　Type: 1 文字消息,
	　　　　Content: 要发送的消息,
	　　　　FromUserName: 自己的 ID,
	　　　　ToUserName: 好友的 ID,
	　　　　LocalID: 与 clientMsgId 相同,
	　　　　ClientMsgId: 时间戳左移 4 位,随后补上 4 位随机数
	　　}
	}

返回值	{"BaseResponse": { "Ret": 0, "ErrMsg": ""}}

（11）发送图片消息如表 8-12 所示。

表 8-12　发送图片消息

描　　述	发送图片消息
地址	https://wx2.qq.com/cgi-bin/mmwebwx-bin/ webwxsendmsgimg
请求类型	Post
参数类型	Json
请求头	Content-Type：application/json；charset = UTF-8

请求参数	{
	　　BaseRequest：{ Uin：xxx，Sid：xxx，Skey：xxx，DeviceID：xxx }，
	　　Msg：{
	　　　　Type：3 图片消息，
	　　　　MediaId：图片上传后的媒体 ID，
	　　　　FromUserName：自己的 ID，
	　　　　ToUserName：好友的 ID，
	　　　　LocalID：与 clientMsgId 相同，
	　　　　ClientMsgId：时间戳左移 4 位，随后补上 4 位随机数
	　　}
	}

返回值	{"BaseResponse"：{ "Ret"：0，"ErrMsg"：""}}

注：非文本消息，如图片、语音、视频、表情等 API 类似，均是先通过上传文件获取媒体 ID，然后发送此媒体 ID 即可。

（12）获取头像如表 8-13 所示。

表 8-13　获取头像

描　　述	获 取 头 像
地址	https://wx.qq.com/cgi-bin/mmwebwx-bin/webwxgeticon
请求类型	Get
请求参数	seq：数字 username：用户 ID skey：xxx
返回值	二进制

注：获取好友、群头像等 API 类似。

（13）获取图片消息如表 8-14 所示。

表 8-14　获取图片消息

描　　述	获取图片消息
地址	https://wx.qq.com/cgi-bin/mmwebwx-bin/webwxgetmsgimg
请求类型	Get
请求参数	msgid：消息 ID username：用户 ID type：slave 缩略图 or 为空时加载原图 skey：xxx
返回值	二进制

注：获取语音、视频、表情等消息类似，无 type 参数。

8.2.3 其他说明

1. 账号类型介绍

账号类型如表 8-15 所示。

表 8-15 账号类型

类型	说明
个人账号	以'@'开头,后跟 32 位数字和字母组成
群聊	以'@@'开头,后跟 32 位数字和字母组成
公众号/服务号	以@开头,但其 VerifyFlag & 8 != 0 VerifyFlag: 一般个人公众号/服务号:8 一般企业的服务号:24 微信官方账号微信团队:56
特殊账号	像文件传输助手之类的账号,有特殊的 ID,目前已知的有 filehelper, newsapp, fmessage, weibo, qqmail, tmessage, qmessage, qqsync, floatbottle, lbsapp, shakeapp, medianote, qqfriend, readerapp, blogapp, facebookapp, masssendapp, meishiapp, feedsapp, voip, blogappweixin, weixin, brandsessionholder, weixinreminder, officialaccounts, notification_messages, wxitil, userexperience_alarm, notification_messages

如平常测试发送消息,可将接收人(ToUserName)指定为 filehelper(文件传输助手)进行测试。

2. 消息类型介绍

微信中消息格式一般如下:

```
{
    "FromUserName": "",
    "ToUserName": "",
    "Content": "", #内容
    "StatusNotifyUserName": "",
    "ImgWidth": 0,
    "PlayLength": 0,
    "RecommendInfo": {…},
    "StatusNotifyCode": 4,
    "NewMsgId": "",
    "Status": 3,
    "VoiceLength": 0,
    "ForwardFlag": 0,
    "AppMsgType": 0,
    "Ticket": "",
    "AppInfo": {…},
    "Url": "",
```

```
        "ImgStatus": 1,
        "MsgType": 1,
        "ImgHeight": 0,
        "MediaId": "",
        "MsgId": "",
        "FileName": "",
        "HasProductId": 0,
        "FileSize": "",
        "CreateTime": 1454602196,
        "SubMsgType": 0
    }
```

其中经常用到的字段有 FromUserName(发送人 ID)、ToUserName(接收人 ID)、Content(内容)、MsgId(消息 ID)、MsgType(消息类型)等。微信中部分消息类型如表 8-16 所示。

表 8-16 微信中消息类型

类　　型	说　　明	类　　型	说　　明
1	文本消息	48	位置消息
3	图片消息	49	分享链接
34	语音消息	10000	系统消息
37	好友确认消息	10002	撤回消息
43	视频消息		

当 MsgType=1 时,只需要获取 Content 字段即可获取消息内容;当 MsgType=3 时,需要获取 MediaId 字段,将 MediaId 传入获取文件接口,即可下载此图片消息,语音、视频等消息类似。

8.3 程序设计步骤

8.3.1 微信网页版运行流程

在上述微信网页版 API 分析的过程中,可以得出微信网页版运行流程,如图 8-5 所示。

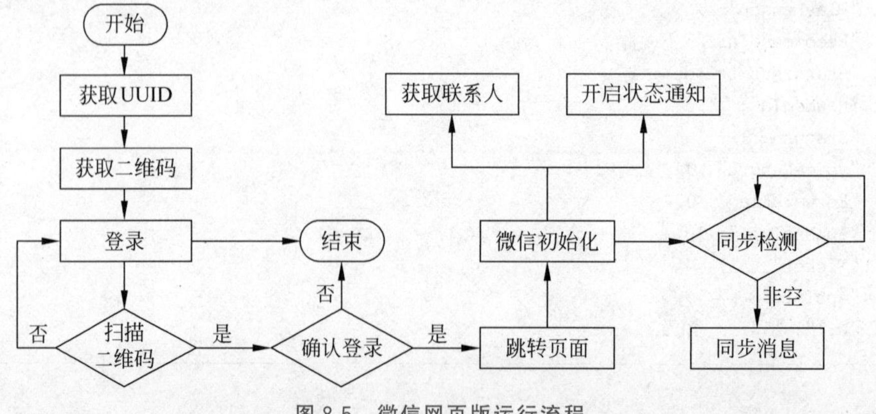

图 8-5 微信网页版运行流程

第一步：打开微信网页版(https://wx.qq.com)，获取随机的 UUID。

第二步：根据第一步获得的 UUID 获取登录所需扫描的二维码图片。

第三步：使用微信移动客户端扫描该二维码，检测用户是否已经扫码。

第四步：扫描二维码成功后，检测用户是否单击"确认"登录。

第五步：确认登录后，跳转新页面，调用初始化 API。

第六步：调用开启手机状态通知 API，获取联系人列表。

第七步：循环执行同步检测，待收到响应后，继续发起下一个请求。此时根据返回数据的内容，判断是否需要拉取消息、自动退出等操作。

注意

目前微信网页版更新出账号记录功能，在登录时可根据之前账号信息实现免扫码，直接在微信移动客户端单击"确认"按钮登录即可，本程序未实现此功能，感兴趣的读者可自行实现。

8.3.2　程序目录

本系统的整个程序文件目录如下：

```
├ wechat_bot      项目目录
    ├ wechat_bot.py   程序入口
    ├ thread_pool   线程相关包
        ├ send_msg_thread.py   发送消息线程
    ├ wechat      微信相关包
        ├ wechat_msg_processor.py      消息处理
        ├ wechat.py      模拟微信运行类(继承 wechat_api)
        ├ wechat_apis.py   基础协议(包括所有 API 抽象的函数)
    ├ base   基础包
        ├ config_manager.py   读取配置文件
        ├ log.py      日志
        ├ utils.py   常用工具
        ├ constant.py   相关常量
        ├ wechat.conf.bak 基础配置文件
├ data   运行数据
    ├ 1001   机器人编号
        ├ Logs 日志
        ├ Data 文件
            ├ msgs 消息
            ├ users 好友头像
            ├ rooms 群聊头像
            ├ upload 上传文件
```

注意

本程序实现了一台机器可以同时运行多个微信机器人，启动时使用如下命令：

```
python wechat_bot.py 1001
```

其中 1001 为机器人编号(数字类型),不同机器人的数据位于不同的目录下。

此时会根据 wechat.conf.bak 配置文件的内容复制生成 wechat_1001.conf 文件,如遇到部分机器人需修改配置文件的内容,只需修改对应编号的配置文件即可,不会影响其他机器人。

8.3.3 微信网页版运行代码实现

1. 获取随机 UUID 方法代码

获取随机 UUID 函数包括构造请求参数,使用 Request 发送 post 请求,从返回值中使用正则表达式截取 code 和 uuid,并将 uuid 设置到变量中。

```
def getuuid(self):
    """
    获取登录需要的 UUID
    :return: True or False
    """
    try:
        url = self.wx_conf['API_jsLogin']
        params = { #构造请求参数
            'appid': self.appid,
            'fun': 'new',
            'lang': self.wx_conf['LANG'],
            '_': int(time.time()),
            'redirect_uri': self.wx_conf['API_jslogin_redirect_url'],
        }
        data = post(url, params, False) #发送 post 请求
        regx = r'window.QRLogin.code = (\d+); window.QRLogin.uuid = "(\S+?)"'
        pm = re.search(regx, data) #正则截取
        if pm:
            code = pm.group(1)
            self.uuid = pm.group(2)
            return code == '200'
        return False
    except:
        self.Log.error(traceback.format_exc())
```

2. 结合 qrcode 生成二维码并实现控制台输出

使用 qrcode 包实现将二维码转化为黑白格输出在控制台,如果 IDE 为白色背景,需将 BLACK 和 WHITE 的内容互换。

```
def genqrcode(self):
    """
    在控制台输出二维码
    :return:
    """
    str2qr_terminal(self.wx_conf['API_qrcode'] + self.uuid)
def str2qr_terminal(text):
    qr = qrcode.QRCode()
```

```
        qr.border = 1
        qr.add_data(text)
        mat = qr.get_matrix()
        print_qr(mat)
    def print_qr(mat):
        for i in mat:
            BLACK = '\033[47m \033[0m'
            WHITE = '\033[40m \033[0m'
            print(''.join([BLACK if j else WHITE for j in i]))
```

注意

因微信网页版运行过程涉及流程过多，代码过长，此处不再一一列出，可根据下述调度函数的执行过程直接查看对应代码。

3. 运行流程调度函数

```
def start(self):
    self.Log.info(Constant.LOG_MSG_START)   #记录机器人运行
    d1 = datetime.now()                      #启动时间
    flag = True
    while True:
        d2 = datetime.now()                  #当前时间
        d = d2 - d1
        if d.seconds > 240:                  #超过240秒未扫码,自动结束进程
            os.system(Constant.LOG_MSG_KILL_PROCESS % os.getpid())
        if flag:
            run(Constant.LOG_MSG_GET_UUID, self.getuuid)    #获取二维码
            self.Log.info(Constant.LOG_MSG_GET_QRCODE)      #记录获取二维码
            self.genqrcode()                                #打印二维码
            self.Log.info(Constant.LOG_MSG_SCAN_QRCODE)     #记录需要扫描二维码
            flag = False
            d1 = datetime.now()
        tm = int(time.time())
        if not self.waitforlogin(tm = tm):                  #等待确认
            self.Log.info(time.strftime("%Y-%m-%d %H:%M:%S"))
            continue
        self.Log.info(Constant.LOG_MSG_CONFIRM_LOGIN)
        break
    run(Constant.LOG_MSG_LOGIN, self.login)                 #登录
    run(Constant.LOG_MSG_INIT, self.webwxinit)              #初始化
    run(Constant.LOG_MSG_STATUS_NOTIFY, self.webwxstatusnotify)        #开启状态通知
    run(Constant.LOG_MSG_GET_CONTACT, self.get_contact)                #获取联系人
    self.Log.info(Constant.LOG_MSG_CONTACT_COUNT % (
        self.MemberCount, len(self.MemberList)
    )) #记录好友信息
    self.Log.info(Constant.LOG_MSG_OTHER_CONTACT_COUNT % (
        len(self.GroupList), len(self.ContactList),
        len(self.SpecialUsersList), len(self.PublicUsersList)
    )) #记录群聊、特殊账号信息
    run(Constant.LOG_MSG_GET_GROUP_MEMBER, self.fetch_group_contacts) #获取群成员
    ret = self.send_text('filehelper', "我上线了…")                   #发送上线消息
    self.Log.info(ret)
```

```
gc.collect()                                          #回收垃圾
self.Log.info("groups number: %d" % len(self.GroupList))
self.init_thread()                                    #初始化线程
while True:
    [retcode, selector] = self.synccheck()     #检测新消息
    self.Log.debug('tag: %s, retcode: %s, selector: %s' % (self.tag, retcode, selector))
    self.exit_code = int(retcode)
    if retcode == '1100':
        self.Log.info(Constant.LOG_MSG_LOGOUT)
        break
    if retcode == '1101':
        self.Log.info(Constant.LOG_MSG_LOGIN_OTHERWHERE)
        break
    if retcode == '1102':
        self.Log.info(Constant.LOG_MSG_QUIT_ON_PHONE)
        break
    elif retcode == '0':
        if selector == '0':
            time.sleep(self.time_out)
        else:
            r = self.webwxsync()                 #获取消息
            if r is not None:
                try:
                    self.handle_mod(r)           #处理联系人变更
                    self.handle_msg(r)           #处理消息
                except Exception as ex:
                    self.Log.info(r)
                    self.Log.error(traceback.format_exc())
    else: #未知状态
        r = self.webwxsync()
    self.Log.debug('sync check error webwxsync: %s\n' % json.dumps(r))
```

8.4 微信网页版机器人扩展功能

8.4.1 自动回复

自动回复分为关键词回复和普通话语回复。实现逻辑是在程序启动时，初始化关键词字典，其中 key 为关键词内容（进行 md5 加密），value 为要回复的内容。收到好友消息后，在关键词字典中检测是否有对应的键，若存在，则自动回复该内容。不在关键词中的话语，则将好友发送的话语作为内容，调用第三方机器人获取返回值，进行回复。

本程序使用图灵机器人的 API 实现对话，关于图灵机器人请查看官方文档：https://www.kancloud.cn/turing/web_api/522989

（1）初始化关键词字典：

```
self.keyword_reply = {   #初始化关键词
    get_md5_value("你好"): "我很好,你呢?",
    get_md5_value("你是谁"): "我是可爱的 GeekBot!",
}
```

注意

本程序直接初始化了字典，实际开发中为方便管理可使用数据库管理。

（2）封装调用图灵机器人 API 函数：

```
def call_tuling(self, text, user_id = None):
    """
    调用图灵机器人
    :param text: 消息内容
    :param user_id: 用户唯一标识,用于上下文
    :return: 回复的内容
    """
    msg = {                          # API 所需参数
        'key': Constant.TULING_API_KEY, # key
        'info': text,                # 内容
        'userid': user_id            # 用户唯一标识
    }
    res = post(Constant.TULING_API_URL, msg)
    if res:
        if int(res['code']) == 100000:
            return res['text']
        elif int(res['code']) == 200000:
            return res['text'] + '\r' + res['url']
        else:
            return res['text']
    else:                            # 异常
        return Constant.TULING_NOT_RES # '我不知道你在说些什么,换个话题吧…'
```

（3）自动回复实现：

```
if get_md5_value(content) in self.wechat.keyword_reply: # 判断是否存在该关键词
    text = self.wechat.keyword_reply[get_md5_value(content)]
elif content.startswith('msgs/'):
    text = '我还不能处理非文本消息～'
else: # 如果不存在,则调用图灵机器人 API
    text = self.call_tuling(content, get_md5_value(user['NickName']))
data = {
    "msgType": 1,
    "data": text
}
t = random.uniform(1, 4)                              # 随机休眠一定时间再回复
time.sleep(t)
self.send_msg(data, user['UserName'])                 # 发送消息
self.Log.info('to: %s, send: %s' % (user['NickName'], text)) # 记录发送信息
```

（4）发送文本消息函数：

```
def webwxsendmsg(self, word, to = 'filehelper'):
    """
    发送消息
    :param word: 消息内容
    :param to: 接收人 ID
    :return: Dict or None
```

```
"""
dic = None
flag = 0
while flag < 2: # 如果出错,会进行一次重发
    try:
        url = self.wx_conf['API_webwxsendmsg'] + \
              '?pass_ticket= %s' % (self.pass_ticket)
        clientMsgId = str(int(time.time() * 1000)) + \
                      str(random.random())[:5].replace('.', '')
        params = {
            'BaseRequest': self.get_base_request(),
            'Msg': {
                "Type": 1,
                "Content": word,
                "FromUserName": self.User['UserName'],
                "ToUserName": to,
                "LocalID": clientMsgId,
                "ClientMsgId": clientMsgId
            },
            'Scene': 0
        }
        headers = {'content-type': 'application/json; charset=UTF-8'}
        return post(url, params, True, headers)
    except:
        if dic:
            self.Log.info(dic)
        flag = flag + 1
        self.Log.error(traceback.format_exc())
return None
```

实现效果如图 8-6 所示。

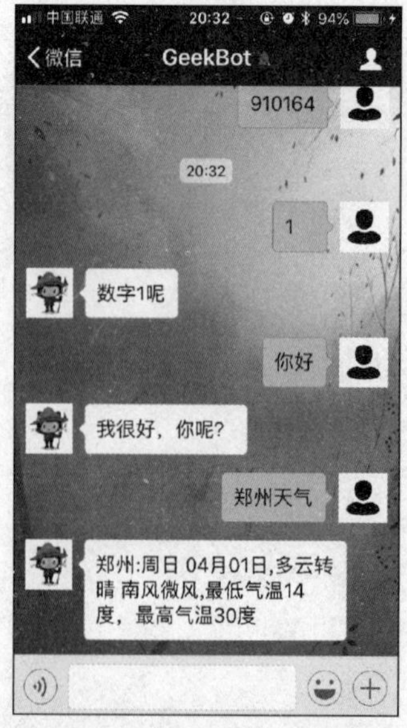

图 8-6　自动回复演示

8.4.2 群发消息、定时发送消息、好友状态检测

对于个人微信用户，在节日时常会群发消息，千篇一律的祝福不仅无法体现心意，反而会让接收者厌烦，但一个一个发送又太过烦琐，本程序实现的群发消息可根据接收者昵称或备注自动填充，做到发送的每一条消息都不一样，接收者也更容易接收。

定时发送消息需求主要为自动报时，防止因长时间没有消息被微信认为挂机给强制下线等，一般可通过此方法延长机器人运行时长。

通过群发消息，如遇到好友状态异常、拉黑或删除，微信会发送系统消息，提示该好友状态异常，可通过检测微信返回消息，并给予异常好友不同的备注来实现好友状态检测功能。

注意

在群发消息时需注意发送频率，经过作者几次测试，在 10 个好友左右，1～4 秒时间段随机取一个时间，进行休眠，连续 12 小时发送文本消息未出现因发送频繁被限制发送的情况，因此，本程序限制随机时间为 1～4 秒。文件消息需延长此时间，可通过配置文件修改文本消息休眠时长。

(1) 发送消息线程：

```
def process(self):
    text = "Never lie to someone who trust you. Never trust someone who lies to you. to: %s"
    for contact in self.wechat.ContactList:
        #self.wechat.send_text(contact['UserName'], text % contact['NickName'])
        self.wechat.Log.info("send msg to: %s, text: %s" % (contact['NickName'], text %
contact['NickName']))
        t = random.uniform(1, 4)
        time.sleep(t) #随机休眠一段时间,避免微信认为操作违法
    #每小时向文件助手发送一个消息,避免长时间无操作被微信认为挂机,强制掉线.
    current_minutes = int(get_now_time('%M'))
    if current_minutes == 59:
        self.wechat.send_text('filehelper', '主人主人,为您报时,当前时间:%s' % get_now_time())
    time.sleep(60)
```

注意

好友多的情况下，群发消息因为需要休眠比较耗时，一般采用多线程实现群发，避免影响主线程同步消息断开。在实际开发中，发送消息任务一般通过 redis 等消息队列通知发送消息内容，机器人获取之后进行发送。

(2) 群发消息演示如图 8-7 所示。

注意

为避免给好友带来骚扰，上述代码调用发送函数语句已注释，通过 log 打印要发送的消息展示发送结果。

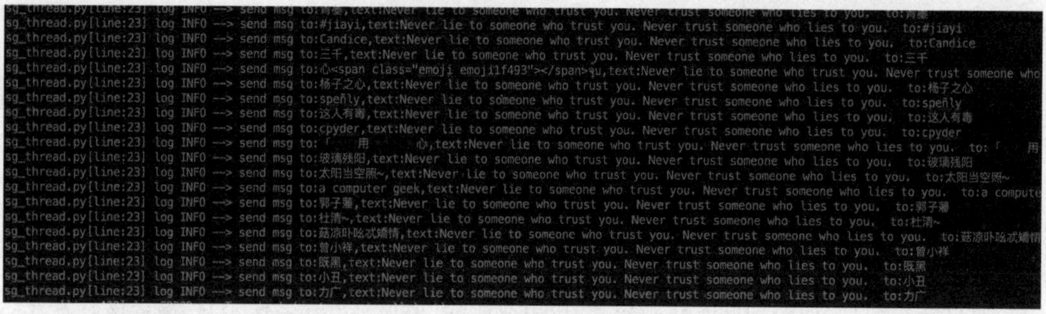

```
sg_thread.py[line:23] log INFO --> send msg to:#jiayi,text:Never lie to someone who trust you. Never trust someone who lies to you.  to:#jiayi
sg_thread.py[line:23] log INFO --> send msg to:Candice,text:Never lie to someone who trust you. Never trust someone who lies to you.  to:Candice
sg_thread.py[line:23] log INFO --> send msg to:三千,text:Never lie to someone who trust you. Never trust someone who lies to you.  to:三千
sg_thread.py[line:23] log INFO --> send msg to:心<span class="emoji emoji1f493"></span>qu,text:Never lie to someone who trust you. Never trust someone who
sg_thread.py[line:23] log INFO --> send msg to:杨子之心,text:Never lie to someone who trust you. Never trust someone who lies to you.  to:杨子之心
sg_thread.py[line:23] log INFO --> send msg to:speñly,text:Never lie to someone who trust you. Never trust someone who lies to you.  to:speñly
sg_thread.py[line:23] log INFO --> send msg to:这人有毒,text:Never lie to someone who trust you. Never trust someone who lies to you.  to:这人有毒
sg_thread.py[line:23] log INFO --> send msg to:cpyder,text:Never lie to someone who trust you. Never trust someone who lies to you.  to:cpyder
sg_thread.py[line:23] log INFO --> send msg to:「   用      心,text:Never lie to someone who trust you. Never trust someone who lies to you.  to:「   用
sg_thread.py[line:23] log INFO --> send msg to:玻璃残阳,text:Never lie to someone who trust you. Never trust someone who lies to you.  to:玻璃残阳
sg_thread.py[line:23] log INFO --> send msg to:太阳当空照~,text:Never lie to someone who trust you. Never trust someone who lies to you.  to:太阳当空照~
sg_thread.py[line:23] log INFO --> send msg to:a computer geek,text:Never lie to someone who trust you. Never trust someone who lies to you.  to:a compute
sg_thread.py[line:23] log INFO --> send msg to:郭子藩,text:Never lie to someone who trust you. Never trust someone who lies to you.  to:郭子藩
sg_thread.py[line:23] log INFO --> send msg to:杜清~,text:Never lie to someone who trust you. Never trust someone who lies to you.  to:杜清~
sg_thread.py[line:23] log INFO --> send msg to:菇凉卟�San忒矯情,text:Never lie to someone who trust you. Never trust someone who lies to you.  to:菇凉卟�San忒矯情
sg_thread.py[line:23] log INFO --> send msg to:曾小祥,text:Never lie to someone who trust you. Never trust someone who lies to you.  to:曾小祥
sg_thread.py[line:23] log INFO --> send msg to:既黑,text:Never lie to someone who trust you. Never trust someone who lies to you.  to:既黑
sg_thread.py[line:23] log INFO --> send msg to:小丑,text:Never lie to someone who trust you. Never trust someone who lies to you.  to:小丑
sg_thread.py[line:23] log INFO --> send msg to:力广,text:Never lie to someone who trust you. Never trust someone who lies to you.  to:力广
```

图 8-7　群发消息演示

（3）好友状态检测：

```
SYS_BLACK_LIST_CONTACT = '消息已发出,但被对方拒收了。'
SYS_DELETE_CONTACT = '开启了朋友验证,你还不是他(她)朋友。请先发送朋友验证请求,对方验证通过后,才能聊天'
if msg['MsgType'] == self.wechat.wx_conf['MSGTYPE_SYS']:
        if content == Constant.SYS_BLACK_LIST_CONTACT: #黑名单
            res = self.wechat.webwxoplog(msg['FromUserName'],
            remark_name= 'A-拉黑-%s' % user['NickName'])
            self.wechat.Log.info('[黑名单]给%s设置备注:%s' % (user['NickName'], res))
        elif Constant.SYS_DELETE_CONTACT in content: #被删除好友
            res = self.wechat.webwxoplog(msg['FromUserName'],
            remark_name= 'A-删除-%s' % user['NickName'])
            self.Log.info('[删除好友]给%s设置备注:%s' % (user['NickName'], res))
        elif content.startswith(Constant.SYS_ACCESS_VERIFY_INFO_START): #新添加好友
            data = {
                "msgType": 1,
                "data": '%s你好,终于等到你~' % user['NickName']
            }
            self.send_msg(data, user['UserName'])
            self.Log.info('[新增好友]给%s发送欢迎语' % (user['NickName']))
```

8.4.3　自动邀请好友加入群聊

对于一些公司或个人的特殊需求，需根据用户某些属性自动邀请用户进入不同的群聊，如华中区、华南区等。根据用户发送的特殊指令＋关键词（如我要入群＋华中），程序能够自动查询其所属的群聊，然后给该用户发送入群链接，并引导用户点击加入。

程序设计包括好友消息分析、关键词和群聊对应关系、自动发送入群邀请、自动发送提示语句等。具体如下。

（1）初始化关键词和群聊对应关系：

```
self.enter_group_keyword = { #自动入群关键词和群聊对应字典
            '1群': '测试1群',
            '2群': '测试2群',
        }
```

（2）根据群名查找群聊：

```
def get_group_by_name(self, name):
        for member in self.GroupList:
            if member['NickName'] == name:
                return member
        return None
}
```

（3）更新群聊 API 函数：

```
def webwxupdatechatroom(self, room_user_name, add_arr = "", del_arr = "", invite_arr = "",
topic = None):
    flag = 0
    dic = None
    while flag < 2:
        try:
            params = {
                'BaseRequest': self.get_base_request(),
                'ChatRoomName': room_user_name
            }
            base_url = self.wx_conf['API_webwxupdatechatroom'] + '?fun = %s'
            if invite_arr: # 发送入群邀请链接
                url = base_url % 'invitemember'
                params['InviteMemberList'] = invite_arr
            elif add_arr: # 直接添加进群
                url = base_url % 'addmember'
                params['AddMemberList'] = add_arr
            elif del_arr: # 删除群成员
                url = base_url % 'delmember'
                params['DelMemberList'] = add_arr
            elif topic: # 修改群名
                url = base_url % 'modtopic'
                params['NewTopic'] = topic
            headers = {'content - type': 'application/json; charset = UTF - 8'}
            url += '&lang = zh_CN&pass_ticket = ' + self.pass_ticket
            dic = post(url, params, True, headers)
            #Ret 0        成功
            #      -1| -2   失败   群开启群主验证
            #     1205         失败   操作频繁
            if dic['BaseResponse']['Ret'] != 0:
                group = self.get_group_by_id(room_user_name)
                self.Log.error('[ %s]更新群聊失败,错误代码: %s,错误原因: %s' % (group
['NickName'], dic['BaseResponse']['Ret'], dic['BaseResponse']['ErrMsg']))
                self.Log.info(str(dic))
            return dic['BaseResponse']['Ret'] == 0
        except:
            flag = flag + 1
            if dic:
```

```
                self.Log.info(dic)
            self.Log.error(traceback.format_exc())
    return False
}
```

（4）好友消息分析：

```
#Constant.STRING_ENTER_GROUP_KEYWORD = '我要入群+'
if Constant.STRING_ENTER_GROUP_KEYWORD in content: #关键词入群
    keyword = content.split(Constant.STRING_ENTER_GROUP_KEYWORD)[1]
    #TODO 在关键词列表中查找所属群
    room_name = self.wechat.enter_group_keyword[keyword] if keyword in self.wechat.enter_
group_keyword else None
    remind_msg = Constant.STRING_ENTER_GROUP_NOT_FOUND #换个关键词试试吧…
    if room_name:
        group = self.wechat.get_group_by_name(room_name)
        if group:
            res = self.wechat.webwxupdatechatroom(group['UserName'], invite_arr=user['UserName'])
            if res:
                remind_msg = Constant.STRING_ENTER_GROUP_SUCCESS #邀请链接进群
            else:
                remind_msg = Constant.STRING_ENTER_GROUP_UNKNOWN_ERROR #出错
    data = {
        "msgType": 1,
        "data": remind_msg
    }
    t = random.uniform(1, 4)
    time.sleep(t)
    self.send_msg(data, user['UserName'])
    self.Log.info('to: %s,send: %s' % (user['NickName'], remind_msg))}
```

实现效果如图 8-8 所示。

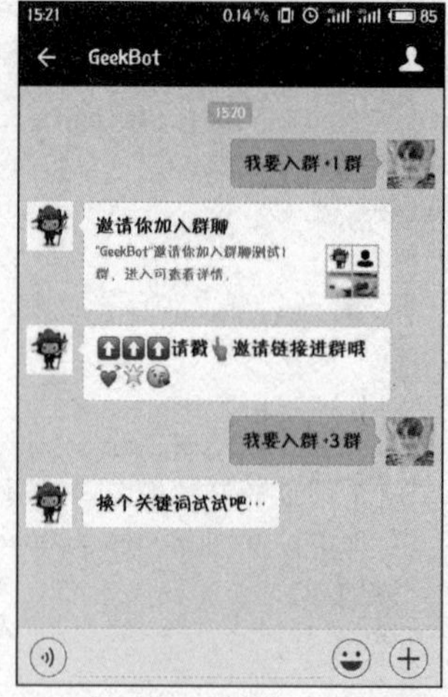

图 8-8　自动发送入群邀请

8.5　微信库 itchat 实现微信聊天机器人

微信网页版机器人需要对微信网页版协议 API 分析，从而实现登录、获取好友信息、发送消息等基础操作。Python 提供了一个第三方库 itchat，itchat 是一个开源的微信个人号接口，可以使用该库进行微信网页版中的所有操作。本节主要使用 itchat 库和一个图灵机器人（中文语境下的对话机器人）轻松完成一个能够处理微信消息的图灵机器人，包括好友聊天、群聊天，而不需要了解过多底层协议和爬取问题。

本微信机器人程序运行后出现会出现一张二维码图片，微信用户通过微信扫描二维码登录自己的微信，此时如果有好友发来信息，则微信机器人会自动回复好友，效果如图 8-9 所示。可以看到，当好友发来“你身体好吗”，微信机器人会自动回复“你看看我这健壮的小体格，你说好不好”。当好友发来“讲个笑话吧”，微信机器人会自动回复一个笑话。当用户问“郑州天气”时，微信机器人可以回复天气情况，问英文单词，给好友回复中文释义。

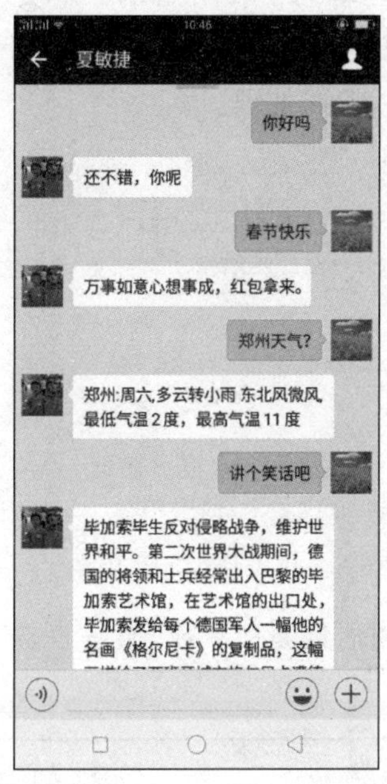

图 8-9　微信机器人聊天效果

8.5.1　安装 itchat

视频讲解

itchat 是一个开源的微信个人号的接口，使得 Python 调用微信功能从未如此简单。使用不到 30 行代码，就可以完成一个能够处理所有信息的微信机器人。这个库已经做好了用代码调用微信的大多数功能，使用起来非常方便，官方技术文档网址为 http://itchat.readthedocs.io/zh/latest/，我们使用时需要安装 itchat 库，安装的时候使用 pip 即可。

```
pip install itchat
```

8.5.2 itchat 的登录微信

运行以下代码，会出现一张图 8-10 所示的二维码，扫码登录之后会给“文件传输助手”发送一条“Hello，filehelper”的消息。

图 8-10 二维码

```
import itchat                                   # 加载 itchat 库
itchat.auto_login()                             # 登录微信
# 发送文本消息，发送目标是“文件传输助手”
itchat.send('Hello, filehelper', toUserName = 'filehelper')
```

8.5.3 itchat 的消息类型

itchat 支持所有的消息类型与群聊。在 itchat 中定义了文本、图片、名片、位置、通知、分享、文件等多种消息类型，可以分别执行不同的处理。下面的示例注册了一个消息响应事件，用来定义接收到文本消息后如何处理。

```
import itchat
# 注册消息响应事件，消息类型为 itchat.content.TEXT，即文本消息.把装饰器写成下面的形式即可
@itchat.msg_register(itchat.content.TEXT)
def text_reply(msg):
  # 返回同样的文本消息
  return msg['Text']

itchat.auto_login()                             # 登录微信
# 绑定消息响应事件后，让 itchat 运行起来，监听消息
itchat.run()
```

itchat.content 中包含所有的消息类型参数，如表 8-17 所示。

表 8-17 itchat.content 所有的消息类型参数

参　数	类　型	Text 键值
TEXT	文本	文本内容(文字消息)
MAP	地图	位置文本(位置分享)
CARD	名片	推荐人字典(推荐人的名片)
SHARING	分享	分享名称(分享的音乐或者文章等)
PICTURE	图片/表情	下载方法
RECORDING	语音	下载方法
ATTACHMENT	附件	下载方法
VIDEO	小视频	下载方法
FRIENDS	好友邀请	添加好友所需参数
SYSTEM	系统消息	更新内容的用户或群聊的 UserName 组成的列表
NOTE	通知	通知文本(消息撤回等)

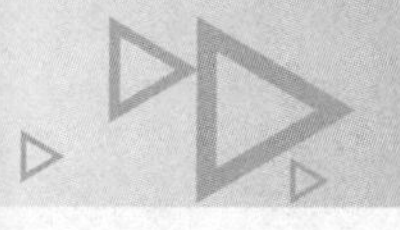

例如，需要存储发送给你的附件：

```
@itchat.msg_register(ATTACHMENT)
def download_files(msg):
    msg['Text'](msg['FileName'])
```

msg 字典的 Text 键是个下载方法(函数)，可以下载文件。

再看如何处理其他类型消息，可以在消息响应事件中把 msg 打印出来，它是一个字典，看有哪些感兴趣的字段。下面演示对于这些消息类型简单的处理。

```
import itchat
from itchat.content import *           #import 全部消息类型
#处理文本类消息,包括文本、位置、名片、通知、分享
@itchat.msg_register([TEXT, MAP, CARD, NOTE, SHARING])
def text_reply(msg):
  #微信里每个用户和群聊,都使用 ID 来区分,msg['FromUserName']就是发送者的 ID
  #将消息的类型和文本内容返回给发送者
  itchat.send('%s: %s' % (msg['Type'], msg['Text']), msg['FromUserName'])

#处理多媒体类消息,包括图片、录音、文件、视频
@itchat.msg_register([PICTURE, RECORDING, ATTACHMENT, VIDEO])
def download_files(msg):
  #msg['Text']是一个文件下载函数,传入文件名,将文件下载下来
  msg['Text'](msg['FileName'])
  #把下载好的文件再发回给发送者
  return '@%s@%s' % ({'Picture': 'img', 'Video': 'vid'}.get(msg['Type'], 'fil'),
msg['FileName'])

#处理好友添加请求,收到好友邀请自动添加好友
@itchat.msg_register(FRIENDS)
def add_friend(msg):
  itchat.add_friend(**msg['Text']) #该操作会自动将新好友的消息录入,不需要重载通信录
  #加完好友后,给好友打个招呼
  itchat.send_msg('Nice to meet you!', msg['RecommendInfo']['UserName'])

#处理群聊消息,在注册时增加 isGroupChat = True 将判定为群聊回复
@itchat.msg_register(TEXT, isGroupChat = True)
def text_reply(msg):
  if msg['isAt']:
    itchat.send(u'@%s\u2005I received: %s' % (msg['ActualNickName'], msg['Content']),
msg['FromUserName'])

#在 auto_login()里面提供一个 True,即 hotReload = True
#即可保留登录状态,即使程序关闭,一定时间内重新开启也可以不用重新扫码
itchat.auto_login(True)
itchat.run()
```

在 PICTURE、RECORDING、ATTACHMENT、VIDEO 四类消息的 msg 字典的 Text 键下存放了用于下载消息内容的函数，传入文件名即可下载。被发送的文件名都存储在

msg 的 FileName 键中。

区分群聊消息还是与好友聊天，在注册时增加 isGroupChat=True 则将判定为群聊回复。

例如，注册@itchat. msg_register(TEXT, isGroupChat=True) 将判定为群聊回复，而注册@itchat. msg_register(TEXT) 将判定为好友聊天。

值得注意的是，群消息增加了 3 个键值：

```
isAt: 判断是否@本号自己; ActualNickName: 实际 NickName; Content:信息内容
```

可以通过本程序测试：

```
import itchat
from itchat.content import TEXT
@itchat.msg_register(TEXT, isGroupChat = True)
def text_reply(msg):
    if(msg.isAt):      #判断是否有人@自己
        #如果有人@自己,就发一个消息告诉对方我已经收到了信息
        itchat.send_msg("我已经收到了来自{0}的消息,实际内容为{1}".format(msg
['ActualNickName'],msg['Text']),toUserName = msg['FromUserName'])
    print(msg.isAt)      #输出 True 或 False
    print(msg.actualNickName)
    print(msg.text)
itchat.auto_login()
itchat.run()
```

8.5.4 itchat 回复消息

itchat 提供了 5 种回复方法，建议直接使用 send 方法。

1. send 方法

```
send(msg = 'Text Message', toUserName = None)
```

- msg：发送消息的内容，内容如果是'@fil@文件地址'将会被识别为传送文件；'@img@图片地址'将会被识别为传送图片；'@vid@视频地址'将会被识别为小视频。
- toUserName：发送对象，如果留空将会发送给自己。
- 返回值：发送成功，则返回 True；发送失败，则返回 False。

程序示例如下：

```
import itchat
itchat.auto_login()
itchat.send('Hello world!')
#请确保该程序目录下存在: gz.gif 以及 xlsx.xlsx 文件
itchat.send('@img@%s' % 'gz.gif')
itchat.send('@fil@%s' % 'xlsx.xlsx')
itchat.send('@vid@%s' % 'demo.mp4')
```

2. send_msg 方法

```
send_msg(msg = 'Text Message', toUserName = None)
```

- msg：消息内容。
- toUserName：发送对象，如果留空将会发送给自己。
- 返回值：发送成功，则返回 True；发送失败，则返回 False。

程序示例如下：

```
import itchat
itchat.auto_login()
itchat.send_msg('Hello world')
```

3. send_file 方法

```
send_file(fileDir, toUserName = None)
```

- fileDir：文件路径（不存在该文件时将打印无此文件的提醒）。
- toUserName：发送对象，如果留空将会发送给自己。
- 返回值：发送成功，则返回 True；发送失败，则返回 False。

程序示例如下：

```
import itchat
itchat.auto_login()
#请确保该程序目录下存在：xlsx.xlsx
itchat.send_file('xlsx.xlsx')
```

4. send_img 方法

```
send_img(fileDir, toUserName = None)
```

- fileDir：文件路径（不存在该文件时将打印无此文件的提醒）。
- toUserName：发送对象，如果留空将会发送给自己。
- 返回值：发送成功，则返回 True；发送失败，则返回 False。

```
itchat.send_img('gz.gif')
```

5. send_ video 方法

```
send_video(fileDir, toUserName = None)
```

- fileDir：文件路径（不存在该文件时将打印无此文件的提醒）。
- toUserName：发送对象，如果留空将会发送给自己。
- 返回值：发送成功，则返回 True；发送失败，则返回 False。

需要保证发送的视频为一个实质的 mp4 文件，示例如下：

```
itchat.send_file('demo.mp4')            #请确保该程序目录下存在 demo.mp4
```

8.5.5 itchat 获取账号

在使用个人微信的过程当中主要有 3 种账号需要获取，分别为好友、公众号、群聊。itchat 为这 3 种账号都提供了整体获取方法与搜索方法。

而群聊多出获取用户列表方法，以及创建群聊、增加、删除用户的方法。

下面分别介绍如何使用。

1. 好友

好友的获取方法为 get_friends，将会返回完整的好友所组成列表。其中每个好友为一个字典。列表的第一项为本人的账号信息，如果传入 update 参数为 True，将可以更新好友列表并返回。

下面就是某个好友的字典信息：

```
{'OwnerUin': 0, 'AppAccountFlag': 0, 'DisplayName': '', 'KeyWord': '', 'IsOwner': 0, 'EncryChatRoomId': '', 'NickName': '富兰克林', 'UniFriend': 0, 'ContactFlag': 3, 'Province': '上海', 'RemarkPYInitial': 'FLKLFBK', 'UserName': '@bef3be95365d187525526e8f4a185cb0d06de5385d8c2b6d9a705ed39e691c88', 'HeadImgUrl': '/cgi-bin/mmwebwx-bin/webwxgeticon?seq=636140456&username=@bef3be95365d187525526e8f4a185cb0d06de5385d8c2b6d9a705ed39e691c88&skey=@crypt_4a30791b_8487e5a117a9ec8b721ccfd17fe7da2f', 'Signature': '范本恺', 'PYQuanPin': 'fulankelin', 'Sex': 1, 'SnsFlag': 49, 'AttrStatus': 33788221, 'MemberCount': 0, 'VerifyFlag': 0, 'RemarkName': '富兰克林范本恺', 'PYInitial': 'FLKL', 'RemarkPYQuanPin': 'fulankelinfanbenkai', 'City': '', 'Uin': 0, 'MemberList': <ContactList: []>, 'Alias': '', 'StarFriend': 0, 'ChatRoomId': 0, 'Statues': 0, 'HideInputBarFlag': 0}
其中可以得到好友的省份('Province')，用户 ID('UserName')，性别('Sex'，值 1 标示男)等信息。
```

好友的搜索方法为 search_friends()，有 4 种搜索方式。

(1) 仅获取自己的用户信息。

```
itchat.search_friends()            #获取自己的用户信息，返回自己的属性字典
```

(2) 获取特定 UserName 的用户信息。

```
#获取特定 UserName 的用户信息
itchat.search_friends(userName = '@abcdefg1234567')
```

(3) 获取备注、微信号、昵称中的任何一项等于 name 键值的用户。

```
#获取任何一项等于 name 键值的用户
itchat.search_friends(name = 'littlecodersh')
```

(4) 获取备注、微信号、昵称分别等于相应键值的用户。

```
#获取分别对应相应键值的用户
itchat.search_friends(wechatAccount = 'littlecodersh')
```

(3)、(4)可以一同使用,下面是示例程序:

```
itchat.search_friends(name = 'LittleCoder机器人', wechatAccount = 'littlecodersh')
```

2. 公众号

公众号的获取方法为 get_mps,将会返回完整的公众号列表。其中每个公众号为一个字典,传入 update 参数为 True 将可以更新公众号列表并返回。

公众号的搜索方法为 search_mps(),有如下两种搜索方法:

(1) 获取特定 UserName 的公众号:

```
#获取特定UserName的公众号,返回值为一个字典
itchat.search_mps(userName = '@abcdefg1234567')
```

(2) 获取名字中含有特定字符的公众号:

```
#获取名字中含有特定字符的公众号,返回值为一个字典的列表
itcaht.search_mps(name = 'LittleCoder')
```

如果两项都做了特定,将会仅返回特定 UserName 的公众号,下面是示例程序:

```
#以下方法相当于仅特定了UserName
itchat.search_mps(userName = '@abcdefg1234567', name = 'LittleCoder')
```

3. 群聊

群聊的获取方法为 get_chatrooms,将会返回完整的群聊列表。其中每个群聊为一个字典,传入 update 参数为 True 将可以更新群聊列表并返回。

群聊的搜索方法为 search_chatrooms(),有两种搜索方法。

(1) 获取特定 UserName 的群聊:

```
#获取特定UserName的群聊,返回值为一个字典
itchat.search_chatrooms(userName = '@abcdefg1234567')
```

(2) 获取名字中含有特定字符的群聊:

```
#获取名字中含有特定字符的群聊,返回值为一个字典的列表
itcaht.search_chatrooms(name = 'LittleCoder')
```

如果两项都做了特定,将会仅返回特定 UserName 的群聊,下面是示例程序:

```
#以下方法相当于仅特定了 UserName
itchat.search_chatrooms(userName = '@abcdefg1234567', name = 'LittleCoder')
```

群聊用户列表的获取方法为 update_chatroom()，群聊在首次获取中不会获取群聊的用户列表。所以，需要调用该命令才能获取群聊的成员。该方法需要传入群聊的 UserName，返回特定群聊的用户列表。

```
memberList = itchat.update_chatroom('@abcdefg1234567')
```

创建群聊、增加、删除群聊用户的方法如下，目前这 3 个方法都被严格限制了使用频率，删除群聊需要本账号为群管理员，否则会失败。

```
memberList = itchat.get_friends()[1:]
#创建群聊,topic 键值为群聊名
chatroomUserName = itchat.create_chatroom(memberList, 'test chatroom')
#删除群聊内的用户
itchat.delete_member_from_chatroom(chatroomUserName, memberList[0])
#增加用户进入群聊
itchat.add_member_into_chatroom(chatroomUserName, memberList[0])
```

8.5.6 itchat 的一些简单应用

1. 统计微信好友男女比例

统计自己微信好友的性别比例的方法如下：先获取好友列表，然后统计列表的性别计数：

```
import itchat
itchat.login()
#爬取自己好友相关信息, 返回一个好友列表
friends = itchat.get_friends(update = True)[0:]
#初始化计数器,有男有女,当然有些人没填写性别
male = female = other = 0
#friends[0]是自己的信息,所以要从 friends[1]开始
for i in friends[1:]: #遍历这个列表,列表里第一位是自己,所以从"自己"之后开始计算
    sex = i["Sex"]
    if sex == 1:          #1 表示男性,2 女性
        male += 1
    elif sex == 2:
        female += 1
    else:
        other += 1
#计算朋友总数
total = len(friends[1:])
#打印出自己好友的性别比例
print("男性好友: %.2f%%" % (float(male)/total * 100) + "\n" +
"女性好友: %.2f%%" % (float(female) / total * 100) + "\n" +
"不明性别好友: %.2f%%" % (float(other) / total * 100))
```

好像不够直观，有兴趣的朋友可以加上可视化的展示，这里用基于 Python 的可视化图像 Matplotlib 库。首先安装 Matplotlib 库：

```
pip install matplotlib
```

展示比例一般使用百分比圆饼表。

```
import numpy as np
#导入 matplotlib 库
import matplotlib.mlab as mlab
import matplotlib.pyplot as plt
labels = ['man','female','unknow']
X = [ male, female, other]
fig = plt.figure()
plt.pie(X,labels = labels,autopct = '%1.2f%%') #画饼图(数据,数据对应的标签,百分数保留
两位小数点)
plt.title("Pie chart")
plt.show()
plt.savefig("PieChart.jpg")
```

运行效果如图 8-11 所示。

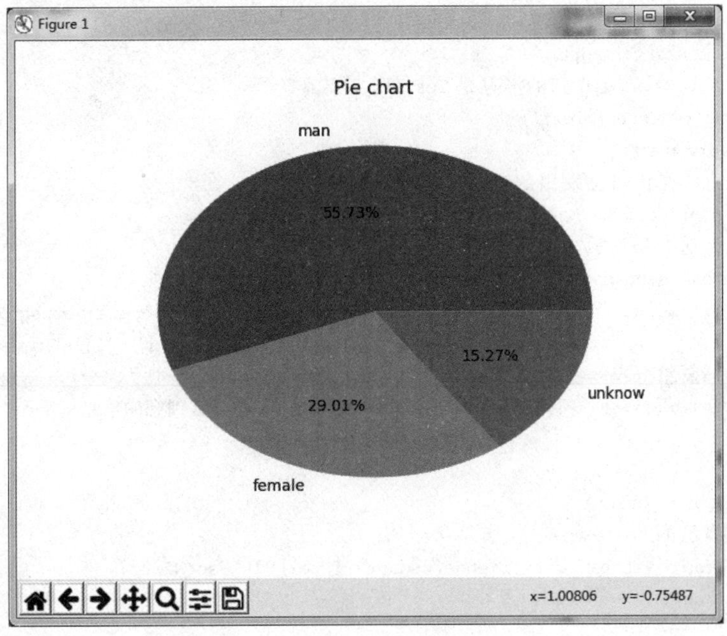

图 8-11　微信好友男女比例饼图

2. 统计微信好友所在省份信息到 Excel 文件中

```
def get_var(var):
    variable = []
```

```
    for i in friends:
        value = i[var]
        variable.append(value)
    return variable
#调用函数得到各变量,并把数据存到 csv 文件中
NickName = get_var("NickName")
Sex = get_var('Sex')
Province = get_var('Province')
City = get_var('City')
Signature = get_var('Signature')
from pandas import DataFrame
data = {'NickName': NickName, 'Sex': Sex, 'Province': Province,
          'City': City, 'Signature': Signature}
frame = DataFrame(data)
frame.to_csv('data.csv', index = True)
```

3. 微信自动回复

实现一个类似 QQ 中的自动回复功能,原理就是接收到消息,就发消息回去,同时发一条给文件助手,就可以在文件助手中统一查看消息。代码如下：

```
#微信自动回复
import itchat
from itchat.content import *
#封装好的装饰器,当接收到的消息是 Text,即文字消息
@itchat.msg_register('Text')
def text_reply(msg):
    #当消息不是由自己发出的时候
    if not msg['FromUserName'] == myUserName:
        #发送一条提示给文件助手
        itchat.send_msg(u"[%s]收到好友@%s 的信息: %s\n" %
          (time.strftime("%Y-%m-%d %H:%M:%S", time.localtime(msg['CreateTime'])),
                          msg['User']['NickName'],msg['Text']), 'filehelper')
        #回复给好友
        return u'[自动回复]我现在不在,一会再和您联系.\n已经收到您的信息: %s\n' % (msg['Text'])

if __name__ == '__main__':
    itchat.auto_login()
    #获取自己的 UserName
    myUserName = itchat.get_friends(update = True)[0]["UserName"]
    itchat.run()
```

4. 收到红包提醒

```
import itchat
from itchat.content import *
#微信红包提醒
@itchat.msg_register(NOTE, isGroupChat = True)     #监听群内红包消息 NOTE
```

```
def receive_red_packet(msg):
    if u"收到红包" in msg['Content']:
        groups = itchat.get_chatrooms(update = True)
        users = itchat.search_chatrooms(name = 'Happy 一家人')  #把红包消息通知给这个群
        userName = users[0]['UserName']                         #获取这个群的唯一标示 ID
        for g in groups:
            if msg['FromUserName'] == g['UserName']: #根据群消息的 FromUserName 匹配是哪个群
                group_name = g['NickName']          #群的昵称
        msgbody = '有人在群" % s"发了红包,请立即打电话给我,让我去抢' % group_name
        #提醒自己有人在群发红包
        itchat.send(msgbody,toUserName = myUserName)
        #把红包消息通知给这个'Happy 一家人'群
        itchat.send(msgbody,toUserName = userName)
itchat.auto_login(True)
#获取自己的 UserName
myUserName = itchat.get_friends(update = True)[0]["UserName"]
itchat.run()
```

8.5.7　Python 调用图灵机器人 API 实现简单的人机交互

视频讲解

图灵机器人是一个中文语境下的对话机器人，免费的机器人允许每天有 5000 次的调用，如果放在群聊中是完全够用的(如果只有@的消息才使用机器人回复的)。图灵机器人也包括一些简单的能力，如讲笑话、故事大全、成语接龙、新闻资讯等。如果你发送一个“讲个笑话”，它就会给你回复一个笑话，发送“郑州天气”就可以回复天气情况，发送英文单词给你回复中文释义。

下面介绍如何简单调用图灵机器人接口(API)。

1. 注册获取 API Key

在 http://www.tuling123.com 上注册一个账号，就可以得到机器人 API Key。这个 Key 以后发送 GET 请求时需要用到。如果你觉得很麻烦，也可以暂时使用 itchat 提供的几个 Key。

```
8edce3ce905a4c1dbb965e6b35c3834d
eb720a8970964f3f855d863d24406576
1107d5601866433dba9599fac1bc0083
71f28bf79c820df10d39b4074345ef8c
```

2. 安装 Requests 实现 HTTP 请求

安装的时候使用 pip 即可。

```
pip install requests
```

3. 调用图灵机器人接口

调用也比较简单，主要是模拟 Post 请求，然后解析返回的 JSON 数据。可以使用

Requests，也可以使用 urllib 库。但 Request 可以简化发送 HTTP 请求的步骤。

```
import requests
import urllib
import json
KEY = "e5ccc9c7c8834ec3b08940e290ff1559"      #换成你自己的 API Key
url = 'http://www.tuling123.com/openapi/api'
req_info = '讲个笑话'.encode('utf-8')
query = {'key': KEY, 'info': req_info}
headers = {'Content-type': 'text/html', 'charset': 'utf-8'}
```

方法一：用 requests 模块以 Get 方式获取回复内容。

```
req = requests.get(url, params=query, headers=headers)
response = req.text
data = json.loads(response)
print(data.get('text'))        #或者 data['text']
```

方法二：用 urllib 库获取回复内容。

```
data = parse.urlencode(query).encode('utf-8') #使用 urlencode 方法转换标准格式
page = request.urlopen(url,data)
html = page.read()
html = html.decode("utf-8")             #用 decode()命令将网页的信息进行解码,否则会出现乱码
data = json.loads(html)                 #json 字典数据
print (data)                            #显示字典数据
print ('机器人说：'+ data.get('text'))  #显示对话内容
```

下面是实现在 Python 的控制台下与图灵机器人聊天的例子：

```
import urllib,json
from urllib import request
from urllib import parse
def getHtml(url, data):
    page = request.urlopen(url,data)
    html = page.read()
    html = html.decode("utf-8")         #用 decode()命令将网页的信息进行解码,否则会出现乱码
    return html
if __name__ == '__main__':
    key = '8b005db5f57556fb96dfd98fbccfab84'
    #url = 'http://www.tuling123.com/openapi/api?key=' + key + '&info='+ info
    url = 'http://www.tuling123.com/openapi/api'
    while True:
        req_info = input('我：')
        #发给服务器数据
        query = {'key': key, 'info': req_info}
        data = parse.urlencode(query).encode('utf-8') #使用 urlencode 方法转换标准格式
        response = getHtml(url, data)
```

```
        data = json.loads(response)                    #字典数据
        print (data)                                   #显示字典数据
        print ('机器人: ' + data['text'] )             #显示对话内容
```

运行结果如下：

```
我: he
{'code': 100000, 'text': '他'}
机器人说: 他
我: 讲个笑话
{'code': 100000, 'text': '北京的城管也是蛮拼的。夜里十二点多,路边买个饼吃,钱都交了,卖饼的阿姨被城管吓跑了'}
机器人说: 北京的城管也是蛮拼的。夜里十二点多,路边买个饼吃,钱都交了,卖饼的阿姨被城管吓跑了
```

8.5.8 程序设计的步骤

掌握以上关键技术，就可以轻松开发出微信机器人。

```
#加载库
from itchat.content import *
import requests
import json
import itchat
itchat.auto_login()
```

调用图灵机器人的API，采用爬虫的原理，根据聊天消息返回回复内容。

```
def tuling(info):
  appkey = "e5ccc9c7c8834ec3b08940e290ff1559"
  url = "http://www.tuling123.com/openapi/api?key=%s&info=%s" % (appkey, info)
  req = requests.get(url)
  content = req.text
  data = json.loads(content)
  answer = data['text']
  return answer
```

对于群聊信息，定义获取想要针对某个群进行机器人回复的群ID函数。

```
def group_id(name):
  df = itchat.search_chatrooms(name=name)
  return df[0]['UserName']
```

注册 itchat 文本消息，绑定到 text_reply 处理函数。

```
#text_reply msg_files 可以处理好友之间的聊天回复
@itchat.msg_register([TEXT,MAP,CARD,NOTE,SHARING])
def text_reply(msg):
  itchat.send('%s' % tuling(msg['Text']),msg['FromUserName'])
```

注册多媒体消息，绑定到 download_files 处理函数。

```
@itchat.msg_register([PICTURE, RECORDING, ATTACHMENT, VIDEO])
def download_files(msg):
  msg['Text'](msg['FileName'])
  return '@%s@%s' % ({'Picture': 'img', 'Video': 'vid'}.get(msg['Type'], 'fil'),
msg['FileName'])
```

现在微信用户加了好多群，并不想对所有的群都进行设置微信机器人，只针对想要设置的群进行微信机器人回复，可进行如下设置：

```
@itchat.msg_register(TEXT, isGroupChat = True)
def group_text_reply(msg):
  #如果只想针对@你的人才回复,可以设置 if msg['isAt']:
  item = group_id(u'想要设置的群的名称') #根据自己的需求设置
  if msg['FromUserName'] == item:
    itchat.send(u'%s' % tuling(msg['Text']), item)
itchat.run()
```

这个机器人会自动回复好友和群聊信息，并对发来的图片等多媒体信息能下载并重新发给对方。

8.5.9 开发消息同步机器人

有了微信聊天机器人经验后，再来开发微信消息同步机器人。微信消息同步机器人就是完成两个群信息的同步（在任意一个群收到消息时同步到其他另一个群）。

开发思路是设计一个字典 groups，用来存放需要同步消息的群聊的 ID，其中 key 为群聊的 ID，value 为群聊的名称。

```
groups = {'群聊的 ID': 群聊的名称, '群聊的 ID ': 群聊的名称}
```

例如：

```
groups = {'@f47fcf4533413b5fad998e30459a86866623c68cb6a363c7aeff208ec03fbb8d','Happy一家人',@f47fcf4533413b5fad998e30459a86866623c68cb6a363c7aeff208ec03fbb8d,'神聊谷'}
```

接收到群聊消息时，如果消息来自需要同步消息的群聊，就根据消息类型进行处理，同时转发到其他需要同步的群聊。

首先定义一个消息响应函数，文本类消息可以用 TEXT 和 SHARING 两类，使用 isGroupChat＝True 指定消息来自群聊，这个参数默认为 False。

```
import itchat
from itchat.content import *
@itchat.msg_register([TEXT, SHARING], isGroupChat = True)
def group_reply_text(msg):
```

```
  #获取群聊的 ID,即消息来自哪个群聊
  source = msg['FromUserName']          #群聊的 ID
  #这里可以把 source 打印出来,确定是哪个群聊后把群聊的 ID 和名称加入 groups
  groups = {'@f47fcf4533413b5fad998e30459a86866623c68cb6a363c7aeff208ec03fbb8d','Happy一家人',@f47fcf4533413b5fad998e30459a86866623c68cb6a363c7aeff208ec03fbb8d,'神聊谷'}
  #处理文本消息
  if msg['Type'] == TEXT:
    #消息来自需要同步消息的群聊
    if source in groups:                #判断是否在字典里,等价于 2.7 版本 groups.has_key(source)
      for item in groups.keys():        #转发到其他需要同步消息的群聊
        if not item == source:
          #groups[source]: 消息来自哪个群聊
          #msg['ActualNickName']: 发送者的名称
          #msg['Content']: 文本消息内容
          #item: 需要被转发的群聊 ID
          itchat.send('%s: %s\n%s' % (groups[source], msg['ActualNickName'], msg['Content']), item)
  #处理分享消息
  elif msg['Type'] == SHARING:
    if groups.has_key(source):
      for item in groups.keys():
        if not item == source:
          #msg['Text']: 分享的标题,msg['Url']: 分享的链接
          itchat.send('%s: %s\n%s\n%s' % (groups[source], msg['ActualNickName'], msg['Text'], msg['Url']), item)
```

再来处理图片等多媒体类消息。

```
#处理图片和视频类消息
@itchat.msg_register([PICTURE, VIDEO], isGroupChat = True)
def group_reply_media(msg):
  source = msg['FromUserName']
  #下载图片或视频
  msg['Text'](msg['FileName'])
  if groups.has_key(source):
    for item in groups.keys():
      if not item == source:
        #将图片或视频发送到其他需要同步消息的群聊
        itchat.send('@%s@%s' % ({'Picture': 'img', 'Video': 'vid'}.get(msg['Type'], 'fil'), msg['FileName']), item)
itchat.auto_login(True)
itchat.run()
```

以上代码实现了对文本、分享、图片、视频4类消息的处理,如果对其他类型的消息也感兴趣,进行相应的处理即可。目前两个群之间可以进行消息同步了,一群和二群的用户之间终于可以畅快地聊起来。

提示

最近传出微信要关闭网页版，实际上迄今为止网页版仍能正常使用，但对新用户有了限制导致其无法登录，且部分API可能有改动。学习本章不是仅仅学会微信网页服务API，更基础的还是让读者先学会爬虫抓包分析，API不是官方提供的，是自己分析出来的。然后用程序封装成一个个的函数，在自己的程序里再去调用这些函数，实现自己的目的，例如发文本消息。理论上来讲，网页版的所有功能都能用程序模拟，越来越多的公司滥用这些，不安全是一个很大的因素。有微信PC客户端之后，网页版的作用不是很大，有可能时机成熟，微信网页版就会真的关闭。

第 9 章

爬虫应用——校园网搜索引擎

9.1 校园网搜索引擎功能分析

随着校园网建设的迅速发展,校园网内的信息量正以惊人的速度增长。如何更全面、更准确地获取最新、最有效的信息已经成为把握机遇、迎接挑战和获取成功的重要条件。目前虽然已经有了像 Google、百度这样优秀的通用搜索引擎,但是它们并不能适用于所有的情况和需要。互联网上信息量巨大,远远超出哪怕是最大的一个搜索引擎可以完全收集的能力范围。对学术搜索、校园网的搜索来说,一个合理的排序结果是非常重要的。本章旨在使用 Python 建立一个适合校园网使用的 Web 搜索引擎系统,它能在较短的时间内爬取页面信息,具有有效准确的中文分词功能,能实现对校园网上新闻信息的快速检索功能。

9.2 校园网搜索引擎系统设计

校园网搜索引擎一般需要如下几个步骤。

(1) 网络爬虫爬取这个网站,得到所有网页超链接。网络爬虫就是一只会嗅着 URL(超链接)爬过成千上万网页,并把网页内容搬到用户计算机上供用户使用的苦力虫子。如图 9-1 所示,用户给定爬虫的出发页面 A 的 URL,它就从起始页 A 出发,读取 A 的所有内容,并从中找到 5 个 URL,分别指向页面 B、C、D、E 和 F,然后顺着超链接依次抓取 B、C、D、E 和 F 页面的内容,并从中发现新的超链接,然后沿着超链接爬到新的页面,对爬虫带回来的网页内容继续进行分析链接,继续爬到新的页面……直到找不到新的超链接或者满足了人为设定的停止条

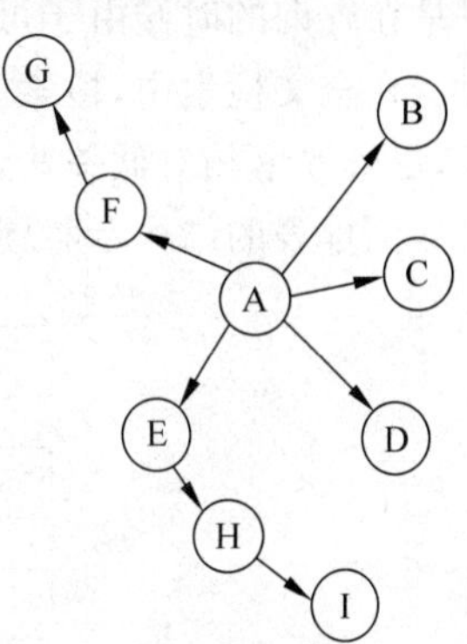

图 9-1 网站超链接示意图

件为止。

爬虫前进的方式分为广度优先搜索(BFS)和深度优先搜索(DFS)。在图 9-1 中 BFS 的搜索顺序是 A-B-C-D-E-F-G-H-I，而深度优先搜索的顺序是遍历的路径：A-F-G　E-H-I　B C D。

(2) 得到网页的源代码，解析剥离出想要的新闻内容、标题、作者等信息。

(3) 把所有网页的新闻内容做成词条索引，一般采用倒排表索引。

索引一般有正排索引(正向索引)和倒排索引(反向索引)。

正排索引(Forward Index，正向索引)：正排表是以文档的 ID 为关键字，表中记录文档(即网页)中每个字或词的位置信息，查找时扫描表每个文档中字或词的信息，直到找出所有包含查询关键字的文档。

正排表结构如图 9-2 所示，这种组织方法在建立索引时结构比较简单、比较方便且易于维护。因为索引是基于文档建立的，若是有新的文档加入，直接为该文档建立一个新的索引块，挂接在原来索引文件的后面即可。若是有文档被删除，则直接找到该文档号文档对应的索引信息，将其直接删除。但是，在查询的时候需对所有的文档进行扫描以确保没有遗漏，这样就使检索时间大大延长，检索效率降低。

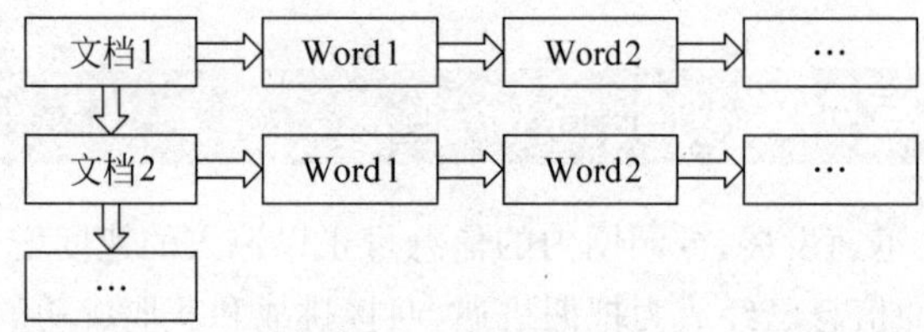

图 9-2　正排表结构示意图

尽管正排表的工作原理非常简单，但是由于其检索效率太低，除非在特定情况下，否则实用价值不大。

倒排索引(Inverted Index，反向索引)：倒排表以字或词为关键字进行索引，表中关键字所对应的记录表项记录了出现这个字或词的所有文档，一个表项就是一个字表段，它记录该文档的 ID 和字符在该文档中出现的位置情况。

由于每个字或词对应的文档数量在动态变化，所以，倒排表的建立和维护都较为复杂，但是在查询的时候由于可以一次得到查询关键字所对应的所有文档，所以，效率高于正排表。在全文检索中，检索的快速响应是一个最为关键的性能，而索引建立由于是在后台进行，尽管效率相对低一些，但不会影响整个搜索引擎的效率。

倒排表的结构示意图如图 9-3 所示。

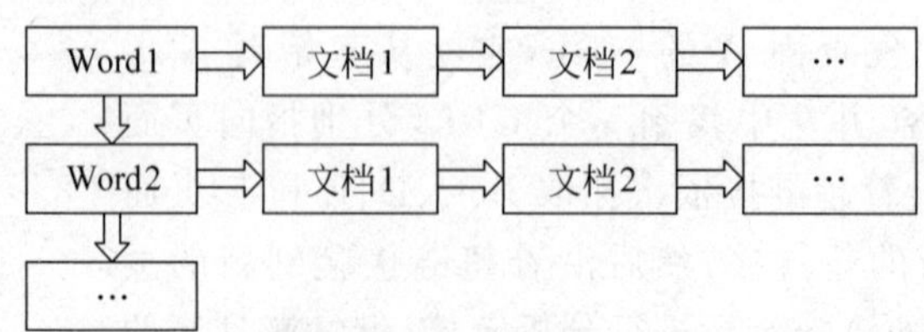

图 9-3　倒排表结构示意图

正排索引是从文档到关键字的映射(已知文档求关键字);倒排索引是从关键字到文档的映射(已知关键字求文档)。

在搜索引擎中每个文件都对应一个文件 ID,文件内容被表示为一系列关键词的集合(实际上在搜索引擎索引库中,关键词也已经转换为关键词 ID)。例如,"文档 1"经过分词,提取了 20 个关键词,每个关键词都会记录它在文档中的出现次数和出现位置,得到正向索引的结构如下。

"文档 1"的 ID> 单词 1:出现次数,出现位置列表;单词 2:出现次数,出现位置列表……

"文档 2"的 ID> 此文档出现的关键词列表。

当用户搜索关键词"华为手机"时,假设只存在正向索引,那么就需要扫描索引库中的所有文档,找出所有包含关键词"华为手机"的文档,再根据打分模型进行打分,排出名次后呈现给用户。因为互联网中收录在搜索引擎中的文档的数目是一个天文数字,这样的索引结构根本无法满足实时返回排名结果的要求。

所以,搜索引擎会将正向索引重新构建为倒排索引,即把文件 ID 对应到关键词的映射转换为关键词到文件 ID 的映射,每个关键词都对应着一系列的文件,这些文件中都出现这个关键词,得到倒排索引的结构如下。

"关键词 1":"文档 1"的 ID,"文档 2"的 ID……

"关键词 2":带有此关键词的文档 ID 列表。

(4) 搜索时,根据搜索词在词条索引里查询,按顺序返回相关的搜索结果。也可以按网页评价排名顺序返回相关的搜索结果。

当用户输入一串搜索字符串,程序会先进行分词,然后依照每个词的索引找到相应网页。例如,在搜索框中输入"从前有座山山里有座庙小和尚",搜索引擎首先会对字符串进行分词处理"从前/有/座山/山里/有/座庙/小和尚",然后按照一定规则对词做布尔运算,如每个词之间做"与"运算,然后在索引中搜索"同时"包含这些词的页面。

所以,本系统主要由 4 个模块组成:信息采集模块、建立索引模块、网页排名模块及用户搜索界面模块。

(1) 信息采集模块:主要是利用网络爬虫实现对校园网信息的抓取。

(2) 索引模块:负责对爬取新闻网页的标题、内容和作者进行分词并建立倒排词表。

(3) 网页排名模块:采用最简单的 TF-IDF 统计方法,评估一个字词对于一个文件集或一个语料库中的其中一份文件的重要程度。

(4) 用户搜索界面模块:负责用户关键字的输入及搜索结果信息的返回。

9.3 关键技术

9.3.1 中文分词

在英文中,单词之间是以空格作为自然分界符的。中文只是句子和段可以通过明显的分界符来简单划分,唯独词没有一个形式上的分界符,虽然也同样存在短语之间的划分问题,但是在词这一层上,中文要比英文复杂得多。

中文分词就是将连续的字序列按照一定的规范重新组合成词序列的过程。中文分词

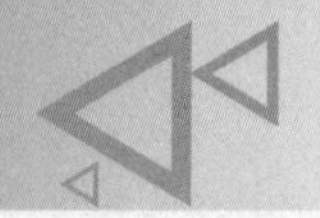

是网页分析索引的基础。分词的准确性对搜索引擎来说十分重要，如果分词速度太慢，即使再准确，对于搜索引擎来说也是不可用的，因为搜索引擎需要处理很多网页，如果分析消耗的时间过长，会严重影响搜索引擎内容更新的速度。因此，搜索引擎对于分词的准确率和速率都提出了很高的要求。

"结巴"(jieba)中文分词是一个支持中文分词，高准确率、高效率的 Python 中文分词组件，支持繁体分词和自定义词典。"结巴"中文分词支持 3 种分词模式。

(1) 精确模式：试图将句子最精确地切开，适合文本分析。

(2) 全模式：把句子中所有的可以成词的词语都扫描出来，速度非常快，但是不能解决歧义问题。

(3) 搜索引擎模式：在精确模式的基础上，对长词再次切分，提高召回率，适合用于搜索引擎分词。

9.3.2 安装和使用 jieba

安装 jieba：

```
pip install jieba
```

出现如下提示则安装成功：

```
Installing collected packages: jieba
  Running setup.py install for jieba … done
Successfully installed jieba-0.38
```

组件提供 jieba.cut()方法用于分词，cut()方法接收两个输入参数：

(1) 第一个参数为需要分词的字符串；

(2) cut_all 参数用来控制分词模式。

jieba.cut()返回的结构是一个可迭代的生成器(generator)，可以使用 for 循环来获得分词后得到的每一个词语，也可以用 list(jieba.cut(…))转化为 list 列表。例如：

```
import jieba
seg_list = jieba.cut("我来到北京清华大学", cut_all = True)  #全模式
print( "Full Mode:", '/'.join(seg_list))
seg_list = jieba.cut("我来到北京清华大学")          #默认是精确模式, 或者 cut_all = false
print(type(seg_list))                              #<class 'generator'>
print("Default Mode:", '/'.join(seg_list))
seg_list = jieba.cut_for_search("我来到北京清华大学")     #搜索引擎模式
print("搜索引擎模式:", '/'.join(seg_list))
seg_list = jieba.cut("我来到北京清华大学")
for word in seg_list:
    print(word,end = '')
```

运行结果如下：

```
Building prefix dict from the default dictionary …
Loading model from cache C:\Users\ADMINI~1\AppData\Local\Temp\jieba.cache
```

```
Loading model cost 1.648 seconds.
Prefix dict has been built succesfully.
Full Mode: 我/来到/北京/清华/清华大学/华大/大学
<class 'generator'>
Default Mode: 我/来到/北京/清华大学
搜索引擎模式: 我/来到/北京/清华/华大/大学/清华大学
我 来到 北京 清华大学
```

jieba.cut_for_search()方法仅有一个参数，为分词的字符串，该方法用于搜索引擎构造倒排索引的分词，粒度比较细。

9.3.3 jieba 添加自定义词典

"国家5A级景区"景点介绍中存在很多旅游相关的专有名词，举个例子。

［输入文本］ 故宫的著名景点包括乾清宫、太和殿和黄琉璃瓦等

［精确模式］ 故宫/的/著名景点/包括/乾/清宫/、/太和殿/和/黄/琉璃瓦/等

［全模式］ 故宫/的/著名/著名景点/景点/包括/乾/清宫/太和/太和殿/和/黄/琉璃/琉璃瓦/等

显然，专有名词"乾清宫""太和殿""黄琉璃瓦"(假设为一个文物)可能因分词而分开，这也是很多分词工具的一个缺陷。但是jieba分词支持开发者使用自定义的词典，以便包含jieba词库中没有的词语。虽然"结巴"有新词识别能力，但自行添加新词可以保证更高的正确率，尤其是专有名词。

基本用法如下：

```
jieba.load_userdict(file_name)      #file_name为自定义词典的路径
```

词典格式是一个词占一行；每一行分三部分，一部分为词语，另一部分为词频，最后一部分为词性(可省略，jieba的词性标注方式和ICTCLAS的标注方式一样。ns为地点名词，nz为其他专用名词，a是形容词，v是动词，d是副词)，三部分用空格隔开。例如下面自定义词典dict.txt：

```
乾清宫 5 ns
黄琉璃瓦 4
云计算 5
李小福 2 nr
八一双鹿 3 nz
凯特琳 2 nz
```

下面是导入自定义词典后再分词：

```
import jieba
jieba.load_userdict("dict.txt") #导入自定义词典
text = "故宫的著名景点包括乾清宫、太和殿和黄琉璃瓦等"
seg_list = jieba.cut(text, cut_all = False) #精确模式
print ("[精确模式]: ", "/ ".join(seg_list))
```

输出结果如下所示，其中专有名词连在一起，即"乾清宫"和"黄琉璃瓦"。

[**精确模式**]：故宫/ 的/ 著名景点/ 包括/ 乾清宫/ 、/ 太和殿/ 和/ 黄琉璃瓦/ 等

9.3.4 文本分类的关键词提取

文本分类时，在构建 VSM(向量空间模型)过程或者把文本转换成数学形式计算中，需要运用到关键词提取的技术，jieba 可以简便地提取关键词。

基本用法如下：

```
jieba.analyse.extract_tags(sentence, topK = 20, withWeight = False, allowPOS = ()))
```

需要先 import jieba.analyse，其中 sentence 为待提取的文本，topK 为返回几个 TF-IDF 权重最大的关键词，默认值为 20。withWeight 为是否一并返回关键词权重值，默认值为 False。allowPOS 仅包含指定词性的词，默认值为空，即不进行筛选。

```
import jieba,jieba.analyse
jieba.load_userdict("dict.txt")                    #导入自定义词典
text = "故宫的著名景点包括乾清宫、太和殿和午门等。其中乾清宫非常精美,午门是紫禁城的正门,午门居中向阳。"
seg_list = jieba.cut(text, cut_all = False)
print ("分词结果: ", "/".join(seg_list))            #精确模式
tags = jieba.analyse.extract_tags(text, topK = 5)  #获取关键词
print ("关键词: ", " ".join(tags))
tags = jieba.analyse.extract_tags(text, topK = 5,withWeight = True)  #返回关键词权重值
print (tags)
```

输出结果如下：

```
分词结果: 故宫/的/著名景点/包括/乾清宫/、/太和殿/和/午门/等/。/其中/乾清宫/非常/精美/,/午门/是/紫禁城/的/正门/,/午门/居中/向阳/。
关键词: 午门 乾清宫 著名景点 太和殿 向阳
[('午门', 1.5925323525975001), ('乾清宫', 1.4943459378625), ('著名景点', 0.86879235325), ('太和殿', 0.63518800210625), ('向阳', 0.578517922051875)]
```

其中“午门”出现 3 次，“乾清宫”出现 2 次，“著名景点”出现 1 次。如果 topK=5，按照顺序输出提取 5 个关键词，则输出“午门 乾清宫 著名景点 太和殿 向阳”。

```
jieba.analyse.TFIDF(idf_path = None)      #新建 TFIDF 实例,idf_path 为 IDF 频率文件
```

关键词提取所使用逆向文件频率(IDF)文本语料库可以切换成自定义语料库的路径：

```
jieba.analyse.set_idf_path(file_name)      #file_name 为自定义语料库的路径
```

关键词提取所使用停止词(stop words)文本语料库可以切换成自定义语料库的路径。

TF-IDF 是一种统计方法，用以评估一个字词对于一个文件集或一个语料库中的其中

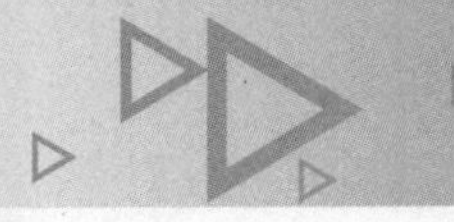

一份文件的重要程度。字词的重要性随着它在文件中出现的次数成正比增加，但同时会随着它在语料库中出现的频率成反比下降。TF-IDF 的主要思想如下：如果某个词或短语在一篇文章中出现的频率 TF 高，并且在其他文章中很少出现，则认为此词或者短语具有很好的类别区分能力，适合用来分类。

9.3.5 deque(双向队列)

deque(double-ended queue 的缩写)双向队列类似于 list 列表，位于 Python 标准库的 collections 中。它提供了两端都可以操作的序列，这意味着在序列的前后都可以执行添加或删除操作。

1. 创建 deque 双向队列

```
from collections import deque
d = deque()
```

2. 添加元素

```
d = deque()
d.append(3)
d.append(8)
d.append(1)
```

此时 d=deque([3,8,1])，len(d)=3，d[0]=3，d[-1]=1。

deque 支持从任意一端添加元素。append()从右端添加一个元素，appendleft()从左端添加一个元素。

3. 两端都使用 pop

```
d = deque(['1', '2', '3', '4', '5'])
```

d.pop()抛出的是'5'，d.popleft()抛出的是'1'，可见默认 pop()抛出的是最后一个元素。

4. 限制 deque 的长度

```
d = deque(maxlen = 20)
for i in range(30):
    d.append(str(i))
```

此时 d=deque(['10','11','12','13','14','15','16','17','18','19','20','21','22','23','24','25','26','27','28','29'], maxlen=20)，可见当限制长度的 deque 增加超过限制数的项时，另一边的项会自动删除。

5. 添加 list 各项到 deque 中

```
d = deque([1,2,3,4,5])
d.extend([0])
```

那么此时 d=deque([1,2,3,4,5,0])。

```
d.extendleft([6,7,8])
```

此时 d=deque([8, 7, 6, 1, 2, 3, 4, 5, 0])。

9.4 程序设计的步骤

9.4.1 信息采集模块——网络爬虫实现

网络爬虫的实现原理及过程如下。

(1) 获取初始的 URL。初始的 URL 地址可以由用户指定的某个或某几个初始爬取网页决定。

(2) 根据初始的 URL 爬取页面并获得新的 URL。获得初始的 URL 地址之后，首先需要爬取对应 URL 地址中的网页，爬取了对应的 URL 地址中的网页后，将网页存储到原始数据库中，并且在爬取网页的同时，发现新的 URL 地址，同时将已爬取的 URL 地址存放到一个已爬 URL 列表中，用于去重及判断爬取的进程。

(3) 将新的 URL 放到 URL 队列中。在第(2)步中，获取下一个新的 URL 地址之后，会将新的 URL 地址放到 URL 队列中。

(4) 从 URL 队列中读取新的 URL，并依据新的 URL 爬取网页，同时从新网页中获取新 URL，并重复上述爬取过程。

(5) 满足爬虫系统设置的停止条件时，停止爬取。在编写爬虫时，一般会设置相应的停止条件。如果没有设置停止条件，爬虫会一直爬取下去，一直到无法获取新的 URL 地址为止，若设置了停止条件，爬虫会在停止条件满足时停止爬取。

图 9-4 所示为网络爬虫的实现原理及过程。

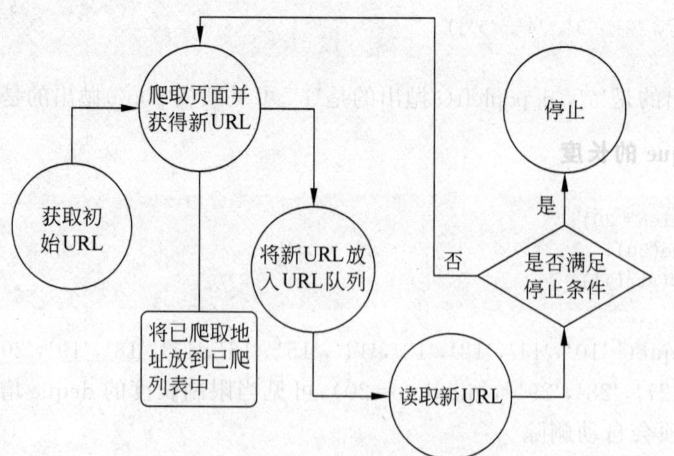

图 9-4 网络爬虫的实现原理及过程

根据图 9-4 所示的网络爬虫的实现原理及过程，这里指定中原工学院新闻门户 URL 地址 http://www.zut.edu.cn/index/zhxw.htm 为初始的 URL。

使用 unvisited 队列存储待爬取 URL 超链接的集合并使用广度优先搜索。使用 visited 集合存储已访问过的 URL 超链接。

```
unvisited = deque()          #待爬取超链接的列表,使用广度优先搜索
visited = set()              #已访问的超链接集合
```

在数据库中建立两个 table,其中一个是 doc 表,存储每个网页 ID 和 URL 超链接。

```
create table doc (id int primary key,link text)
```

例如:

```
1   http://www.zut.edu.cn/index/xwdt.htm
2   http://www.zut.edu.cn/info/1052/19838.htm
3   http://www.zut.edu.cn/info/1052/19837.htm
4   http://www.zut.edu.cn/info/1052/19836.htm
5   http://www.zut.edu.cn/info/1052/19835.htm
6   http://www.zut.edu.cn/info/1052/19834.htm
7   http://www.zut.edu.cn/info/1052/19833.htm
……
```

另一个是 word 表,即为倒排表,存储词语和其对应的网页 ID 序号的 list。

```
create table word (term varchar(25) primary key,list text)
```

如果一个词在某个网页中出现多次,那么 list 中这个网页的序号也出现多次。list 最后转换成一个字符串存进数据库。

例如,某个词"王宗敏"出现在网页 ID 为 12、35、88 号的网页中,12 号页面 1 次,35 号页面 3 次,88 号页面 2 次,它的 list 应为[12,35,35,35,88,88],转换成字符串'12 35 35 35 88 88',存储在 word 表中一条记录中,形式如下:

term	list
王宗敏	12 35 35 35 88 88
校友会	54 190 190 701 986 986 1024

爬取中原工学院新闻网页代码如下:

```
#search_engine_build-2.py
import sys
from collections import deque
import urllib
from urllib import request
import re
from bs4 import BeautifulSoup
import lxml
import sqlite3
import jieba

url = 'http://www.zut.edu.cn/index/zhxw.htm' #入口
unvisited = deque() #待爬取链接的集合,使用广度优先搜索
```

```
visited = set() # 已访问的链接集合
unvisited.append(url)

conn = sqlite3.connect('viewsdu.db')
c = conn.cursor()
# 在 create table 之前先 drop table 是因为之前测试的时候已经建过 table 了，所以，再次运行代码的时候需把旧的 table 删了重新建
c.execute('drop table doc')
c.execute('create table doc (id int primary key, link text)')
c.execute('drop table word')
c.execute('create table word (term varchar(25) primary key, list text)')
conn.commit()
conn.close()
print('*************** 开始爬取 *************************')
cnt = 0
print('开始……')
while unvisited:
    url = unvisited.popleft()
    visited.add(url)
    cnt += 1
    print('开始抓取第', cnt, '个链接：', url)

    # 爬取网页内容
    try:
        response = request.urlopen(url)
        content = response.read().decode('utf-8')

    except:
        continue
    # 寻找下一个可爬的链接，因为搜索范围是网站内，所以，对链接有格式要求，需根据具体情况而定
    # 解析网页内容，可能有几种情况，这也是根据这个网站网页的具体情况写的
    soup = BeautifulSoup(content, 'lxml')
    all_a = soup.find_all('a', {'class':"con fix"}) # 本页面所有的新闻链接<a>
    for a in all_a:
        #print(a.attrs['href'])
        x = a.attrs['href']                # 网址
        if re.match(r'http.+', x):         # 排除以 http 开头，而不是 http://www.zut.edu.cn 网址
            if not re.match(r'http\:\/\/www\.zut\.edu\.cn\/.+', x):
                continue
        if re.match(r'\/info\/.+', x):                # "/info/1046/20314.htm"
            x = 'http://www.zut.edu.cn' + x
        elif re.match(r'info/.+', x) :                 # "info/1046/20314.htm"
            x = 'http://www.zut.edu.cn/' + x
        elif re.match(r'\.\.\/info/.+', x):            # "../info/1046/20314.htm"
            x = 'http://www.zut.edu.cn' + x[2:]
        elif re.match(r'\.\.\/\.\.\/info/.+', x):      # "../../info/1046/20314.htm"
            x = 'http://www.zut.edu.cn' + x[5:]
        #print(x)
        if (x not in visited) and (x not in unvisited):
```

```
                unvisited.append(x)

    a = soup.find('a',{'class':"Next"})      #下一页<a>
    if a!= None:
        x = a.attrs['href']                  #网址
        if re.match(r'zhxw\/.+',x):
            x = 'http://www.zut.edu.cn/index/' + x
        else:
            x = 'http://www.zut.edu.cn/index/zhxw/' + x
        if (x not in visited) and (x not in unvisited):
            unvisited.append(x)
```

以上实现要爬取的网址队列 unvisited。

9.4.2 索引模块——建立倒排词表

解析新闻网页内容，这个过程需根据这个网站网页的具体情况来处理。

```
soup = BeautifulSoup(content,'lxml')
    #提取出网页标题 title,新闻内容 article 和新闻作者 author 字符串
    title = soup.title.string
    article = soup.find('div',class_ = 'detail1 - q')
    print('网页标题:',title)
    if article == None:
        print('无内容的页面.') #缺失内容
        continue
    else:
        article = article.find('div',class_ = 'cont')
        article = article.get_text("",strip = True)
        article = ''.join(article.split())
        #print('文章内容:',article[:200]) #前200字
        #作者信息在文章最后,所以截取后20个字符
        result = article[ - 20:]
        #(通讯员 陈昊昱)从括号中提取作者
        authorlist = re.findall(r'\((.*?)\)', result) #返回是列表
        if authorlist == []:
            author = "" #缺失作者
            print('缺失作者')
        else:
            author = authorlist[0]
            print('作者:',author)
```

提取出的网页内容存在 title、article、author 三个字符串中，对它们进行中文分词。对每个分出的词语建立倒排词表。

```
    seggen = jieba.cut_for_search(title)
    seglist = list(seggen)
```

```
        seggen = jieba.cut_for_search(article)
        seglist += list(seggen)
        seggen = jieba.cut_for_search(author)
        seglist += list(seggen)

        #数据存储
        conn = sqlite3.connect("viewsdu.db")
        c = conn.cursor()
        c.execute('insert into doc values(?,?)',(cnt,url))
        #对每个分出的词语建立倒排词表
        for word in seglist:
            #print(word)
            #检查这个词语是否已存在于数据库
            c.execute('select list from word where term = ?',(word,))
            result = c.fetchall()
            #如果不存在
            if len(result) == 0:
                docliststr = str(cnt)
                c.execute('insert into word values(?,?)',(word,docliststr))
            #如果已存在
            else:
                docliststr = result[0][0]#得到字符串
                docliststr += ' ' + str(cnt)
                c.execute('update word set list = ? where term = ?',(docliststr,word))
        conn.commit()
        conn.close()
print('词表建立完毕!!')
```

以上代码只需运行一次即可，搜索引擎所需的数据库已经建好了。运行上述代码将出现如下结果：

```
开始抓取第 110 个链接：http://www.zut.edu.cn/info/1041/20191.htm
网页标题：我校 2017 年学生奖助项目评审工作完成资助育人成效显著 - 中原工学院
开始抓取第 111 个链接：http://www.zut.edu.cn/info/1041/20190.htm
网页标题：我校教师李慕杰、王学鹏参加中国致公党河南省第一次代表大会 - 中原工学院
开始抓取第 112 个链接：http://www.zut.edu.cn/info/1041/20187.htm
网页标题：我校与励展企业开展校企合作 - 中原工学院
开始抓取第 113 个链接：http://www.zut.edu.cn/info/1041/20184.htm
网页标题：平顶山学院李培副校长一行来我校考察交流 - 中原工学院
开始抓取第 114 个链接：http://www.zut.edu.cn/info/1041/20179.htm
网页标题：我校学生在工程造价技能大赛中获佳绩 - 中原工学院
开始抓取第 115 个链接：http://www.zut.edu.cn/info/1041/20178.htm
网页标题：我校召开 2018 届毕业生就业工作会议 - 中原工学院
```

9.4.3 网页排名和搜索模块

需要搜索的时候，执行 search_engine_use.py，完成网页排名和搜索功能。

网页排名采用 TF-IDF 统计。TF-IDF 是一种用于信息检索与数据挖掘的常用加权技

术。TF-IDF统计用以评估一个词对于一个文件集或一个语料库中的其中一份文件的重要程度。TF的意思是词频(Term Frequency),IDF意思是逆文本频率指数(Inverse Document Frequency)。TF表示词条t在文档d中出现的频率。IDF的主要思想如下:如果包含词条t的文档越少,则词条t的IDF越大,则说明词条t具有很好的类别区分能力。

词条t的IDF计算公式如下:

```
idf = log(N/df)
```

其中N是文档总数,df是包含词条t的文档数量。

本程序中tf={文档号:出现次数}存储的是某个词在文档中出现的次数。如王宗敏的tf={12:1,35:3,88:2}即"王宗敏"出现在网页ID为12、35、88号网页中,12号页面1次,35号页面3次,88号页面2次。

score={文档号:文档得分}用于存储命中(搜到)文档的排名得分。

```
#search_engine_use.py
import re
import urllib
from urllib import request
from collections import deque
from bs4 import BeautifulSoup
import lxml
import sqlite3
import jieba
import math
conn = sqlite3.connect("viewsdu.db")
c = conn.cursor()
c.execute('select count(*) from doc')
N = 1 + c.fetchall()[0][0]                    #文档总数
target = input('请输入搜索词:')
seggen = jieba.cut_for_search(target)        #将搜索内容分词
score = {}                                   #字典,用于存储"文档号:文档得分"
for word in seggen:
    print('得到查询词:',word)
    tf = {}                                  #文档号:次数{12:1,35:3,88:2}
    c.execute('select list from word where term = ?',(word,))
    result = c.fetchall()
    if len(result)> 0:
        doclist = result[0][0]               #字符串"12 35 35 35 88 88"
        doclist = doclist.split(' ')         #['12','35','35','35','88','88']
        doclist = [int(x) for x in doclist]#把字符串转换为元素为 int 的 list[12,35,88]
        df = len(set(doclist))               #当前 word 对应的 df 数,注意 set 集合实现去掉重复项
        idf = math.log(N/df)                 #计算出 IDF
        print('idf:',idf)
        for num in doclist:                  #计算词频 TF,即在某文档的出现次数
            if num in tf:
                tf[num] = tf[num] + 1
            else:
```

```
                tf[num] = 1
        #tf 统计结束,现在开始计算 score
        for num in tf:
            if num in score:
                #如果该 num 文档已经有分数了,则累加
                score[num] = score[num] + tf[num] * idf
            else:
                score[num] = tf[num] * idf
sortedlist = sorted(score.items(),key = lambda d:d[1],reverse = True)   #对 score 字典按字典的值排序
#print('得分列表',sortedlist)
cnt = 0
for num,docscore in sortedlist:
    cnt = cnt + 1
    c.execute('select link from doc where id = ?',(num,))      #按照 ID 获取文档的连接(网址)
    url = c.fetchall()[0][0]
    print(url , '得分: ',docscore)                            #输出网址和对应得分
    try:
        response = request.urlopen(url)
        content = response.read().decode('utf-8')            #可以输出网页内容
    except:
        print('oops…读取网页出错')
        continue
    #解析网页,输出标题
    soup = BeautifulSoup(content,'lxml')
    title = soup.title
    if title == None:
        print('No title.')
    else:
        title = title.text
        print(title)
    if cnt > 20:                                  #超过 20 条则结束,即输出前 20 条网页
        break
if cnt == 0:
    print('无搜索结果')
```

当运行 search_engine_use.py 时,则出现如下提示:

请输入搜索词:王宗敏
Building prefix dict from the default dictionary …
Loading model from cache C:\Users\xmj\AppData\Local\Temp\jieba.cache
Loading model cost 0.961 seconds.
Prefix dict has been built succesfully.
得到查询词:王宗敏
idf:3.337509562404897
http://www.zut.edu.cn/info/1041/20120.htm 得分:13.350038249619589
王宗敏校长一行参加深圳校友会年会并走访合作企业-中原工学院
http://www.zut.edu.cn/info/1041/20435.htm 得分:13.350038249619589

中国工程院张彦仲院士莅临我校指导工作-中原工学院

http://www.zut.edu.cn/info/1041/19775.htm 得分：10.012528687214692

我校河南省功能性纺织材料重点实验室接受现场评估-中原工学院

http://www.zut.edu.cn/info/1041/19756.htm 得分：10.012528687214692

王宗敏校长召开会议推进"十三五"规划"八项工程"建设-中原工学院

http://www.zut.edu.cn/info/1041/19726.htm 得分：10.012528687214692

我校 2017 级新生开学典礼隆重举行-中原工学院

说明：由于中原工学院网站 2022 年 4 月改版，程序代码访问的原网站已改为 www1.zut.edu.cn，所以代码中出现的 www.zut.edu.cn 都修改为 www1.zut.edu.cn 即可正常运行。

说明

由于中原工学院网站不断进行改版，所以需要分析新闻网页结构才能正确获取标题、新闻内容和新闻作者信息。

第 10 章

SQLite 数据库存储——大河报纸媒爬虫

视频讲解

10.1 大河报纸媒爬虫功能介绍

大河报纸媒爬虫工具 requests-html 库对其网站进行数据采集。requests-html 库具有完全支持 JavaScript、支持 CSS 和 XPath 选择器、模拟用户代理等特性，代码量非常少。作者将 Requests 设计简单强大的优点带到了该项目中。这个库旨在使解析 HTML（如抓取 Web）尽可能简单直观。需要注意的一点就是，requests-html 只支持 Python 3.6 及以上的版本。

SQLite 是一款很有名气的小型开源跨平台数据库，是实现自给自足的、无服务器的、零配置的、事务性的 SQL 数据库引擎。本章使用 SQLite 数据库实现爬取大河报纸媒信息的数据库存储操作，运行结果如图 10-1 所示。从图 10-1 中可见爬取到大河报纸媒新闻的网址、标题和内容等信息。

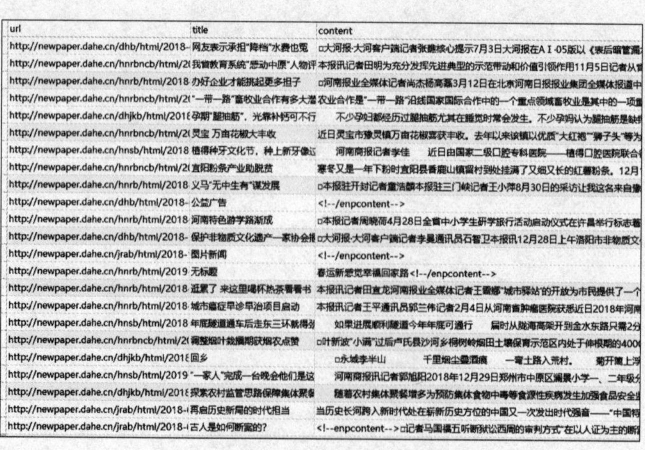

url	title	content
http://newpaper.dahe.cn/dhb/html/2018-	网友表示承担"降档"水费也冤	□大河报·大河客户端记者张鹏核心提示7月3日大河报在A I ·05版以《表后暗管漏
http://newpaper.dahe.cn/hnrbncb/html/2(	我省教育系统"感动中原"人物评	本报讯记者田明为充分发挥先进典型的示范带动和价值引领作用11月5日记者从省
http://newpaper.dahe.cn/hnrb/html/2018	办好企业才能挑起更多担子	□河南报业全媒体记者尚杰杨高磊3月12日在北京河南日报报业集团全媒体报道中
http://newpaper.dahe.cn/hnrbncb/html/2(	"一带一路"畜牧业合作有多大潜	农业合作是"一带一路"沿线国家国际合作中的一个重点领域畜牧业是其中的一项重
http://newpaper.dahe.cn/dhjkb/html/201	孕期"腿抽筋"，光靠补钙可不行	不少孕妇都经历过腿抽筋尤其在睡觉时常会发生。不少孕妈认为腿抽筋是缺钙
http://newpaper.dahe.cn/hnrbncb/html/2(	灵宝 万亩花椒大丰收	近日灵宝市豫灵镇万亩花椒喜获丰收。去年以来该镇以优质"大红袍""狮子头"等为
http://newpaper.dahe.cn/hnsb/html/2018	植得种牙文化节，种上新牙像这	河南商报记者李佳　　近日由国家二级口腔专科医院——植得口腔医院联合
http://newpaper.dahe.cn/hnrbncb/html/2(	宜阳粉条产业助脱贫	寒冬又是一年下粉时宜阳县香鹿山镇留村到处挂满了又细又长的红薯粉条。12月
http://newpaper.dahe.cn/hnrb/html/2018	义马"无中生有"谋发展	□本报驻开封记者童浩麟本报驻三门峡记者王小萍8月30日的采访让我这名来自豫
http://newpaper.dahe.cn/dhb/html/2018-	公益广告	<!--/enpcontent-->
http://newpaper.dahe.cn/hnrb/html/2018	河南特色游学路渐成	□本报记者周晓荷4月28日全省中小学生研学旅行活动启动仪式在许昌举行标志着
http://newpaper.dahe.cn/dhb/html/2018-	保护非物质文化遗产一家协会拍	□大河报·大河客户端记者李晨通讯员石智卫本报讯12月28日上午洛阳市非物质文
http://newpaper.dahe.cn/jrab/html/2018-	图片新闻	<!--/enpcontent-->
http://newpaper.dahe.cn/hnrb/html/2019	无标题	春运新感觉幸福回家路<!--/enpcontent-->
http://newpaper.dahe.cn/hnrb/html/2018	逛累了 来这里喝杯热茶看看书	本报讯记者田宜龙河南报业全媒体记者王嬿娜"城市驿站"的开放为市民提供了一个
http://newpaper.dahe.cn/hnrb/html/2018	城市癌症早诊早治项目启动	本报讯记者王平通讯员郭兰伟记者2月4日从河南省肿瘤医院获悉近日2018年河南
http://newpaper.dahe.cn/hnsb/html/2018	年底隧道通车后走东三环就得到	如果进展顺利隧道今年年底可通行　　届时从陇海高架开到金水东路只需2分
http://newpaper.dahe.cn/hnrbncb/html/2(	调整烟叶栽播期获烟农点赞	□叶新波"小满"过后卢氏县沙河乡桐树岭烟田土壤保育示范区内处于伸根期的400
http://newpaper.dahe.cn/dhjkb/html/201	回乡	□永城李半山　　千里烟尘叠酒痕　　一弯土路入荒村。　　菊开篱上浮
http://newpaper.dahe.cn/hnsb/html/2019	"一家人"完成一台晚会他们是这	河南商报讯记者郭旭阳2018年12月29日郑州市中原区瀚景小学一、二年级分
http://newpaper.dahe.cn/dhjkb/html/201	探索农村监管思路保障集体聚餐	随着农村集体聚餐增多为预防集体食物中毒等食源性疾病发生加强食品安全监
http://newpaper.dahe.cn/jrab/html/2018-	再启历史新局的时代担当	当历史长河跨入新时代处在崭新历史方位的中国又一次发出时代强音——"中国特
http://newpaper.dahe.cn/jrab/html/2018-	古人是如何断案的?	<!--enpcontent-->□记者马国福五听断狱讼西周的审判方式"在以人证为主的断

图 10-1 大河报纸媒爬虫运行结果

10.2　大河报纸媒爬虫设计思路

使用爬虫工具 requests-html 对大河报纸媒网站进行数据采集的实现步骤如下：

（1）找到网站最新一版文章的超链接。首先访问大河报纸媒地址 http://newpaper.dahe.cn/dhb/，服务器会返回带有大河报最新一期新闻的日期的信息，html/2019-03/05/node_897.htm。

```
b'<html>\r\n<head>\r\n<META HTTP-EQUIV="cache-control" CONTENT="no-cache,must-revalidate">\r\n<META
HTTP-EQUIV="Expires" CONTENT="-1">\r\n<META HTTP-EQUIV="pragma" CONTENT="no-nache"><META HTTP-EQUIV="REFRESH"
CONTENT="0; URL=html/2019-03/05/node_897.htm"></head>\r\n<body></body>\r\n</html><!-mpproperty
<founder-papername>\xe5\xa4\xa7\xe6\xb2\xb3\xe6\x8a\xa5</founder-papername><founder-type>3</founder-type><founder
-paperhead></founder-paperhead><founder-content>\xe5\xa4\xa7\xe6\xb2\xb3\xe6\x8a\xa5</founder-content> /mpproperty-->'
```

（2）将该信息与首页地址拼接。例如，http://newpaper.dahe.cn/dhb/html/2019-03/05/node_897.htm，这样就可以访问到最新的大河报新闻页面。

（3）大河报每一期都分为若干版面，每一版面又有若干篇文章，如图 10-2 所示。爬虫需要依次遍历每版新闻，遍历每版新闻的同时又需要遍历每篇新闻。

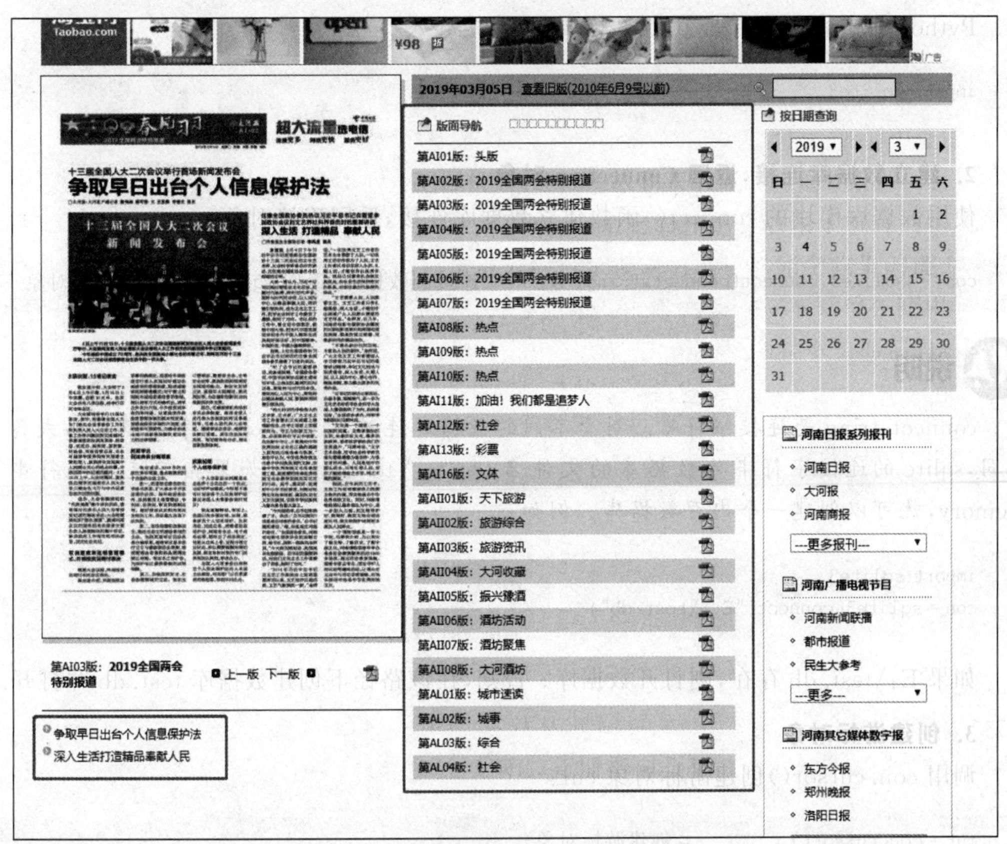

图 10-2　大河报一期分为若干版面

(4) 使用爬取技术获取新闻文章页面的 HTML 信息，解析出需要的字段。

(5) 将爬取到的字段数据保存到 SQLite 数据库中。

10.3 关键技术

Python 2.5 版本以上就内置了 SQLite 3，所以，在 Python 中使用 SQLite，不需要安装任何软件，直接使用即可。SQLite 3 数据库使用 SQL 语言，SQLite 作为后端数据库，可以制作有数据存储需求的工具。Python 标准库中的 SQLite 3 提供该数据库的接口。

视频讲解

10.3.1 访问 SQLite 数据库的步骤

从 Python 2.5 开始，SQLite 3 就成为 Python 的标准模块，这也是 Python 中唯一一个数据库接口类模块，这大大方便了用户用 Python SQLite 数据库开发小型数据库应用系统。

Python 的数据库模块有统一的接口标准，所以，数据库操作都有统一的模式，操作数据库 SQLite 3 主要分为以下几步。

1. 导入 Python SQLite 数据库模块

Python 标准库中带有 SQLite 3 模块，可直接导入：

```
import sqlite3
```

2. 建立数据库连接，返回 Connection 对象

使用数据库模块的 connect()函数建立数据库连接，返回连接对象 con：

```
con = sqlite3.connect(connectstring)        #连接到数据库，返回 sqlite3.connection 对象
```

说明

connectstring 是连接字符串。对于不同的数据库连接对象，其连接字符串的格式各不相同，sqlite 的连接字符串为数据库的文件名，如“e:\test.db”。如果指定连接字符串为 memory，就可以创建一个内存数据库。例如：

```
import sqlite3
con = sqlite3.connect("E:\\test.db")
```

如果 E:\test.db 存在，则打开数据库；否则，在该路径下创建数据库 test.db 并打开。

3. 创建游标对象

调用 con.cursor()创建游标对象 cur：

```
cur = con.cursor()          #创建游标对象
```

4. 使用 Cursor 对象的 execute 执行 SQL 命令返回结果集

调用 cur.execute、executemany、executescript 方法查询数据库。

cur. execute(sql)：执行 SQL 语句。

cur. execute(sql,parameters)：执行带参数的 SQL 语句。

cur. executemany(sql,seq_of_pqrameters)：根据参数执行多次 SQL 语句。

cur. executescript(sql_script)：执行 SQL 脚本。

例如,创建一个表 category。

```
cur.execute(''CREATE TABLE category(id primary key,sort,name)'')
```

将创建一个包含 id、sort 和 name 字段的表 category。下面向表中插入记录：

```
cur. execute("INSERT INTO category VALUES (1, 1, 'computer')")
```

SQL 语句字符串中可以使用占位符"?"表示参数,传递的参数使用元组,例如：

```
cur.execute("INSERT INTO category VALUES (?, ?,?) ",(2, 3, 'literature'))
```

5. 获取游标的查询结果集

调用 cur. fetchall、cur. fetchone、cur. fetchmany 返回查询结果。

cur. fetchone()：返回结果集的下一行(Row 对象)；无数据时,返回 None。

cur. fetchall()：返回结果集的剩余行(Row 对象列表),无数据时,返回空 List。

cur. fetchmany()：返回结果集的多行(Row 对象列表),无数据时,返回空 List。

例如：

```
cur.execute("select * from catagory")
print cur.fetchall()        #提取查询到的数据
```

返回结果如下：

```
[(1, 1, 'computer'), (2, 2, 'literature')]
```

如果使用 cu. fetchone(),则首先返回列表中的第一项,再次使用,返回第二项,依次进行。

也可以直接使用循环输出结果,例如：

```
for row in cur.execute("select * from catagory"):
    Print(row[0],row[1])
```

6. 数据库的提交和回滚

根据数据库事物隔离级别的不同,可以提交或回滚：

- con. commit()：事务提交。
- con. rollback()：事务回滚。

7. 关闭 Cursor 对象和 Connection 对象

最后需要关闭打开的 Cursor 对象和 Connection 对象。

• cur.close()：关闭 Cursor 对象。
• con.close()：关闭 Connection 对象。

10.3.2 创建数据库和表

【例 10-1】 创建数据库 sales，并在其中创建表 book，表中包含 3 列：id、price 和 name，其中 id 为主键(primary key)。

```
#导入 Python SQLite 数据库模块
import sqlite3
#创建 SQLite 数据库
con = sqlite3.connect("E:\\sales.db")
#创建表 book: 包含三个列,id(主键)、price 和 name
con.execute("create table book(id primary key,price,name)")
```

说明

connection 对象的 execute()方法是 Cursor 对象对应方法的快捷方式，系统会创建一个临时 Cursor 对象，然后调用对应的方法，并返回 Cursor 对象。

10.3.3 数据库的插入、更新和删除操作

在数据库表中插入、更新、删除记录的一般步骤如下。

(1) 建立数据库连接。

(2) 创建游标对象 cur，使用 cur.execute(sql)执行 SQL 的 insert、update、delete 等语句完成数据库记录的插入、更新、删除操作，并根据返回值判断操作结果。

(3) 提交操作。

(4) 关闭数据库。

【例 10-2】 实现数据库表记录的插入、更新和删除操作。

```
import sqlite3
books = [("021",25,"大学计算机"),("022",30, "大学英语"),("023",18, "艺术欣赏 ") ,( "024",
35, "高级语言程序设计")]
#打开数据库
Con = sqlite3.connect("E:\\sales.db")
#创建游标对象
Cur = Con.cursor()
#插入一行数据
Cur.execute("insert into book(id,price,name) values ('001',33,'大学计算机多媒体')")
Cur.execute("insert into book(id,price,name) values (?,?,?) " ,("002",28,"数据库基础"))
#插入多行数据
Cur.executemany("insert into book(id,price,name) values (?,?,?) ",Books)
```

```
#修改一行数据
Cur.execute("Update book set price = ? where name = ? ",(25,"大学英语"))
#删除一行数据
n =  Cur.execute("delete from book where price = ?",(25,))
print("删除了",n.rowcount,"行记录")
Con.commit()
Cur.close()
Con.close()
```

运行结果如下：

```
删除了 2 行记录
```

10.3.4 数据库表的查询操作

查询数据库的步骤如下。

(1) 建立数据库连接。

(2) 创建游标对象 cur，使用 cur.execute(sql)执行 SQL 的 select 语句。

(3) 循环输出结果。

```
import sqlite3
#打开数据库
Con = sqlite3.connect("E:\\sales.db")
#创建游标对象
Cur = Con.cursor()
```

#查询数据库表

```
Cur.execute("select id,price,name from book")
for row in Cur:
    print(row)
```

运行结果如下：

```
('001', 33, '大学计算机多媒体')
('002', 28, '数据库基础')
('023', 18, '艺术欣赏 ')
('024', 35, '高级语言程序设计')
```

10.3.5 数据库使用实例——学生通讯录

设计一个学生通讯录，可以添加、删除、修改其中的信息。

```
import sqlite3
#打开数据库
def opendb():
```

```
        conn = sqlite3.connect("mydb.db")
        cur = conn.execute("""create table if not exists tongxinlu(usernum integer
primary key,username varchar(128), passworld varchar(128),address varchar(125), telnum
varchar(128))""")
        return cur, conn
#查询全部信息
def showalldb():
        print("--------------------处理后的数据--------------------")
        hel = opendb()
        cur = hel[1].cursor()
        cur.execute("select * from tongxinlu")
        res = cur.fetchall()
        for line in res:
                for h in line:
                        print(h),
                print
        cur.close()
#输入信息
def into():
        usernum = input("请输入学号：")
        username1 = input("请输入姓名：")
        passworld1 = input("请输入密码：")
        address1 = input("请输入地址：")
        telnum1 = input("请输入联系电话：")
        return usernum,username1, passworld1, address1, telnum1
#往数据库中添加内容
def adddb():
        welcome = """-------------欢迎使用添加数据功能----------------"""
        print(welcome)
        person = into()
        hel = opendb()
        hel[1].execute("insert into tongxinlu(usernum,username, passworld, address, telnum)
values (?,?,?,?,?)",(person[0], person[1], person[2], person[3],person[4]))
        hel[1].commit()
        print ("-----------------恭喜你,数据添加成功-----------------")
        showalldb()
        hel[1].close()
#删除数据库中的内容
def deldb():
        welcome = "-----------------欢迎使用删除数据功能-----------------"
        print(welcome)
        delchoice = input("请输入想要删除学号：")
        hel = opendb()                  #返回游标 conn
        hel[1].execute("delete from tongxinlu where usernum = " + delchoice)
        hel[1].commit()
        print ("-----------------恭喜你,数据删除成功-----------------")
        showalldb()
        hel[1].close()
#修改数据库的内容
def alter():
```

```
        welcome = "----------------- 欢迎使用修改数据库功能 --------------"
        print(welcome)
        changechoice = input("请输入想要修改的学生的学号:")
        hel = opendb()
        person = into()
        hel[1].execute("update tongxinlu set usernum = ?, username = ?, passworld = ?, address = ?,
telnum = ? where usernum = " + changechoice, (person[0], person[1], person[2], person[3], person[4]))
        hel[1].commit()
        showalldb()
        hel[1].close()
#查询数据
def searchdb():
        welcome = "------------------ 欢迎使用查询数据库功能 ---------------"
        print(welcome)
        choice = input("请输入要查询的学生的学号: ")
        hel = opendb()
        cur = hel[1].cursor()
        cur.execute("select * from tongxinlu where usernum = " + choice)
        hel[1].commit()
              print("------------- 恭喜你,你要查找的数据如下 ----------------")
        for row in cur:
               print(row[0],row[1],row[2],row[3],row[4])
             cur.close()
        hel[1].close()
#是否继续
def conti(a):
        choice = input("是否继续?(y or n):")
        if choice == 'y':
               a = 1
        else:
               a = 0
        return a
if __name__ == "__main__":
        flag = 1
        while flag:
               welcome = "--------- 欢迎使用数据库通讯录 ---------"
               print(welcome)
               choiceshow = """
请选择您的进一步选择:
(添加)往数据库里面添加内容
(删除)删除数据库中内容
(修改)修改书库的内容
(查询)查询数据的内容
选择您想要的进行的操作:
"""
               choice = input(choiceshow)
               if choice == "添加":
                      adddb()
                      conti(flag)
               elif choice == "删除":
```

```
                deldb()
                conti(flag)
        elif choice == "修改":
                alter()
                conti(flag)
        elif choice == "查询":
                searchdb()
                conti(flag)
        else:
                print("你输入错误,请重新输入")
```

程序运行界面及添加记录界面如图 10-3 所示。

```
Python 3.5.2 (v3.5.2:4def2a2901a5, Jun 2
tel)] on win32
Type "copyright", "credits" or "license(
>>>
================ RESTART: C:\Users\think
---------欢迎使用数据库通讯录---------

请选择您的进一步选择:
(添加)往数据库里面添加内容
(删除)删除数据库中内容
(修改)修改书库的内容
（查询）查询数据的内容
选择您想要的进行的操作:
|
```

```
Python 3.5.2 (v3.5.2:4def2a2901a5, Jun 25 2016, 22:01:18) [MSC
tel)] on win32
Type "copyright", "credits" or "license()" for more informatic
>>>
================ RESTART: C:\Users\think\Desktop\python\li.py
---------欢迎使用数据库通讯录---------

请选择您的进一步选择:
(添加)往数据库里面添加内容
(删除)删除数据库中内容
(修改)修改书库的内容
（查询）查询数据的内容
选择您想要的进行的操作:
添加
-------------------欢迎使用添加数据功能---------------------
请输入学号: 2006
请输入姓名:
```

图 10-3 程序运行界面

视频讲解

10.3.6 requests-html 库

requests-html 库旨在使解析 HTML(如抓取 Web 页面)尽可能简单直观。requests-html 的代码量非常少,都是基于现有的框架进行二次封装,开发者使用时可以更方便地调用。需要注意一点就是,requests-html 只支持 Python 3.6 及以上的版本。

1. 安装 requests-html 库

安装 requests-html 非常简单,一行命令即可做到。

```
pip install requests - html
```

2. requests-html 库的基本使用

1) 获取页面

这里其实和 requests 库的使用方法差不多,返回的对象 r 是 requests. Reponse 类型,关键就在于 r. html 这个属性,它是 requests_html. HTML 类型,即返回 HTML 对象,是整个 requests_html 库中最核心的一个类,负责对 HTML 进行解析。

```
from requests_html import HTMLSession
session = HTMLSession()
```

```
r = session.get('http://search.tianya.cn/bbs?q = %E6%98%93%E7%83%8A%E5%8D%83%E7%8E%BA')
#查看页面内容
print(r.html.html)
```

输出结果如图 10-4 所示。它正是被访问 http://search.tianya.cn/bbs(天涯论坛网页)的 HTML 源文件。

```
Connected to pydev debugger (build 173.4301.16)

<!DOCTYPE HTML>
<html>
<head>
<meta charset="utf-8">
<title>&#26131;&#28874;&#21315;&#29626;_搜帖子_天涯社区</title>
<meta name="description" content="" />
<meta name="keywords" content="" />
<meta name="generator" content="www.tianya.cn" />
<link href="//static.tianyaui.com/global/ty/TY.css"
    rel="stylesheet" type="text/css" />
<link href="//static.tianyaui.com/global/search/web/static/css/search_5ab53e5.css" rel="stylesheet" type="text/css" />
<link rel="shortcut icon" href="//static.tianyaui.com/favicon.ico"
    type="image/vnd.microsoft.icon" />
<script type="text/javascript" charset="utf-8"
    src="//static.tianyaui.com/global/ty/TY.js"></script>
</head>
<body>
    <script type="text/javascript" charset="utf-8">
        TY.loader("TY.ui.nav", function() {
            TY.ui.nav.init({
```

图 10-4 程序输出结果

2）获取超链接

links 和 absolute_links 分别返回 HTML 对象所包含的所有超链接和绝对超链接。

```
#获取链接
print(r.html.links)
print(r.html.absolute_links)
```

输出如下：(只粘贴了部分数据)

```
{'/bbs_reply?q = 易烊千玺 &s = 4&pid = funinfo&tid = 7785390', 'bbs?q = htc%E5%8C%BA%E5%9D%97%E9%93%BE%E6%89%8B%E6%9C%BA'}
{'http://search.tianya.cn/search_rank', 'http://help.tianya.cn/about/contact.html', 'http://search.tianya.cn/bbs?q = htc%E5%8C%BA%E5%9D%97%E9%93%BE%E6%89%8B%E6%9C%BA'}
```

3）获取元素

request-html 支持 CSS 选择器、XPATH 语法获取元素。

```
#热搜文本
print(r.html.find('div.hotTag', first = True).text)      #CSS 选择器
```

输出如下：

```
鉴定无法确定亲生 快递小哥 抖音起诉腾讯 htc 区块链手机 水形物语 微信群 << 更多


#热搜文本
print(r.html.xpath("//div[@class = 'hotTag']", first = True).text) #XPATH 语法
```

输出如下：

```
鉴定无法确定亲生 快递小哥 抖音起诉腾讯 htc 区块链手机 水形物语 微信群 << 更多
```

4）获取元素属性

```
carousel = r.html.find('#search_page_text', first = True)   #查找第一个 class 为 s…的元素
print(carousel.attrs)                                       #输出元素属性
```

输出如下：

```
{'id': 'search_page_text', 'name': 'q', 'type': 'text', 'class': ('searchText',), 'value': '易烊千玺'}
```

3. requests-html 库的实例——天涯论坛数据采集

```
# - * - coding = utf - 8 - * -
from requests_html import HTMLSession
session = HTMLSession()
r = session.get('http://search.tianya.cn/bbs?q = %E6%98%93%E7%83%8A%E5%8D%83%E7%8E%BA')

xpath = '//div[@class = "searchListOne"]/ul/li/div/h3/a'   #获取搜索结果的文章列表
for link in r.html.xpath(xpath):                            #遍历文章
    for ver_link in link.absolute_links:
        r_con = session.get(ver_link)
        for title_link in r_con.html.xpath('//h1'):         #获取文章标题
            title = title_link.text
            print('标题是：' + title)
        for aut_link in r_con.html.xpath('//div[@class = "atl - menu clearfix js - bbs - act"]/div[2]/span[1]/a[1]'):
            author = aut_link.text                          #获取文章作者信息
            print('作者是：' + author)
        for art_link in r_con.html.xpath('//div[@class = "bbs - content clearfix"]'):
                                                            #获取正文
            content = art_link.text
            print('正文是：' + content)
```

采集结果输出如图 10-5 所示。

```
Connected to pydev debugger (build 173.4301.16)
标题是：易烊千玺意外暴露给儿子取的名，说出四字网友大呼：来搞笑的吧？
作者是：邓艳云71
正文是：说到易烊千玺，想必大年夜大年夜家该当都不陌生了吧，他可以说是此刻的更生代偶像，也是很多人心目中的男神级人物，粉丝们看着易烊千玺长大年夜大年夜，成功吸引了一大年夜大年夜波的新粉。

易烊千玺给人的感应就是外表特其他高冷，然则其实他是一个阳光大年夜大年夜男孩，只是不善于表达本身，所以才用高冷来假装，近日，易烊千玺参与了一档新的综艺节目，叫做大年夜大年夜冰小将。

而易烊千玺也是不测埠透露了给儿子取的名，要知道，易烊千玺对待小孩也是异常有耐烦的，而易烊千玺给儿子取的名是四字的，说出以后也是让网友大年夜大年夜呼，来弄笑的吧。

易烊千玺给儿子取的名叫做易炸装配，因为易烊千玺觉得这个名字异常的炸，也是异常的好玩，大年夜大年夜佬果真是大年夜大年夜佬，连想的名字都是与众不合的。
```

图 10-5　天涯论坛数据采集结果

10.4 程序设计步骤

视频讲解

10.4.1 获取网页

requests-html 和其他解析 HTML 库最大的不同点在于：HTML 解析库一般都是专用的，需要用另一个 HTTP 库先把网页下载下来，然后传给那些 HTML 解析库；requests-html 自带了这种解析功能，所以在爬取网页等方面非常方便。

1. 导入 requests-html 数据库模块

```
import requests_html import HTMLSession
```

2. 获取网页

下面的代码获取了大河报首页，返回的对象 r 是 requests. Reponse 类型，更确切地说是继承自前者的 requests_html. HTMLResponse 类型。

```
session = HTMLSession()
target = 'http://newpaper.dahe.cn/dhb/'
r = session.get(target)
```

要搜索元素的文本内容，用 search 函数，截取最新日期大河报新闻的链接，继续访问页面。

```
sub_url = r.html.search('URL={}\"')[0]      #截取链接
target = target + '/' + sub_url              #得到大河报最新一期新闻链接
r = session.get(target)
```

3. 获取元素

absolute_links 属性返回 HTML 对象所包含的所有绝对超链接；给定 XPath 选择器，返回元素对象列表或单个对象。大河报每期都包含若干版面，首先遍历最新一期纸媒的所有版面：

```
#得到所有版面,每个版面都是一个 set 集合,需要对该集合遍历得到版本 URL。
for link in r.html.xpath('//div[@style="width:100%;"]/table/tbody/tr/td[1]/a'):
    for ver_link in link.absolute_links:
        r = session.get(ver_link)        #访问版本 URL
```

遍历每版中的所有文章：

```
for art_link in r.html.xpath('//td[@class="ulCon1"]/table/tbody/tr/td[2]/a'):
    for real_link in art_link.absolute_links:
        url = real_link
        r = session.get(url)
```

获取标题：

```
for _title in r.html.xpath('//td[@class = "font01"]'):
    title = _title.text
    print(title)
```

获取正文：

```
for _content in r.html.xpath('//td[@class = " ozoom "]'):
    content = _content.text
    print(content)
```

10.4.2 数据入库

SQLite 是一个软件库，实现了自给自足的、无服务器的、零配置的、事务性的 SQL 数据库引擎。SQLite 是一个增长最快的数据库引擎，这是在普及方面的增长，与它的尺寸大小无关。SQLite 源代码不受版权限制。

1. 导入 sqlite3 数据库模块

```
limport sqlite3
```

2. 数据库连接

```
#打开数据库连接
con = sqlite3.connect("D:\\dahe.db")
```

3. 数据库插入操作

```
#插入语句
insert_table_sql = "insert into paper (url, title, content) values ('%s','%s','%s')" %
(url, title, content)
con.execute(insert_table_sql)
con.commit()
con.close()
```

大河报纸媒爬虫完整代码如下：

```
# - * - coding = utf - 8 - * -
from requests_html import HTMLSession
import sqlite3

def main():
    #使用以下请求向目标 URL 发出 Get 请求
    session = HTMLSession()
```

```
    target = 'http://newpaper.dahe.cn/dhb/'
    r = session.get(target)
    sub_url = r.html.search('URL = {}\"')[0]
    #得到最新日期的纸媒新闻
    target = target + '/' + sub_url
    r = session.get(target)
    #每期的纸媒分为若干版面,每个版面又有若干篇文章.首先遍历版面
    for link in r.html.xpath('//div[@style = "width:100%;"]/table/tbody/tr/td[1]/a'):
        #r.html.xpath()得到的每个版面都是一个 set 集合,需要对该集合遍历得到版本 URL
        for ver_link in link.absolute_links:
            #访问版面 URL
            r = session.get(ver_link)
            #r.html.xpath()得到的每篇文章都是一个 set 集合,需要对该集合遍历得到文章的 URL
            for art_link in r.html.xpath('//td[@class = "ulCon1"]/table/tbody/tr/td[2]/a'):
                for real_link in art_link.absolute_links:
                    url = real_link
                    #访问文章 URL
                    r = session.get(url)

                    #解析文章标题
                    for _title in r.html.xpath('//td[@class = "font01"]'):
                        title = _title.text
                        print(title)
                    #解析文章内容
                    for _content in r.html.xpath('//div[@id = "ozoom"]'):
                        content = _content.text
                        print(content)

                    #创建 SQLite 数据库
                    con = sqlite3.connect("D:\\dahe.db")

                    insert_table_sql = "insert into paper (url, title, content) values ('%s',
'%s','%s')" % (url, title, content)
                    con.execute(insert_table_sql)
                    con.commit()
                    con.close()

if __name__ == '__main__':
    main()
```

至此,完成大河报纸媒爬虫。

第 11 章 MySQL 数据库存储——微博采集爬虫

视频讲解

11.1 微博采集爬虫功能介绍

随着爬取数据量的增加，以及爬取的网站数据字段的变化，在爬虫入门时使用的文件存储方法局限性可能会骤增。本章以 MySQL 数据库为主介绍数据库数据存储方式。MySQL 是一种关系数据库管理系统，关系数据库将数据保存在不同的表中，而不是将所有数据放在一个大文件内，这样就提高了速度并增加了灵活性。新浪微博采集爬虫运行结果如图 11-1 所示。

content	url	authName	authUrl	niceNum	forwardNum	commentNum	createtime	eventtime	v
做梦都梦见自己养了只猫	https://weibo.com/521	半口煮栗子	https://weibo.cn/u/521	0	0	3	1551668874	1549930260	0
北京是3月3日的中超第一	https://weibo.com/595	旺洋洋杨铭	https://weibo.cn/u/595	1	0	0	1551668757	1551668336	2
告诉孩子世界本不公平，	https://weibo.com/5887	张枫燕	https://weibo.cn/u/588	0	0	0	1551668685	1551665385	0
高考才真的是最公平的一	https://weibo.com/514	十二月六號_	https://weibo.cn/u/514	0	0	0	1551668685	1551667965	0
【一中：决战高考百日誓	https://weibo.com/194	秭归发布	https://weibo.cn/u/194	0	0	0	1551668661	1551666440	1
发表了博文《2019年03	https://weibo.com/301	光风霁月正扬帆	https://weibo.cn/u/301	0	0	0	1551668590	1551668409	0
#甘肃身边事# 【昔日"盲	https://weibo.com/535	掌上兰州	https://weibo.cn/dalw9	0	0	0	1551668589	1551668444	1
【这些顺德考生拟获高考	https://weibo.com/2241	绿色陈村	https://weibo.cn/51123	0	0	0	1551668589	1551668409	1
突然翻到以前的微博昨天	https://weibo.com/239	D千屁坨zy	https://weibo.cn/u/239	0	0	0	1551668564	1551668443	0
【文秀】 CHAP 2亲到用	https://weibo.com/2787	小金鱼桃桃的饲养员	https://weibo.cn/u/278	0	0	0	1551668563	1551668442	0
【高考必备】38套数学经	https://weibo.com/582	天天学化妆	https://weibo.cn/u/582	0	0	0	1551668562	1551668478	2
【9.80】星火英语高考英	https://weibo.com/173	LIKE团	https://weibo.cn/liketua	0	0	0	1551668538	1551668452	1
这个政策推出几多欢喜，	https://weibo.com/6401	思明堂鹭洲里店-散光弱视	https://weibo.cn/u/640	0	0	0	1551668538	1551668478	0
#新浪看点# 高中生考试作	https://weibo.com/1361	粉笔黑板读书时光	https://weibo.cn/u/136	0	0	0	1551668488	1551660900	0

图 11-1 新浪微博采集爬虫运行结果

新浪微博数据采集的难点在于模拟登录，本章主要介绍模拟账号登录，并携带登录成功返回的 Cookie 访问微博，从而实现微博数据采集。

11.2 微博采集爬虫设计思路

新浪微博数据采集的实现步骤如下。

1. 模拟登录

由于需要爬取的网站大多需要先登录才能正常访问或者需要登录后获取 Cookie 值才能继续爬取,所以,网站的模拟登录是必须掌握的。实现微博登录的方法有很多,常用的有直接使用已知的 Cookie 访问,模拟登录后再携带得到的 Cookie 访问,模拟登录后用 session 保持登录状态等方法。

本章采用模拟登录后再携带得到的 Cookie 访问,具体实现思路如下。

(1) 在地址栏输入微博登录地址 https://passport.weibo.cn/signin/login,如图 11-2 所示,输入用户名和密码。

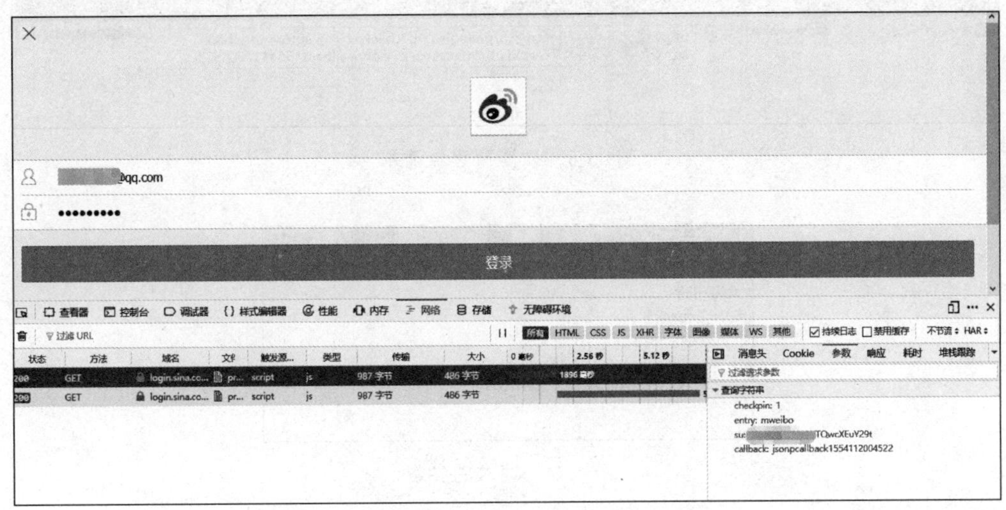

图 11-2 微博登录界面

(2) 抓包发现,输入用户名时,会出现 https://login.sina.com.cn/sso/prelogin.php 请求,点开该超链接查看,会发现一些十分可疑的东西,如 su。用 base64 对其解码,会发现该值即为用户名,如图 11-3 所示。

该请求的参数如图 11-4 所示,其中 su 的值为加密后的用户名。

该请求得到的响应如图 11-5 所示,其中 showpin 的值如果为 1,说明需要输入验证码。

(3) 找到地址超链接 https://passport.weibo.cn/sso/login,将用户名密码等参数数据进行 Post 提交,如图 11-6 所示。该请求的参数如图 11-7 所示,其中 username 和 password 分别为微博用户名和密码。

微博登录成功后会再次重定向,如图 11-8 所示,找到 weibo.cn 的值,即为登录成功重定向的 URL。

(4) 访问第(3)步的 URL,登录成功,返回的 Cookie 信息如图 11-9 所示(注:模拟登录全程使用同一 session 保存 Cookie)。

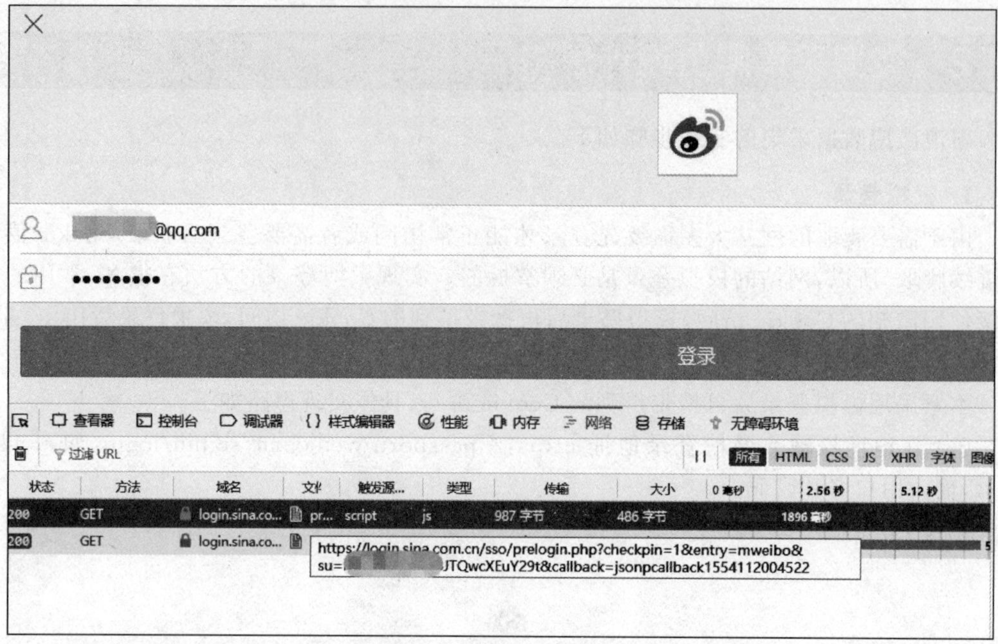

图 11-3 微博预登录请求

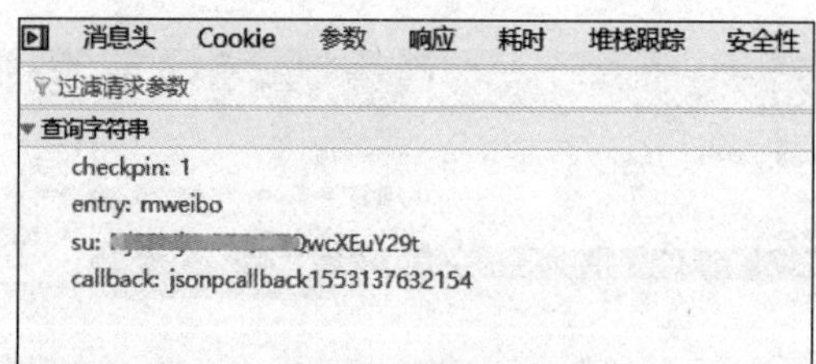

图 11-4 请求的参数

jsonpcallback1554112004522({"retcode":0,"servertime":1554111986,"pcid":"[illegible]34740846d4b51cc38d31b1","nonce":"3
I9P2Z","pubkey":"-----BEGIN PUBLIC
KEY-----\nMIGfMA0GCSqGSIb3DQEBAQUAA4GNADCBiQKBgQDrKjhWhmGIf6GAvdtcq9XyHHv9\nWcCQyy0kWoesJTBiiCcpKT5VBjUFCOf5qju3f0MzIxSQ+RX
21jxV\/i8IpJs1P0RK\n05k8rMAtt4Sru45CqbG7\/\/s4vhjXjoeg5Bubj3OpKO4MzuH2c5iEuXd+T+noihu+\nSVknrEp5mzGB1kQkQwIDAQAB\n-----END
PUBLIC KEY-----","rsakv":"1330428213","is_openlock":0,"showpin":0,"exectime":100})

图 11-5 请求的响应

查看器 控制台 调试器 样式编辑器 性能 内存 网络 存储 无障碍环境

过滤 URL

状态	方法	域名	文件	触发源...	类型	传输	大小	0 毫秒
200	GET	login.sina.com.cn	prelogin.php?checkpin...	script	js	981 字节	484 字节	45 毫秒
200	GET	login.sina.com.cn	prelogin.php?checkpin...	script	js	981 字节	484 字节	42 毫秒
200	POST	passport.weibo.cn	login	xhr	html	1.06 KB	610 字节	165 毫秒
200	GET	passport.weibo.com	cr... https://passport.weibo.cn/sso/login			1.04 KB	107 字节	64 毫秒
200	GET	login.sina.com.cn	crossdomain?entry=m...	script	js	1.41 KB	107 字节	623 毫秒

图 11-6 登录请求

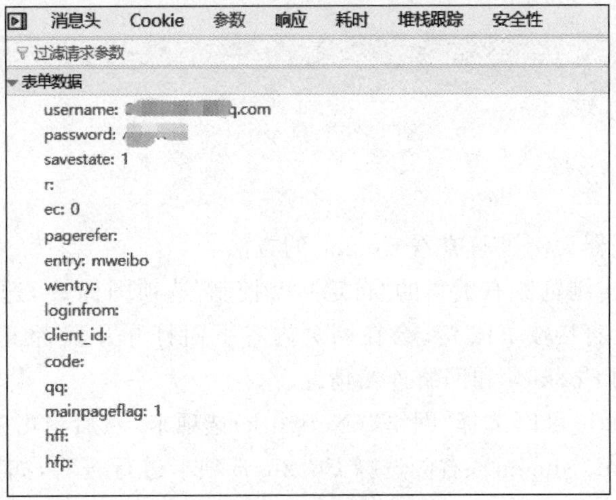

图 11-7 请求的参数


```
{"retcode":20000000,"msg":"","data":{"crossdomainlist":{"weibo.com":"https:\/\/passport.w
eibo.com\/sso\/crossdomain?entry=mweibo&action=login&proj=1&ticket=ST-MzE4MDczMTcwMA%3D%3
D-1552307580-tc-7B3FBC4393AA56411C16DC28F6BF9383-1","sina.com.cn":"https:\/\/login.sina.c
om.cn\/sso\/crossdomain?entry=mweibo&action=login&proj=1&ticket=ST-MzE4MDczMTcwMA%3D%3D-1
552307580-tc-391F0BB7B6B810EB5920052AB705252E-1","weibo.cn":"https:\/\/passport.sina.cn\/
sso\/crossdomain?entry=mweibo&action=login&ticket=ST-MzE4MDczMTcwMA%3D%3D-1552307580-tc-D
4304F15CD9AD6DCADB6A81015EC4551-1"},"loginresulturl":"","uid":""}}
```


图 11-8 请求的响应


```
<RequestsCookieJar[<Cookie
tgc=TGT-MzE4MDczMTcwMA==-1552725274-gz-2295B8AE64770616E7860DBBE55A2960-1 for
.login.sina.com.cn/>, <Cookie SSOLoginState=1552725274 for .sina.com.cn/>, <Cookie
SUB=_2A25xiMVKDeRhGeVP41IW8y_LyzyIHXVS_7GCrDV_PUJbkNBeLRKgkW9NTPu-Zhi8mH27gvfr_FYd0VsKV9
OoLCfS for .sina.com.cn/>, <Cookie
SUBP=0033WrSXqPxfM725Ws9jqgMF55529P9D9W5SK1Yv9aLiKxblHJz1WN5g5JpX5oz75NHD95Q0eKn7S0epS05
7Ws4Dqcjci--fiK.EiKLWi--fiK.EiKLWi--fiKnci-8hi--NiKLWiKnXi--fiKnci-8hi--fi-2Xi-24 for
.sina.com.cn/>, <Cookie
SCF=Atjwxs-FIct4B0Jb1jn-I0CV_QngUR4bFmaIJU2QonLl6gSZ8klEl2mCJDLmFY0cgO2lyHQpyXq5v-T0dN2l
q7A. for .weibo.cn/>, <Cookie SSOLoginState=1552725273 for .weibo.cn/>, <Cookie
SUB=_2A25xiMVJDeRhGeVP41IW8y_LyzyIHXVTcusBrDV6PUJbkdANLUnhkW1NTPu-ZqIt7xNAJl8qQztKeBrP7w
yPMlv_ for .weibo.cn/>, <Cookie SUHB=0gHSWxapyLtkxS for .weibo.cn/>, <Cookie
login=f3887a9eed2e9959c06b590910fd15e6 for passport.weibo.cn/>]>
```


图 11-9 返回的 Cookie 信息

2. 获取网页

requests 库的 session 对象能够帮用户跨请求保持某些参数，也会在同一个 session 实例发出的所有请求之间保持 Cookies，从而实现模拟登录。本例使用 Beautiful Soup 从登录成功后的网页中抓取微博数据。

3. 数据库储存

使用 PyMySQL 将爬取到的微博字段数据保存到 MySQL 数据库中。

11.3 关键技术

11.3.1 查看 Cookie

下面以火狐浏览器为例讲解查看 Cookie 的方法。

打开浏览器，单击浏览器右上角的“自定义及控制”选项图标≡，选择“更多工具”→“开发者工具”命令，或者直接按 F12 键，会在网页内容下面打开开发者工具窗口，使用开发者工具可以查看网页的 Cookies 和网络连接情况。

查看网页的 Cookie 可以选择“网络”(Network)选项卡，然后单击左侧的某超链接网址(如 https://www.zut.edu.cn)，右侧选择 Cookie 选项卡进行查看，如图 11-10 所示。查看其他信息可以选择“消息头”(Headers)选项卡进行查看，如图 11-11 所示。

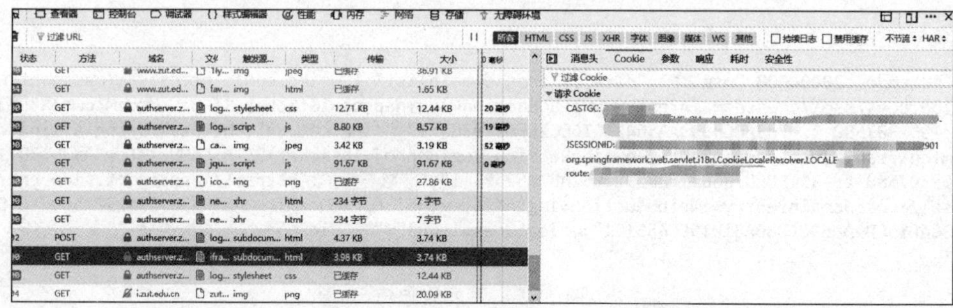

图 11-10　在 Network 选项卡下查看中原工学院门户登录的 Cookie

图 11-11　选择 Headers 选项卡进行查看请求和响应头信息

在爬虫程序开发中，需要读者熟练掌握开发者工具的各项功能，才能获取所要爬取信息对应的标签、Cookie 等信息。

11.3.2　模拟登录实例

视频讲解

1. 获取登录网址

在浏览器的地址栏中输入需要登录的网址：https://www.zut.edu.cn/，使用开发者工具抓包(其他工具也可)找到登录后看到的 request。此处确定需要登录的网址为'https://authserver.zut.edu.cn/authserver/login?display=basic&service=https://authserver.zut.edu.cn/authserver/iframeTestSuccess.jsp'

2. 查看要传送的 Post 数据

找到登录后的 request，会列出登录要用的 Post 数据，包括 username、password 等，如图 11-12 所示。

图 11-12　Post 数据

3. 查看 Headers 信息

找到登录后的 request 的 Headers 信息，进行 User-Agent 设置和 connection 设置等，如图 11-13 所示。

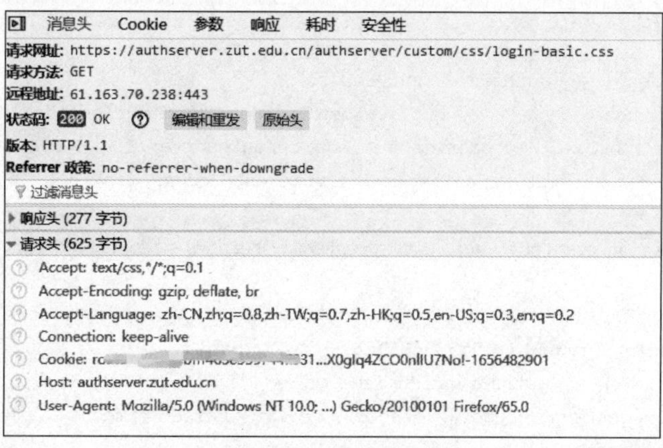

图 11-13　Headers 信息

4. 编写代码实现模拟登录该网站

```
import requests.packages.urllib3.exceptions
try:
    from urllib.parse import quote_plus, urlparse
except:
    from urllib import quote_plus
#去除 ssl 验证警告
requests.packages.urllib3.disable_warnings(requests.packages.urllib3.exceptions.InsecureRequestWarning)
#构造 Request headers
agent = 'Mozilla/5.0 (Windows NT 6.2; Win64; x64) AppleWebKit/537.36 (KHTML, like Gecko) Chrome/49.0.2623.110 Safari/537.36'
global headers
headers = {
    "Host": "www.zut.edu.cn",
    "Connection": "keep-alive",
    "Upgrade-Insecure-Requests": "1",
    'User-Agent': agent
}
session = requests.session()
#访问登录的初始页面
index_url = "https://www.zut.edu.cn/"
session.get(index_url, headers=headers, verify=False, timeout=20)

def login(username, password):
    postdata = {
        "username": username,
        "password": password,
        "lt": "LT-81858-avPCuoRmCMsCDaH5BDtTdjod3dOkBu1552384831302-VnhR-cas",
        "dllt": "userNamePasswordLogin",
        "execution": "e2s1",
        "entry": "mweibo",
        "_eventId": "submit",
        "rmShown": "1",
    }
    headers["Host"] = "authserver.zut.edu.cn"
    headers["Content-Type"] = "application/x-www-form-urlencoded"
    post_url = "https://authserver.zut.edu.cn/authserver/login?display=basic&service=https://authserver.zut.edu.cn/authserver/iframeTestSuccess.jsp"

    login = session.post(post_url, data=postdata, headers=headers, verify=False,timeout=20)

    mcn = 'https://authserver.zut.edu.cn/authserver/iframeTestSuccess.jsp?ticket=ST-127206-72kSweqTmyuDYu0nHt7I1552384867262-XXZ4-cas'
    headers["Host"] = "authserver.zut.edu.cn"
    r = session.get(mcn, headers=headers, verify=False, timeout=20)
    #打印登录界面
print(r.text)
```

```
if __name__ == "__main__":
    #登录获得 cookie
    username = "XXXX"
    password = "XXXXX"
    login(username, password)
```

运行结果如图 11-14 所示,说明登录成功。

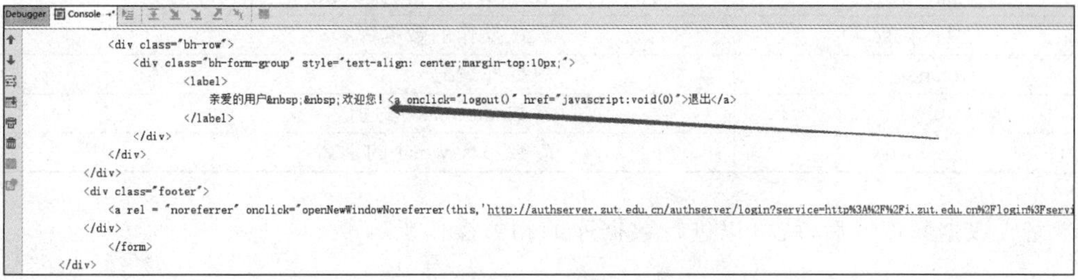

```
        <div class="bh-row">
            <div class="bh-form-group" style="text-align: center;margin-top:10px;">
                    <label>
                        亲爱的用户  欢迎您！<a onclick="logout()" href="javascript:void(0)">退出</a>
                    </label>
            </div>
        </div>
    </div>
    <div class="footer">
        <a rel = "noreferrer" onclick="openNewWindowNoreferrer(this,'http://authserver.zut.edu.cn/authserver/login?service=http%3A%2F%2Fi.zut.edu.cn%2Flogin%3Fservi
    </div>
        </form>
</div>
```

图 11-14 模拟登录网站运行结果

11.3.3 使用 Python 操作 MySQL 数据库

要使用 Python 操作 MySQL 数据库,需要使用驱动程序。Python 2. x 中使用 MySQLdb 驱动程序。Python3. x 版本则需要使用 PyMySQL 驱动程序,用于连接 MySQL 数据库,并实现增、删、改、查等操作。PyMySQL 是一个纯 Python 实现的 MySQL 客户端操作库,支持事务、存储过程、批量执行等,遵循 Python 数据库 API v2. 0 规范,使用 pip 命令进行安装:

```
pip install pymysql
```

安装结束后,测试是否可以使用,如图 11-15 所示,表示安装成功。

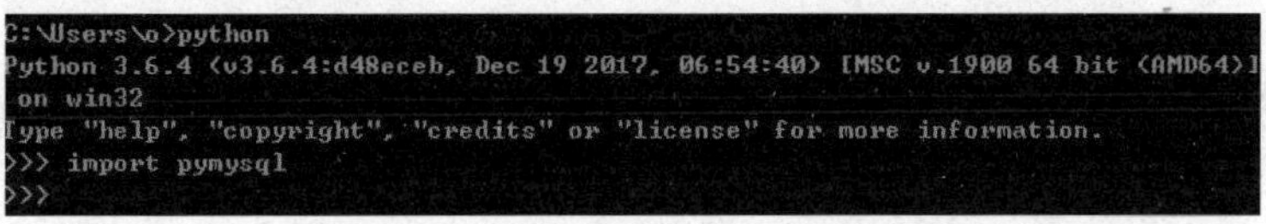

```
C:\Users\o>python
Python 3.6.4 (v3.6.4:d48eceb, Dec 19 2017, 06:54:40) [MSC v.1900 64 bit (AMD64)]
 on win32
Type "help", "copyright", "credits" or "license" for more information.
>>> import pymysql
>>>
```

图 11-15 测试 PyMySQL 是否安装成功

由于基本操作与 SQLite 数据库相似,这里仅仅举例说明,不详细介绍使用方法。

1. 创建数据库连接

创建数据库连接时,用 MySQL 与 SQLite 的连接字符串不同:

```
#导入 PyMySQL 模块
import pymysql
#创建连接
connection = pymysql.connect(host = 'localhost',port = 3306, user = 'testuser',
                    password = 'test123',db = ' TESTDB ', charset = 'utf8')
```

connect()方法常用参数如表 11-1 所示。

表 11-1　connect()方法常用参数

参　数	描　述
host	数据库服务器地址，默认 localhost
port	数据库端口，默认为 3306
user	数据库用户名
password	数据库登录密码，默认为空字符串
database	默认操作的数据库
charset	数据库编码
db	参数 database 的别名
passwd	参数 password 的别名

完成数据库连接后，就可以进行数据库的相关操作了。

2. 数据库插入操作

```
#使用 cursor()方法获取操作游标
cursor = db.cursor()
#SQL 插入语句
sql = "INSERT INTO EMPLOYEE(FIRST_NAME, \
       LAST_NAME, AGE, SEX, INCOME) \
       VALUES ('%s', '%s', %s, '%s', %s)" % \
       ('Mac', 'Mohan', 20, 'M', 2000)
try:
   #执行 SQL 语句
   cursor.execute(sql)
   #执行 SQL 语句
   db.commit()
except:
   #发生错误时回滚
   db.rollback()
#关闭数据库连接
db.close()
```

3. 数据库查询操作

```
#使用 cursor()方法获取操作游标
cursor = db.cursor()
#SQL 查询语句
sql = "SELECT * FROM EMPLOYEE WHERE INCOME > %s" % (1000)
try:
   #执行 SQL 语句
   cursor.execute(sql)
   #获取所有记录列表
   results = cursor.fetchall()
   for row in results:
```

```
        fname = row[0]
        lname = row[1]
        age = row[2]
        sex = row[3]
        income = row[4]
         #打印结果
        print ("fname = %s,lname = %s,age = %s,sex = %s,income = %s" % \
                (fname, lname, age, sex, income ))
except:
    print ("Error: unable to fetch data")
#关闭数据库连接
db.close()
```

4. 数据库更新操作

```
#使用cursor()方法获取操作游标
cursor = db.cursor()
#SQL 更新语句
sql = "UPDATE EMPLOYEE SET AGE = AGE + 1 WHERE SEX = '%c'" % ('M')
try:
    #执行 SQL 语句
    cursor.execute(sql)
    #提交到数据库执行
    db.commit()
except:
    #发生错误时回滚
    db.rollback()
#关闭数据库连接
db.close()
```

5. 数据库删除操作

```
#使用cursor()方法获取操作游标
cursor = db.cursor()
#SQL 删除语句
sql = "DELETE FROM EMPLOYEE WHERE AGE > %s" % (20)
try:
    #执行 SQL 语句
    cursor.execute(sql)
    #提交修改
    db.commit()
except:
    #发生错误时回滚
    db.rollback()
#关闭连接
db.close()
```

11.3.4 Base64加密

Base64是网络上最常见的用于传输8bit字节码的编码方式之一，是一种基于64个可打印字符来表示二进制数据的方法。大多数的编码都是由字符转换成二进制数值的过程，而从二进制转换成字符的过程称为解码。而Base64的概念恰好相反，由二进制转换到字符称为编码，由字符转换到二进制称为解码。Base64编码主要用在传输、存储、表示二进制等领域，还可以用来加密，但是这种加密比较简单，平常说的使用Base64加密是为了防止明文传输数据并方便解密。

Base64编码规则要求把每3个8b的字节转换为4个6b的字节(3 * 8=4 * 6=24)，然后把6b再添两位高位0，组成4个8b的字节，也就是说，转换后的字符串理论上将要比原来的长1/3。

Python实现Base64加密算法的代码如下：

```
import base64
encode = base64.b64encode(b'hello world')
print(encode)          ### 输出: b'aGVsbG8gd29ybGQ='
```

Python实现Base64解密算法的代码如下：

```
import base64
decode = base64.b64decode(b'aGVsbG8gd29ybGQ=')
print(decode)          ### 输出: b'hello world'
```

11.4 程序设计步骤

11.4.1 模拟登录

模拟登录这一步很重要，通过抓包操作可知，在后面的Post登录请求中会有很多的表单数据，登录过程中需要用到其中的servertime、nonce、pubkey等字段。

1. 定义全局变量，模拟浏览器请求参数

```
agent = 'Mozilla/5.0 (Windows NT 6.2; Win64; x64) AppleWebKit/537.36 (KHTML, like Gecko)
Chrome/49.0.2623.110 Safari/537.36'
global headers
headers = {
    "Host": "passport.weibo.cn",
    "Connection": "keep-alive",
    "Upgrade-Insecure-Requests": "1",
    'User-Agent': agent
}
```

定义全局变量，设置网络代理10.63.3.171:1080。

```
global proxie
proxie = {
    'http': 'http://10.63.3.173:1080'
}
```

定义 session,全程用同一 session 保存 Cookie。

```
session = requests.session()
#访问登录的初始页面
index_url = "https://passport.weibo.cn/signin/login"
session.get(index_url, headers = headers, verify = False, proxies = proxie, timeout = 20)
```

其中,session 是会话的意思,也可以让服务器"认得"客户端。简单理解就是,把每一个客户端和服务器的互动当作一个"会话"。既然在同一个"会话"中,服务器自然就能知道这个客户端是否登录过。

2. 构造登录参数模拟登录

新浪微博的用户名加密目前采用 Base64 加密算法,而新浪微博登录密码的加密算法使用 RSA2。

```
params = {
    "checkpin": "1",
    "entry": "mweibo",
    "su": get_su(username), #加密后的用户名
    "callback": "jsonpcallback" + str(int(time.time() * 1000) + math.floor(random.random() *
100000))
}
pre_url = https://login.sina.com.cn/sso/prelogin.php #预登录地址
#模拟浏览器请求头信息
headers["Host"] = "login.sina.com.cn"
headers["Referer"] = index_url
```

访问微博的预登录地址:

```
pre = session.get(pre_url, params = params, headers = headers, verify = False, proxies =
proxie, timeout = 20)
```

根据返回信息,判断是否登录成功,主要观察网络是否异常、用户名密码是否正确。这里还涉及验证码,自动识别验证码难度较大,可选择人工识别并输入。

```
pa = r'\((.*?)\)'
res = re.findall(pa, pre.text)
    #访问异常
    if res == []:
        print("请检查你的网络,或者你的账号输入是否正常")
```

```
    else:
        js = json.loads(res[0])
        # showpin = 1 时需要输入验证码
        if js["showpin"] == 1:
            # 获取验证码
            headers["Host"] = "passport.weibo.cn"
            capt = session.get("https://passport.weibo.cn/captcha/image", headers =
headers, verify = False, proxies = proxie, timeout = 20)
            capt_json = capt.json()
            capt_base64 = capt_json['data']['image'].split("base64,")[1]
            # 创建验证码文件 capt.jpg
            with open('capt.jpg', 'wb') as f:
                f.write(base64.b64decode(capt_base64))
                f.close()
            im = Image.open("capt.jpg")
            im.show() # 显示验证码
            im.close()
            cha_code = input("请输入验证码\n>")
            return cha_code, capt_json['data']['pcid']
        else:
            return ""
```

经抓包分析，找到加密 password 等数据的加密 js，并在其中找到对应加密的方式，破解加密，构造出登录请求所需的参数，模拟登录。

```
# 构造请求参数
    postdata = {
        "username": username,
        "password": password,
        "savestate": "1",
        "ec": "0",
        "pagerefer": "",
        "entry": "mweibo",
        "wentry": "",
        "loginfrom": "",
        "client_id": "",
        "code": "",
        "qq": "",
        "hff": "",
        "hfp": "",
    }
    if pincode == "":
        pass
    else:
        postdata["pincode"] = pincode[0]
        postdata["pcid"] = pincode[1]
```

模拟登录请求的头信息。设置 Host、Reference、Origin、Content-Type 信息。

```
headers["Host"] = "passport.weibo.cn"
 headers["Reference"] = index_url
 headers["Origin"] = "https://passport.weibo.cn"
 headers["Content-Type"] = "application/x-www-form-urlencoded"
```

访问登录地址，设置相应登录参数和代理：

```
post_url = "https://passport.weibo.cn/sso/login"
#登录
login = session.post(post_url, data=postdata, headers=headers, verify=False, proxies=
proxie, timeout=20)
js = login.json()
crossdomain = js["data"]["crossdomainlist"]
mcn = crossdomain["weibo.cn"]
headers["Host"] = "login.sina.com.cn"
```

微博登录成功，跳转到微博个人首页：

```
session.get(mcn, headers=headers, verify=False, proxies=proxie, timeout=20)
    headers["Host"] = "weibo.cn"
   #登录成功,查看 cookies
    print(session.cookies)
```

11.4.2 获取网页

视频讲解

requests 库的 session 对象能够帮用户跨请求保持某些参数，也会在同一个 session 实例发出的所有请求之间保持 Cookies。requests 库的 session 对象还能为用户提供请求方法的默认数据，通过设置 session 对象的属性来实现。

1. 根据设定关键词获取微博搜索页面(注：与模拟登录使用同一 session)

```
key = '郑州大学'                    #可自行设置关键词 key 搜索
page_num = 0
total_num = 10                     #本例默认采集前 1~10 页
while page_num <= total_num:
    page_num += 1
    KWD = parse.urlencode({'keyword': key})
    originalUrl = 'https://weibo.cn/search/mblog/?sort=time&filter=hasori' #原创
    originalUrl = originalUrl + '&' + KWD + '&page=' + str(page_num)
     #按照设定关键词搜索
    html = getHtml(originalUrl)

def getHtml(url):
    try:
        time.sleep(23)
        imgHtml = session.get(url, headers=headers, verify=False, proxies=proxie,
timeout=20)
```

```
        html = str(imgHtml.content, encoding = 'utf - 8')
        return html #返回搜索结果页面
    except Exception as e:
        print("网页下载出错!")
        return
```

2. 获取元素

Beautiful Soup 是 Python 的一个库，最主要的功能是从网页抓取数据。Beautiful Soup 提供一些简单的、Python 式的函数用来处理导航、搜索、修改分析树等功能。它是一个工具箱，通过解析文档为用户提供需要抓取的数据。

```
soup = BeautifulSoup(html, "html.parser")      #使用 BeautifulSoup 解析页面
#获取文章列表
weiboList = soup.find_all(class_ = 'c', id = re.compile(''))
if weiboList is None:
    return
if not len(weiboList):
    return
for weibo in weiboList:
    contentId = weibo['id'].replace('M_', '')
    #使用 find()函数获取正文信息
    content = weibo.find('span', class_ = 'ctt').get_text()
    content = content.replace(':', '', 2)
    content = content.replace('"', '\'')
    keys = key.split();
    #获取作者信息
    auth = weibo.find('a', class_ = 'nk')
    authName = auth.get_text()
    authUrl = auth['href']
    authid = authUrl.replace('https://weibo.cn/u/', '')
    authid = authid.replace('http://weibo.cn/u/', '')
    authid = authid.replace('https://weibo.cn/', '')
    #是否认证
    wbV = weibo.find('img', alt = 'V')
    v = 0
    if wbV is not None:
        if wbV['src'] == 'https://h5.sinaimg.cn/upload/2016/05/26/319/5337.gif':
            v = 1
        if wbV['src'] == 'https://h5.sinaimg.cn/upload/2016/05/26/319/5338.gif':
            v = 2
    #获取点赞、评论、转发数量
    niceNum = weibo.find('a', string = re.compile('赞\[')).string.replace("赞[", '').replace("]", '')
    forward = weibo.find('a', string = re.compile('转发\['))
    forwardNum = forward.string.replace("转发[", '').replace("]", '')
    forwardUrl = forward['href']
    comment = weibo.find('a', string = re.compile('评论\['))
    commentNum = comment.string.replace("评论[", '').replace("]", '')
```

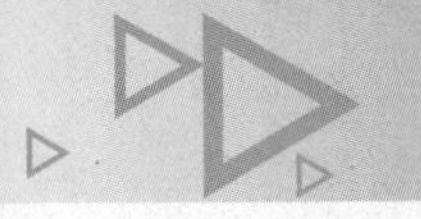

```
    commentNum = commentNum.replace('原文', '')
    commentUrl = comment['href']
    #时间
    wbTime = weibo.find('span', class_ = 'ct').get_text().split("来自")[0]
    eventTime = getIntTime(wbTime)
```

11.4.3 数据入库

（1）在 MySQL 中创建数据表“wb_content”：

```
CREATE TABLE 'wb_content' (
  'url' varchar(200) NOT NULL,
  'content' longtext COMMENT '正文',
  'authName' varchar(255) DEFAULT NULL COMMENT '作者',
  'authUrl' varchar(255) DEFAULT NULL COMMENT '作者链接',
  'niceNum' varchar(255) DEFAULT NULL COMMENT '点赞数量',
  'forwardNum' varchar(255) DEFAULT NULL COMMENT '转发数量',
  'commentNum' varchar(255) DEFAULT NULL COMMENT '评论数量',
  'createtime' int(11) DEFAULT NULL COMMENT '采集时间',
  'eventtime' int(11) DEFAULT NULL COMMENT '文章时间',
  'v' int(11) DEFAULT NULL COMMENT '是否认证.0-未认证; 1-官方认证; 2-个人认证',
  PRIMARY KEY ('url')
) ENGINE = InnoDB DEFAULT CHARSET = utf8;
```

（2）导入 PyMySQL 数据库模块：

```
import pymysql
```

（3）数据库连接：

```
#打开数据库连接
db = pymysql.connect("localhost","testuser","test123","TESTDB" )
#连接数据库 TESTDB 使用的用户名为"testuser",密码为"test123",可以自己设定或者直接使
#用 root 用户名及其密码,Mysql 数据库用户授权请使用 Grant 命令.
#使用 cursor() 方法创建一个游标对象 cursor
cursor = db.cursor()
```

（4）数据库插入操作：

```
#SQL 插入语句
insert_table_sql = "insert into wb_content (content, url, authName, authUrl, niceNum, forwardNum, commentNum,createtime,eventtime,v) " "values ('%s','%s','%s','%s','%s','%s','%s','%d','%s','%s')" % (content, comUrl, authName, authUrl, niceNum, forwardNum, commentNum,time.time(), wbTime, v)
try:
    cursor.execute(insert_table_sql)      #执行 SQL 语句
    connection.commit()                   #提交到数据库执行
```

```
except Exception as e:
    print(e)
    connection.rollback()              # 如果发生错误则回滚
finally:
    cursor.close()                     # 关闭数据库连接
    connection.close()
```

微博采集爬虫的完整程序代码如下：

```
import datetime
import requests
import time
import random
import base64
import math
from PIL import Image
import json
import re
from urllib.parse import quote_plus
from urllib import parse
from bs4 import BeautifulSoup
import pymysql
agent = 'Mozilla/5.0 (Windows NT 6.2; Win64; x64) AppleWebKit/537.36 (KHTML, like Gecko)
Chrome/49.0.2623.110 Safari/537.36'
global headers
headers = {
    "Host": "passport.weibo.cn",
    "Connection": "keep-alive",
    "Upgrade-Insecure-Requests": "1",
    'User-Agent': agent
}

global proxie
proxie = {
    'http': 'http://10.63.3.173:1080'
}

session = requests.session()
#访问登录的初始页面
index_url = "https://passport.weibo.cn/signin/login"
session.get(index_url, headers=headers, verify=False, proxies=proxie, timeout=20)

def get_su(username):
    """
    对 email 地址和手机号码 先 javascript 中 encodeURIComponent
    对应 Python 3 中的是 urllib.parse.quote_plus
    然后在 base64 加密后 decode
    """
    username_quote = quote_plus(username)
```

```
    username_base64 = base64.b64encode(username_quote.encode("utf-8"))
    return username_base64.decode("utf-8")

def login_pre(username):
    #采用构造参数的方式
    params = {
        "checkpin": "1",
        "entry": "mweibo",
        "su": get_su(username),
        "callback": "jsonpcallback" + str(int(time.time() * 1000) + math.floor(random.
random() * 100000))
    }
    pre_url = "https://login.sina.com.cn/sso/prelogin.php"
    headers["Host"] = "login.sina.com.cn"
    headers["Referer"] = index_url
    pre = session.get(pre_url, params = params, headers = headers, verify = False, proxies =
proxie, timeout = 20)
    pa = r'\((.*?)\)'
    res = re.findall(pa, pre.text)
    if res == []:
        print("请检查你的网络,或者你的账号输入是否正常")
    else:
        js = json.loads(res[0])
        if js["showpin"] == 1:
            headers["Host"] = "passport.weibo.cn"
            capt = session.get("https://passport.weibo.cn/captcha/image", headers =
headers, verify = False, proxies = proxie, timeout = 20)
            capt_json = capt.json()
            capt_base64 = capt_json['data']['image'].split("base64,")[1]
            with open('capt.jpg', 'wb') as f:
                f.write(base64.b64decode(capt_base64))
                f.close()
            im = Image.open("capt.jpg")
            im.show()
            im.close()
            cha_code = input("请输入验证码\n>")
            return cha_code, capt_json['data']['pcid']
        else:
            return ""

def login(username, password, pincode):
    postdata = {
        "username": username,
        "password": password,
        "savestate": "1",
        "ec": "0",
        "pagerefer": "",
        "entry": "mweibo",
        "wentry": "",
        "loginfrom": "",
```

```
        "client_id": "",
        "code": "",
        "qq": "",
        "hff": "",
        "hfp": "",
    }
    if pincode == "":
        pass
    else:
        postdata["pincode"] = pincode[0]
        postdata["pcid"] = pincode[1]
    headers["Host"] = "passport.weibo.cn"
    headers["Reference"] = index_url
    headers["Origin"] = "https://passport.weibo.cn"
    headers["Content-Type"] = "application/x-www-form-urlencoded"

    post_url = "https://passport.weibo.cn/sso/login"
    login = session.post(post_url, data = postdata, headers = headers, verify = False, proxies =
proxie, timeout = 20)
    js = login.json()
    uid = js["data"]["uid"]
    crossdomain = js["data"]["crossdomainlist"]
    cn = "https:" + crossdomain["sina.com.cn"]
    mcn = crossdomain["weibo.cn"]
    headers["Host"] = "login.sina.com.cn"
    session.get(mcn, headers = headers, verify = False, proxies = proxie, timeout = 20)
    headers["Host"] = "weibo.cn"
    print(session.cookies)

def getHtml(url):
    try:
        time.sleep(23)
        imgHtml = session.get(url, headers = headers, verify = False, proxies = proxie,
timeout = 20)
        html = str(imgHtml.content, encoding = 'utf-8')
        return html
    except Exception as e:
        print("网页下载出错!")
        return

def do_insert():
    # ---------可自行设置关键词key搜索
    key = '郑州大学'
    page_num = 0
    total_num = 10
    while page_num <= total_num:
        page_num += 1
        KWD = parse.urlencode({'keyword': key})
        originalUrl = 'https://weibo.cn/search/mblog/?sort=time&filter=hasori' #原创
        hotUrl = 'https://weibo.cn/search/mblog/?sort=hot' #热门 &filter=hasoriwww
```

```
        originalUrl = originalUrl + '&' + KWD + '&page = ' + str(page_num)
        #print(originalUrl)
        html = getHtml(originalUrl)
        soup = BeautifulSoup(html, "html.parser")
        weiboList = soup.find_all(class_ = 'c', id = re.compile(''))
        if weiboList is None:
            return
        if not len(weiboList):
            return
        for weibo in weiboList:
            #文章 id
            contentId = weibo['id'].replace('M_', '')
            #正文
            content = weibo.find('span', class_ = 'ctt').get_text()
            content = content.replace(':', '', 2)
            content = content.replace('"', '\'')
            #作者信息
            auth = weibo.find('a', class_ = 'nk')
            authName = auth.get_text()
            authUrl = auth['href']
            authid = authUrl.replace('https://weibo.cn/u/', '')
            authid = authid.replace('http://weibo.cn/u/', '')
            authid = authid.replace('https://weibo.cn/', '')
            #是否认证
            wbV = weibo.find('img', alt = 'V')
            v = 0
            if wbV is not None:
                if wbV['src'] == 'https://h5.sinaimg.cn/upload/2016/05/26/319/5337.gif':
                    v = 1
                if wbV['src'] == 'https://h5.sinaimg.cn/upload/2016/05/26/319/5338.gif':
                    v = 2

            try:
                #点赞、评论、转发
               niceNum = weibo.find('a', string = re.compile('赞\[')).string.replace("赞[", '').
replace("]", '')
                forward = weibo.find('a', string = re.compile('转发\['))
                forwardNum = forward.string.replace("转发[", '').replace("]", '')
                forwardUrl = forward['href']
                comment = weibo.find('a', string = re.compile('评论\['))
                commentNum = comment.string.replace("评论[", '').replace("]", '')
                commentNum = commentNum.replace('原文', '')
                commentUrl = comment['href']
                query = parse.urlparse(commentUrl)
                param_dict = parse.parse_qs(query.query)
                uidL = param_dict.get('uid')
                if uidL is None:
                    uid = authid
                else:
```

```
                uid = uidL[0]
            comUrl = 'https://weibo.com/' + uid + '/' + contentId + '?refer_flag = 1001030103_'

            #时间
            wbTime = weibo.find('span', class_ = 'ct').get_text().split("来自")[0]
            eventTime = getIntTime(wbTime)
        except Exception as e:
            print(e)
        #获取数据库连接
        connection = pymysql.connect(host = 'localhost', user = 'root', passwd = '123456',
db = 'test',charset = 'utf8')
        cursor = connection.cursor()

        #SQL 插入语句
        insert_table_sql = "insert into wb_content (content, url, authName,authUrl,
niceNum,forwardNum,commentNum,createtime,eventtime,v) " \
                "values ('%s','%s','%s','%s','%s','%s','%s','%d','%s','%s')" %
(content, comUrl, authName, authUrl, niceNum, forwardNum, commentNum,time.time(), eventTime, v)
        try:
            #执行 SQL 语句
            cursor.execute(insert_table_sql)
            #提交到数据库执行
            connection.commit()
        except Exception as e:
            print(insert_table_sql)
            print(e)
            #如果发生错误则回滚
            connection.rollback()
        finally:
            #关闭数据库连接
            cursor.close()
            connection.close()
#格式化时间,将时间转为时间戳格式
def getIntTime(strTime):
    strTime = strTime.rstrip().lstrip()
    if '分钟前' in strTime: #时间是"几分钟前"的处理
        strTime = strTime.replace('分钟前', '')
        intTime = t = time.time() - int(strTime) * 60
        return intTime
    if '今天' in strTime: #时间是"今天"的处理
        strTime = strTime.replace('今天', '')
        strTime = str(datetime.datetime.now().year) + '-' + str(datetime.datetime.now().
month) + '-' + str(datetime.datetime.now().day) + strTime #获取当前年、月、日 + strTime
        intTime = time.mktime(time.strptime(strTime, '%Y-%m-%d %H:%M'))
        return intTime
    if '月' in strTime and '日' in strTime: #时间是"**月**日"的处理
        strTime = strTime.replace('月', '-').replace('日', '')
        strTime = str(datetime.datetime.now().year) + '-' + strTime
        #先转换成时间数组,再转换成时间戳
```

```
        intTime = time.mktime(time.strptime(strTime, '%Y-%m-%d %H:%M'))
        return intTime
    if '-' in strTime: #时间里有"-"的处理
        intTime = time.mktime(time.strptime(strTime, '%Y-%m-%d %H:%M:%S'))
        return intTime

if __name__ == "__main__":
    #登录获得 cookie
    username = "XXXX"
    password = "XXXXX"
    pincode = login_pre(username)
    login(username, password, pincode)
    do_insert()
```

至此，完成微博采集爬虫。

第 12 章

Scrapy 框架爬虫

12.1 Scrapy 框架简介与安装

Scrapy 是一个使用 Python 语言编写的开源网络爬虫框架，基于 Twisted 的异步网络框架来处理网络通信，可以加快数据下载速度，不用自己去实现异步框架，并且包含了各种中间件接口，可以灵活地完成各种需求，用户只需要编写少量代码，就能够快速抓取数据内容。Scrapy 简单易用、易拓展、开发社区活跃，并且是跨平台的，在 Windows、Linux 以及 MaxOS 平台上都可以使用。Scrapy 目前由 Scrapinghub Ltd 维护，最新的版本是 Scrapy 1.7。

视频讲解

12.1.1 Scrapy 框架简介

图 12-1 所示为 Scrapy 的架构，包括组件及在系统中发生的数据流的概览(箭头所示)。

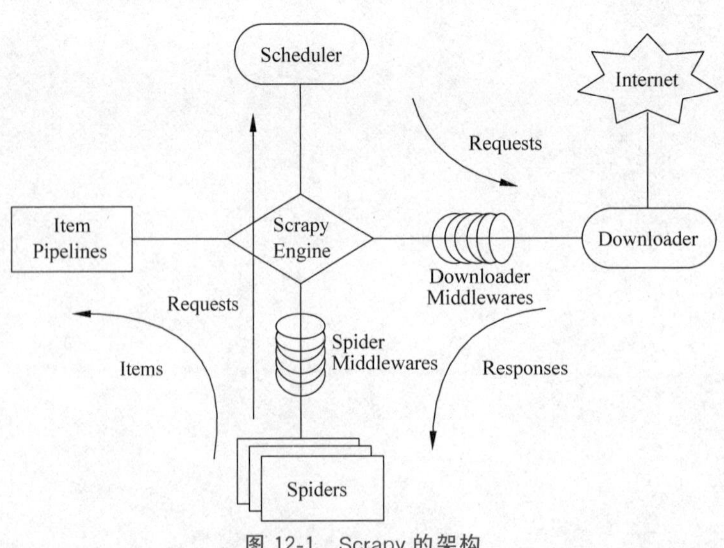

图 12-1　Scrapy 的架构

表 12-1 所示为 Scrapy 的各个组件描述。

表 12-1 Scrapy 的各个组件描述

组　　件	描　　述	类　　型
Scrapy Engine	引擎，框架的核心，其他所有组件在其控制下协同工作，用来处理整个系统的数据流，触发事务	内部组件
Scheduler	调度器，用来接受从引擎发来的请求，并将它们入队，并在引擎再次请求它们时返回	内部组件
Downloader	下载器，负责获取页面数据并提供给引擎，而后提供给 Spider	内部组件
Spiders	爬虫，用于从特定的网页中提取数据，即所谓的实体(Item)，并产生对新页面的下载请求	用户实现
Item Pipelines	数据管道，负责处理爬虫从网页中抽取的实体，主要的功能是持久化实体，验证实体的有效性，清除不需要的信息	可选组件
Downloader middlewares	下载器中间件，位于 Scrapy 引擎和下载器之间，主要是处理 Scrapy 引擎与下载器之间的请求及响应	可选组件
Spider middlewares	Spider 中间件，位于 Scrapy 引擎和爬虫之间，主要工作是处理爬虫的响应输入和请求输出	可选组件

对于用户来说，Spider 是最核心的组件，也是需要用户自己来实现的，Scrapy 爬虫开发是围绕实现 Spider 展开的，而 Scrapy Engine、Scheduler 和 Downloader 组件是框架内部组件，不需要用户实现，Item Pipelines、Downloader middlewares 和 Spider middlewares 组件是可选组件，根据具体情况决定是否需要用户实现。

接下来，分析一下框架中的数据流，Scrapy 中的数据流由执行引擎控制，由图 12-1 可以看到，数据流共有 3 种对象。

- Request：Scrapy 中的 HTTP 请求对象。
- Response：Scrapy 中的 HTTP 响应对象。
- Item：从页面爬取的一项数据。

大家都知道，Request 和 Response 是 HTTP 协议中的术语，即 Request 请求和 Response 响应，Scrapy 框架中定义了相应的 Request 和 Response 类。

数据流在框架中的流动过程如下，图 12-2 是对应的图形展示。

(1) 当要爬取某个网站时，引擎打开一个网站，找到处理该网站的 Spider 并向该 Spider 请求第一个要爬取的 URL。

(2) 引擎从 Spider 中获取第一个要爬取的 URL 并通过调度器(Scheduler)以 Request 调度。

(3) 引擎向调度器请求下一个要爬取的 URL。

(4) 调度器返回下一个要爬取的 URL 给引擎，引擎将 URL 通过下载中间件(请求 request 方向)转发给下载器(Downloader)。

(5) 一旦页面下载完毕，下载器生成一个该页面的 Response，并将其通过下载中间件(返回 response 方向)发送给引擎。

(6) 引擎从下载器中接收 Response 并通过 Spider 中间件(输入方向)发送给 Spider 处理。

(7) Spider 处理 Response 并返回爬取到的 Item 及(跟进的)新的 Request 给引擎。

(8) 引擎将(Spider 返回的)爬取到的 Item 给 Item Pipeline，将(Spider 返回的)Request

给调度器。

(9)（从第 2 步）重复直到调度器中没有更多地 Request，引擎关闭该网站。

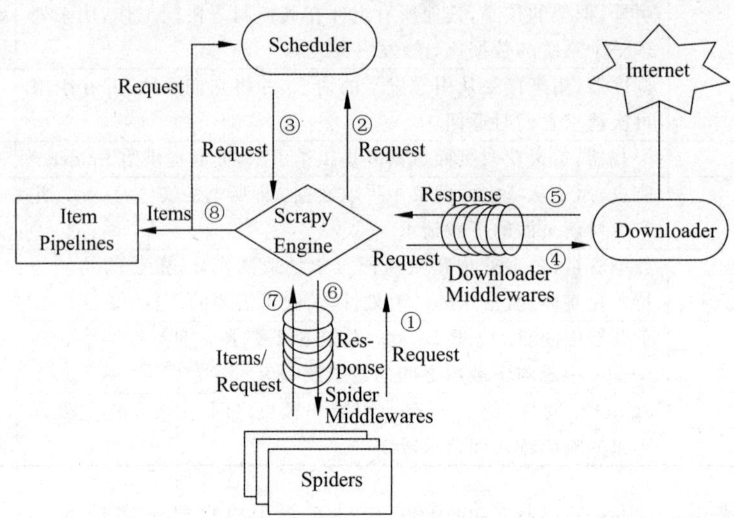

图 12-2 Scrapy 架构数据流动过程

12.1.2 Scrapy 安装

在任意操作系统下，可以使用 pip 安装 Scrapy。例如，在 Windows 操作系统下，在命令行输入：

```
pip install scrapy
```

如果出现安装错误：

```
building 'twisted.test.raiser' extension
error: Microsoft Visual C++14.0 is required. Get it with "Microsoft Visual C++Build Tools":
    http://landinghub.visualstudio.com/visual-cpp-build-tools
```

可以从 http://www.lfd.uci.edu/～gohlke/pythonlibs/#twisted 下载 twisted 对应版本的 whl 文件（如笔者的是 Twisted17.5.0cp36cp36mwin_amd64.whl），cp 后面是 Python 版本，amd64 代表 64 位，运行如下命令：

```
pip install C:\Users\CR\Downloads\Twisted-17.5.0-cp36-cp36m-win_amd64.whl
```

其中，install 后面为下载的 whl 文件的完整路径名，安装完成后，再次运行 pip install scrapy，即可成功。

为测试 Scrapy 是否安装成功，可以在命令行输入 scrapy，如图 12-3 所示，则证明安装成功。

也可以在 Python 中输入如下命令：

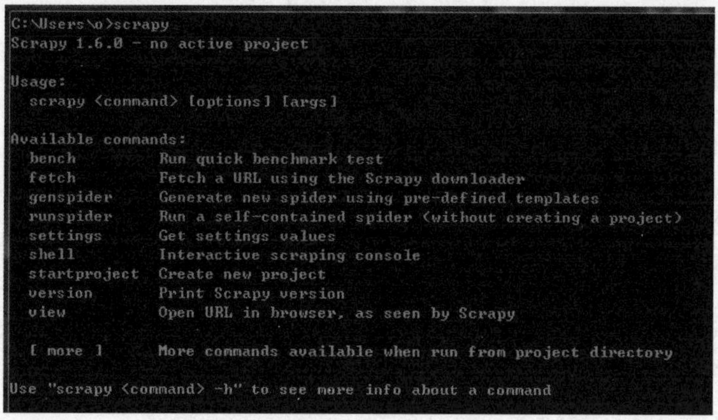

```
C:\Users\o>scrapy
Scrapy 1.6.0 - no active project

Usage:
  scrapy <command> [options] [args]

Available commands:
  bench         Run quick benchmark test
  fetch         Fetch a URL using the Scrapy downloader
  genspider     Generate new spider using pre-defined templates
  runspider     Run a self-contained spider (without creating a project)
  settings      Get settings values
  shell         Interactive scraping console
  startproject  Create new project
  version       Print Scrapy version
  view          Open URL in browser, as seen by Scrapy

  [ more ]      More commands available when run from project directory

Use "scrapy <command> -h" to see more info about a command
```

图 12-3　Windows 下成功安装 Scrapy

```
>>> import scrapy
```

如果没有错误，则说明 Scrapy 安装成功。

12.2　第一个 Scrapy 爬虫

视频讲解

为帮助用户进一步熟悉 Scrapy 框架，下面介绍一个简单的爬虫项目。

12.2.1　项目需求

爬取“去哪儿网”(http://bnb.qunar.com/hotcity.jsp)上的全部酒店城市列表，如图 12-4 所示。

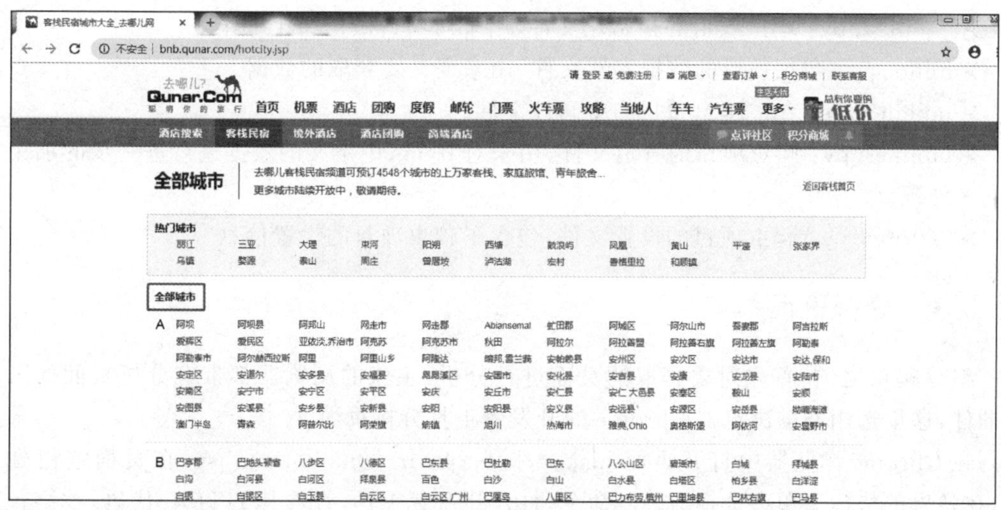

图 12-4　去哪儿网

该网站中，“客栈民宿”下面的“全部城市”按字母顺序 A～Z 列出了所有城市列表，有 4000 多个，单击某个城市，可以打开该城市的超链接。用户的任务是爬取所有城市名及其超链接。

12.2.2 创建项目

首先创建一个 Scrapy 项目，Windows 下在命令行输入 scrapy startproject 命令：

```
F:\gyx\python\例子> scrapy startproject qunar
New Scrapy project 'qunar', using template directory
'c:\users\o\appdata\local\programs\python\python36\lib\site - packages\scrapy\templates\
project', created in:
    F:\gyx\python\例子\qunar

You can start your first spider with:
    cd qunar
    scrapy genspider example example.com
```

可以看到在当前目录下多了一个文件夹 qunar，该文件夹即为项目文件夹，用 PyCharm 打开该项目，可以看到 Scrapy 项目的目录结构，如图 12-5 所示。

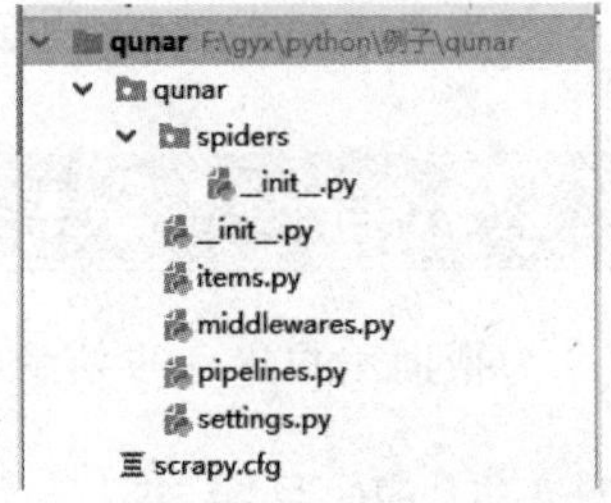

图 12-5　Scrapy 目录结构

可以看到，在项目文件夹下有一个同名的子文件夹和一个 scrapy.cfg 文件。

- 同名文件夹 qunar 下存放爬虫项目的核心代码。
- scrapy.cfg 文件主要是爬虫项目的配置文件。

同名子文件夹 qunar 下包含 spiders 文件夹、__init__.py、items.py、middlewares.py、pipelines.py、settings.py 等 python 文件。

- spiders 文件夹：此文件夹下放置的是爬虫文件，项目的核心。
- __init__.py：爬虫项目的初始化文件，用来对项目做初始化工作。
- items.py：爬虫项目的数据容器文件，用来定义要获取的数据。
- middlewares.py：爬虫项目的中间件文件。
- piplines.py：爬虫项目的管道文件，用来对 items 中定义的数据进行进一步的加工与处理。
- settings.py：爬虫项目的设置文件，包含了爬虫项目的设置信息。

12.2.3 分析页面

编写爬虫之前，首先对要爬取的页面进行分析，主流的浏览器都带有分析页面的工具或插件，这里选用谷歌浏览器 Chrome 的开发者工具分析页面。

在 Chrome 浏览器中打开页面 http://bnb.qunar.com/hotcity.jsp，在页面空白处右击，在弹出的快捷菜单中选择“检查”命令，打开开发者工具，查看其 HTML 代码，找到包裹用户要爬取内容的 div，如图 12-6 所示。

从图 12-6 中可以看出，A～Z 分别在 26 个 div 中，只要解析出一个 div，其他 25 个 div 也就解析出来了。其中每个 div 的 class 属性都等于 e_city_list，一层一层点进去，找到第一

图 12-6 页面开发者工具窗口

个城市“阿坝”，如图 12-7 所示。

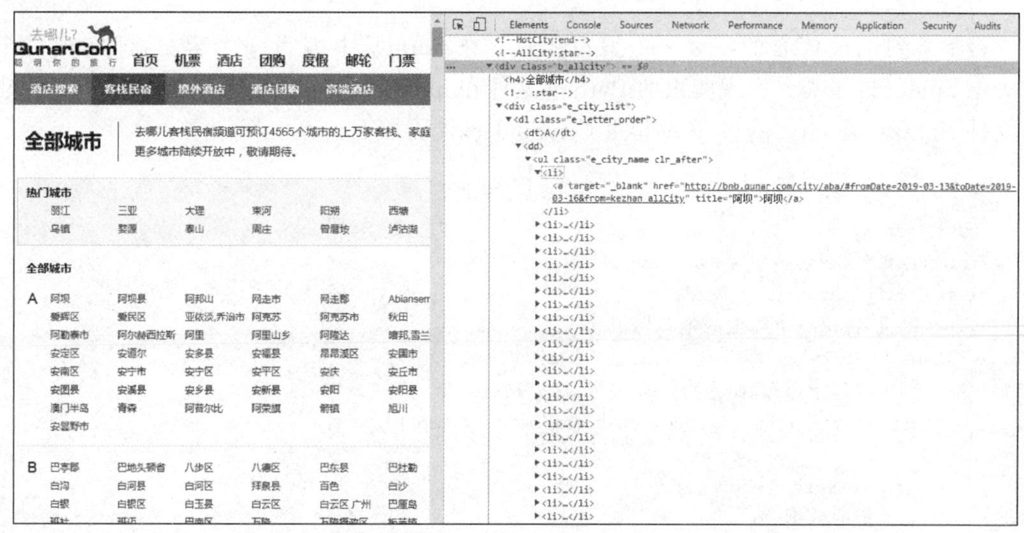

图 12-7 去哪网城市列表

可以看到，城市按字母顺序排序，以每一个字母开始的所有城市包裹在< div class="e_city_list">…</div >元素中，其下的 li 标签列表列出了所有城市信息，打开一个 li 标签，可以看到一个城市的具体信息，如：

```
<li>
    <a target = "_blank" href = "http://bnb.qunar.com/city/aba/# fromDate = 2019 - 03 - 13&toDate = 2019 - 03 - 16&
        from = kezhan_allCity" title = "阿坝">阿坝</a>
</li>
```

可见，从 div 下找到所有“li”标签中的“a”标签，爬取“a”标签中的文本和“href”属性即可得到城市名称及链接。

12.2.4 定义数据类

要爬取所有城市的城市名称和链接，使用 Items 自定义数据类型，即实现 items.py 文件。该文件在创建项目时已自动生成，我们需要对它进行修改：

```
import scrapy
class QunarItem(scrapy.Item):
name = scrapy.Field()  #城市名称
url = scrapy.Field()  #城市 url
```

这里不展开讲，后面会详细介绍。

12.2.5 实现爬虫

接下来到了最核心的一步——编写爬虫。在 Scrapy 中编写一个爬虫，即实现一个 scrapy.Spider 的子类。实现爬虫的 Python 文件在 qunar/spiders 目录下，在该目录下创建新文件 city.py，在 city.py 中实现爬虫 CitySpider，代码如下：

```
# -*- coding: utf-8 -*-
import scrapy
from qunar.items import QunarItem
class CitySpider(scrapy.Spider):
    #爬虫名，每一个爬虫的唯一标识
    name = 'city'
    #爬虫的起始点.起始点可以有多个，这里只有一个
    start_urls = ['http://bnb.qunar.com/hotcity.jsp']

    def parse(self, response):
        #提取数据
        #这里需要两个循环，第一个字母循环，所有字母包裹在<div class = "e_city_list">中，使
        #用 xpath()方法找到所有的 div 元素，并依次迭代；第二个循环是找到某个字母下所有城市，
        #城市信息包裹在 div 元素下的所有 li 标签中
        for line in response.xpath('//div[@class = "e_city_list"]'):
            for letter in line.xpath('.//li'):
                item = QunarItem()
                #城市名称在 li>a 元素的文本中
                item['name'] = letter.xpath('.//a/text()').extract()
                #城市链接在 li>a 元素的 href 属性中
```

```
            item['url'] = letter.xpath('.//a/@href').extract()
            #返回城市信息
            yield item
```

如果上述代码中有看不懂的部分，不必担心，更多详细内容会在后面介绍，这里只是让大家对爬虫有一个整体印象。

12.2.6 配置爬虫

实现 settings. py 文件。该文件在创建项目时已自动生成，我们需要对它进行修改：

```
ROBOTSTXT_OBEY = False  #拒绝遵守 Robot 协议
FEED_EXPORT_ENCODING = 'GBK'  #设置导出数据的编码方式为 GBK，以使中文正常显示
```

12.2.7 运行爬虫

完成代码后，就可以运行爬虫提取数据了，在命令行执行 scrapy crawl <Spider_name> 命令运行爬虫，并将爬取的数据存储到 csv 文件中：

```
F:\gyx\python\例子\qunar>scrapy crawl city -o city.csv
2019-03-11 11:52:18 [scrapy.utils.log] INFO: Scrapy 1.6.0 started (bot: qunar)
2019-03-11 11:52:18 [scrapy.utils.log] INFO: Versions: lxml 4.3.0.0, libxml2 2.9.5,
cssselect 1.0.3, parsel 1.5.1, w3lib 1.20.0, T
wisted 18.9.0, Python 3.6.4 (v3.6.4:d48eceb, Dec 19 2017, 06:54:40) [MSC v.1900 64 bit
(AMD64)], pyOpenSSL 19.0.0 (OpenSSL 1.1.1a
20 Nov 2018), cryptography 2.5, Platform Windows-7-6.1.7601-SP1
2019-03-11 11:52:18 [scrapy.crawler] INFO: Overridden settings: {'BOT_NAME': 'qunar', 'FEED_
EXPORT_ENCODING': 'GBK', 'FEED_FORMAT'
: 'csv', 'FEED_URI': 'city.csv', 'NEWSPIDER_MODULE': 'qunar.spiders', 'SPIDER_MODULES': ['qunar.
spiders']}
2019-03-11 11:52:18 [scrapy.extensions.telnet] INFO: Telnet Password: cbe84968492296b2
2019-03-11 11:52:18 [scrapy.middleware] INFO: Enabled extensions:
['scrapy.extensions.corestats.CoreStats',
'scrapy.extensions.telnet.TelnetConsole',
'scrapy.extensions.feedexport.FeedExporter',
'scrapy.extensions.logstats.LogStats']
2019-03-11 11:52:19 [scrapy.middleware] INFO: Enabled downloader middlewares:
['scrapy.downloadermiddlewares.httpauth.HttpAuthMiddleware',
'scrapy.downloadermiddlewares.downloadtimeout.DownloadTimeoutMiddleware',
'scrapy.downloadermiddlewares.defaultheaders.DefaultHeadersMiddleware',
'scrapy.downloadermiddlewares.useragent.UserAgentMiddleware',
'scrapy.downloadermiddlewares.retry.RetryMiddleware',
'scrapy.downloadermiddlewares.redirect.MetaRefreshMiddleware',
'scrapy.downloadermiddlewares.httpcompression.HttpCompressionMiddleware',
'scrapy.downloadermiddlewares.redirect.RedirectMiddleware',
'scrapy.downloadermiddlewares.cookies.CookiesMiddleware',
'scrapy.downloadermiddlewares.httpproxy.HttpProxyMiddleware',
```

```
'scrapy.downloadermiddlewares.stats.DownloaderStats']
2019-03-11 11:52:19 [scrapy.middleware] INFO: Enabled spider middlewares:
['scrapy.spidermiddlewares.httperror.HttpErrorMiddleware',
'scrapy.spidermiddlewares.offsite.OffsiteMiddleware',
'scrapy.spidermiddlewares.referer.RefererMiddleware',
'scrapy.spidermiddlewares.urllength.UrlLengthMiddleware',
'scrapy.spidermiddlewares.depth.DepthMiddleware']
2019-03-11 11:52:19 [scrapy.middleware] INFO: Enabled item pipelines:
[]
2019-03-11 11:52:19 [scrapy.core.engine] INFO: Spider opened
2019-03-11 11:52:19 [scrapy.extensions.logstats] INFO: Crawled 0 pages (at 0 pages/min),
scraped 0 items (at 0 items/min)
2019-03-11 11:52:19 [scrapy.extensions.telnet] INFO: Telnet console listening on 127.0.0.
1:6023
2019-03-11 11:52:19 [scrapy.core.engine] DEBUG: Crawled (200) <GET http://bnb.qunar.com/
hotcity.jsp> (referer: None)
2019-03-11 11:52:19 [scrapy.core.scraper] DEBUG: Scraped from <200 http://bnb.qunar.com/
hotcity.jsp>
{'name': ['阿坝'],
'url': ['http://bnb.qunar.com/city/aba/#fromDate=2019-03-13&toDate=2019-03-16&from=
kezhan_allCity']}

…<省略中间输出部分>…

2019-03-11 11:52:40 [scrapy.core.scraper] DEBUG: Scraped from <200 http://bnb.qunar.com/
hotcity.jsp>
{'name': ['左镇区'],
'url': ['http://bnb.qunar.com/city/zuozhen_district/#fromDate=2019-03-13&toDate=2019-
03-16&from=kezhan_allCity']}
2019-03-11 11:52:40 [scrapy.core.engine] INFO: Closing spider (finished)
2019-03-11 11:52:40 [scrapy.extensions.feedexport] INFO: Stored csv feed (4545 items) in:
city1.csv
2019-03-11 11:52:40 [scrapy.statscollectors] INFO: Dumping Scrapy stats:
{'downloader/request_bytes': 223,
'downloader/request_count': 1,
'downloader/request_method_count/GET': 1,
'downloader/response_bytes': 89764,
'downloader/response_count': 1,
'downloader/response_status_count/200': 1,
'finish_reason': 'finished',
'finish_time': datetime.datetime(2019, 3, 11, 3, 52, 40, 93272),
'item_scraped_count': 4545,
'log_count/DEBUG': 4546,
'log_count/INFO': 10,
'response_received_count': 1,
'scheduler/dequeued': 1,
'scheduler/dequeued/memory': 1,
'scheduler/enqueued': 1,
'scheduler/enqueued/memory': 1,
'start_time': datetime.datetime(2019, 3, 11, 3, 52,19, 598786)}
2019-03-11 11:52:40 [scrapy.core.engine] INFO: Spider closed (finished)
```

等爬虫运行结束，打开 city. csv 文件，可以看到爬取到的数据，共 4546 条，如图 12-8 所示。

1	name	url
2	阿坝	http://bnb.qunar.com/city/aba/#fromDate=2019-03-12&toDate=2019-03-15&from=kezhan_allCity
3	阿坝县	http://bnb.qunar.com/city/aba_aba/#fromDate=2019-03-12&toDate=2019-03-15&from=kezhan_allCity
4	阿邦山	http://bnb.qunar.com/city/abang/#fromDate=2019-03-12&toDate=2019-03-15&from=kezhan_allCity
5	网走市	http://bnb.qunar.com/city/abashiri/#fromDate=2019-03-12&toDate=2019-03-15&from=kezhan_allCity
6	网走郡	http://bnb.qunar.com/city/abashiri_district/#fromDate=2019-03-12&toDate=2019-03-15&from=kezhan_allCity
7	Abiansemal	http://bnb.qunar.com/city/abiansemal/#fromDate=2019-03-12&toDate=2019-03-15&from=kezhan_allCity
8	虻田郡	http://bnb.qunar.com/city/abuta_district/#fromDate=2019-03-12&toDate=2019-03-15&from=kezhan_allCity
9	阿城区	http://bnb.qunar.com/city/acheng/#fromDate=2019-03-12&toDate=2019-03-15&from=kezhan_allCity
10	阿尔山市	http://bnb.qunar.com/city/aershan/#fromDate=2019-03-12&toDate=2019-03-15&from=kezhan_allCity
11	吾妻郡	http://bnb.qunar.com/city/agatsuma_district/#fromDate=2019-03-12&toDate=2019-03-15&from=kezhan_allCity
12	阿吉拉斯	http://bnb.qunar.com/city/aguilas_mu/#fromDate=2019-03-12&toDate=2019-03-15&from=kezhan_allCity
13	爱辉区	http://bnb.qunar.com/city/aihui/#fromDate=2019-03-12&toDate=2019-03-15&from=kezhan_allCity
14	爱民区	http://bnb.qunar.com/city/aimin/#fromDate=2019-03-12&toDate=2019-03-15&from=kezhan_allCity
15	亚依淡,乔治市	http://bnb.qunar.com/city/air_itam_geo/#fromDate=2019-03-12&toDate=2019-03-15&from=kezhan_allCity
16	阿克苏	http://bnb.qunar.com/city/akesu/#fromDate=2019-03-12&toDate=2019-03-15&from=kezhan_allCity
17	阿克苏市	http://bnb.qunar.com/city/akesu_akesu/#fromDate=2019-03-12&toDate=2019-03-15&from=kezhan_allCity
18	秋田	http://bnb.qunar.com/city/akita_aki/#fromDate=2019-03-12&toDate=2019-03-15&from=kezhan_allCity
19	阿拉尔	http://bnb.qunar.com/city/alaer/#fromDate=2019-03-12&toDate=2019-03-15&from=kezhan_allCity
20	阿拉善盟	http://bnb.qunar.com/city/alashan/#fromDate=2019-03-12&toDate=2019-03-15&from=kezhan_allCity
21	阿拉善右旗	http://bnb.qunar.com/city/alashanyou/#fromDate=2019-03-12&toDate=2019-03-15&from=kezhan_allCity
22	阿拉善左旗	http://bnb.qunar.com/city/alashanzuo/#fromDate=2019-03-12&toDate=2019-03-15&from=kezhan_allCity
23	阿勒泰	http://bnb.qunar.com/city/aletai/#fromDate=2019-03-12&toDate=2019-03-15&from=kezhan_allCity
24	阿勒泰市	http://bnb.qunar.com/city/aletai_aletai/#fromDate=2019-03-12&toDate=2019-03-15&from=kezhan_allCity
25	阿尔赫西拉斯	http://bnb.qunar.com/city/algeciras/#fromDate=2019-03-12&toDate=2019-03-15&from=kezhan_allCity
26	阿里	http://bnb.qunar.com/city/ali/#fromDate=2019-03-12&toDate=2019-03-15&from=kezhan_allCity
27	阿里山乡	http://bnb.qunar.com/city/alishan_township/#fromDate=2019-03-12&toDate=2019-03-15&from=kezhan_allCity

图 12-8 爬取的结果

12.3 Spider 开发流程

视频讲解

在 Scrapy 框架中，我们看到最重要且需要用户自己完成的是 Spider 爬虫组件，实现一个 Spider 需要完成下面 4 个步骤。

(1) 继承 scrapy. Spider。

(2) 为 Spider 起名字。

(3) 设定起始爬取点。

(4) 实现页面解析函数。

下面以 12.2 节的例子来说明 Spider 的开发步骤。

12.3.1 继承 scrapy. Spider

Scrapy 框架提供了一个 Spider 基类，用户编写的 Spider 必须继承它：

```
import scrapy
class CitySpider(scrapy.Spider):
    ...
```

这里先不关注 Spider 基类的细节，需要时可以查阅相关文档。

12.3.2 为 spider 起名字

在一个 Scrapy 项目中可以实现多个 Spider，但每个 Spider 必须有一个能够唯一区别的标识，这就是 Spider 的类属性 name。

```
import scrapy
class CitySpider(scrapy.Spider):
    #爬虫名,每一个爬虫的唯一标识
    name = 'city'
    …
```

运行爬虫时需要用到这个标识，告诉 Scrapy 使用哪个 Spider 进行爬取。

12.3.3 设置起始爬取点

Spider 必须知道从哪个或哪些页面开始爬取，称这些页面为起始爬取点，可以用类属性 start_urls 来指定：

```
import scrapy
class CitySpider(scrapy.Spider):
    …'
    start_urls = ['http://bnb.qunar.com/hotcity.jsp']
    …
```

start_urls 通常被定义成一个列表，放入所有起始爬取点的 URL，本例中只有一个起始点。看到这里大家一定会有疑问，请求页面数据不是一定要提交 Request 对象吗？而这里我们只有一个 URL 列表，相应的 Request 对象是怎么提交的，难道不用提交？通过查阅 Spider 基类的源码可以得到答案，关键代码如下：

```
class Spider(object_ref):
   …
    def start_requests(self):
        …
        for url in self.start_urls:
            yield self.make_requests_from_url(url)
        …

    def make_requests_from_url(self, url):
        return Request(url, dont_filter = True)

    def parse(self, response):
        raise NotImplementedError
    …
```

可以看到，Spider 基类的 start_requests 方法读取 start_urls 列表内的地址，调用 make_requests_from_url 方法为每一个地址生成一个 Request 对象并返回。其中的原理如下。

（1）起始爬取点的下载请求是由 Scrapy 引擎调用 Spider 对象的 start_requests 方法提交的，由于上例的 CitySpider 类没有实现 start_requests 方法，因此引擎会调用 Spider 基类的 start_requests 方法。

（2）在 start_requests 方法中，self.start_urls 是我们定义的起始爬取点列表，对其进行迭代，用每个 url 作为参数调用 make_requests_from_url 方法。

（3）在 make_requests_from_url 方法中，使用 url 和 dont_filter 参数构造 Request 对象并返回。

(4) 构造 Request 对象时并没有传递 callback 参数来指定页面解析函数。默认的页面解析函数是 parse 方法,因此 CitySpider 必须实现 parse 方法,否则会调用 Spider 基类的 parse 方法,从而抛出 NotImplementedError 异常。

由于起始爬取点的下载请求是由 Scrapy 引擎调用 Spider 对象的 start_requests 方法提交的。因此,也可以在 CitySpider 类中自己实现 start_requests 方法覆盖基类 Spider 的 start_requests 方法直接构造并提交 Request 对象。有时使用这种方式更加灵活。

```
class CitySpider(scrapy.Spider):
    #start_urls = ['http://bnb.qunar.com/hotcity.jsp']

    def start_requests(self):
        yield scrapy.Request('http://bnb.qunar.com/hotcity.jsp', callback = self.parse, dont_
filter = True)

    def parse(self, response):
        ....
```

总结一下,设置爬虫起始爬取点有如下两种方法:

- 定义类属性 start_url;
- 实现 start_requests 方法。

12.3.4 实现页面解析函数

页面解析函数就是构造 Request 对象时通过 callback 参数指定的回调函数,如果没有指定就是默认的 parse 方法,该方法是实现爬虫的最核心的部分,需要完成以下两项工作。

(1) 使用选择器提取页面数据,将数据封装后提交给 Scrapy 引擎。

(2) 使用选择器提取页面链接,用其构造新的 Request 对象并提交给 Scrapy 引擎。

一个页面一般包含多项数据及多个链接。因此,页面解析函数需要返回一个可迭代对象,每次迭代返回一项数据或一个 Request 对象。

接下来会详细介绍如何提取数据、封装数据、提取链接等内容。

12.4 Scrapy 选择器

视频讲解

从页面中提取数据的核心技术是 HTTP 文本解析,在 Python 中常用以下模块处理。

- BeautifulSoup:非常流行的 HTTP 解析库,API 简洁易用,但解析速度较慢。
- lxml:一套由 C 语言编写的 xml 解析库,解析速度更快,API 相对复杂。

Scrapy 有自己的一套数据提取机制,称为选择器(Selector),它们通过特定的 XPath 或者 CSS 表达式来选择 HTML 文件中的某个部分。Scrapy 选择器构建在 lxml 库之上,并简化了 API 接口。

12.4.1 Selector 类

在 Scrapy 中,使用 Selector 对象提取页面中的数据,使用时先通过 XPath 或 CSS 选中页面要提取的数据,然后进行提取。

1. 创建对象

Selector 类的实现位于 scrapy. selector 模块，创建 Selector 对象时，可将页面的 HTML 文档字符串传递给 Selector 构造器方法的 text 参数：

```
>>> from scrapy import Selector
>>> body = '''
        <html>
            <body>
                <ul>
                    <li>C++</li>
                    <li>Python</li>
                    <li>Java</li>
            </body>
        </html>
        '''
>>> selector = Selector(text = body)
>>> selector
<Selector xpath = None data = '<html>\n          <body>\n           '>
```

也可以通过给 Selector 构造器方法的 response 参数传递一个 Response 对象来构造 Selector 对象。

2. 选中数据

使用 Selector 对象的 XPath 方法或 CSS 方法，可以选择 HTML 中的某个或某些部分。XPath 和 CSS 方法返回一个 SelectorList 对象，包含所有被选中的 Selector 对象。

```
>>> sel = selector.xpath('//li/text()')
>>> sel
[<Selector xpath = '//li/text()' data = 'C++'>, <Selector xpath = '//li/text()' data = 'Python'>,
<Selector xpath = '//li/text()' data = 'Java'>]
```

可以看到 sel 是一个包含 3 个<li>对应的 Selector 对象。

SelectorList 支持列表接口，可使用 for 迭代访问每个 Selector 对象。

```
>>> for s in sel:
    print(s)

<Selector xpath = '//li/text()' data = 'C++'>
<Selector xpath = '//li/text()' data = 'Python'>
<Selector xpath = '//li/text()' data = 'Java'>
```

3. 提取数据

调用 Selector 或 SelectorList 对象的以下方法可将选中的内容提取：

- extract()：返回选中内容的 Unicode 字符串。

- extract_first()：适用于SelectorList，返回第一个Selector对象调用extract方法的结果。
- re()：使用正则表达式提取选中内容的一部分。
- re_first()：适用于SelectorList，返回第一个Selector对象调用re方法的结果。

```
>>> sel[0]
<Selector xpath='//li/text()' data='C++'>
>>> sel[0].extract()
'C++'
>>> sel[1].extract()
'Python'
>>> sel.extract_first()
'C++'
>>> sel.re_first('^[A-Za-z]+$') #返回由字母组成的第一个字符串
'Python'
```

12.4.2 Response内置Selector

在实际应用中，Selector对象几乎不需要手动创建，可以直接使用Response对象内置的Selector对象。为了方便，Response对象还提供了XPath和CSS方法，它们在内部分别调用内置Selector对象的XPath和CSS方法。

```
>>> from scrapy.http import HtmlResponse
>>> body = '''
        <html>
            <body>
                <ul>
                    <li>C++</li>
                    <li>Python</li>
                    <li>Java</li>
            </body>
        </html>
        '''
>>> response = HtmlResponse(url="http://www.test.com",body=body,encoding="utf8")
>>> response.xpath('//li/text()').extract()
['C++', 'Python', 'Java']
>>> response.css('li::text').extract_first()
'C++'
```

可以看到，这样使用，可以使代码更加简洁。

XPath的具体使用见第2章。下面简要介绍CSS选择器的使用。

12.4.3 使用CSS选择器

CSS(Cascading Style Sheet)即层叠样式表。其选择器是一种用来确定HTML文档中某部分位置的语言。CSS选择器的语法比Xpath更简单一些，但功能不如XPath强大。表12-2列出了CSS选择器的一些基本语法。

表 12-2　CSS 选择器的基本语法

表　达　式	描　　述	实　　例
*	选择所有元素	*
name	选择 name 元素	p
name1,name2	选择 name1 和 name2 元素	div,pre
name1 name2	选择 name1 后代元素中的 name2 元素	li a
#name	选择 id 为 name 的元素	#main
.name	选择所有 class 包含 name 的元素	.info
[attr]	选择包含 attr 属性的元素	[href]
[attr=value]	选择包含 attr 属性且值为 value 的元素	[method=post]
name::text	选择 name 元素的文本节点	a::text

例如：

```
>>> response.css('li::text').extract_first()
'C++'
```

这里 li::text 表示选择 li 元素的文本节点。

视频讲解

12.4.4　爬取京东商品信息

1. 页面分析

在京东首页输入“苹果手机”并搜索，用 Chrome 浏览器的开发者工具，可以看到它对应的 Request URL，如图 12-9 所示。

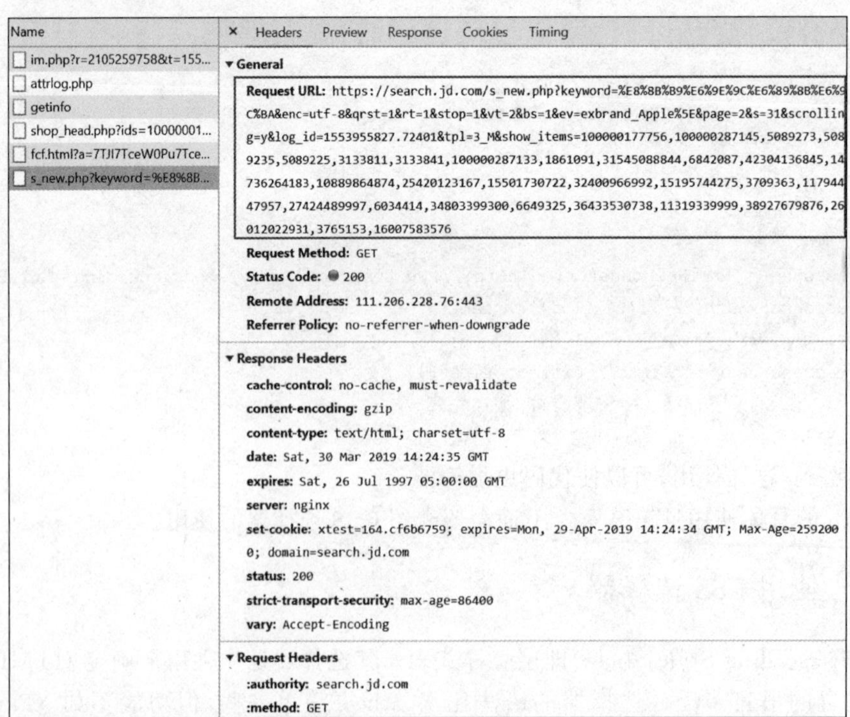

图 12-9　京东页面

再看看它的 Response，可以看到正是我们需要的信息，如图 12-10 所示。

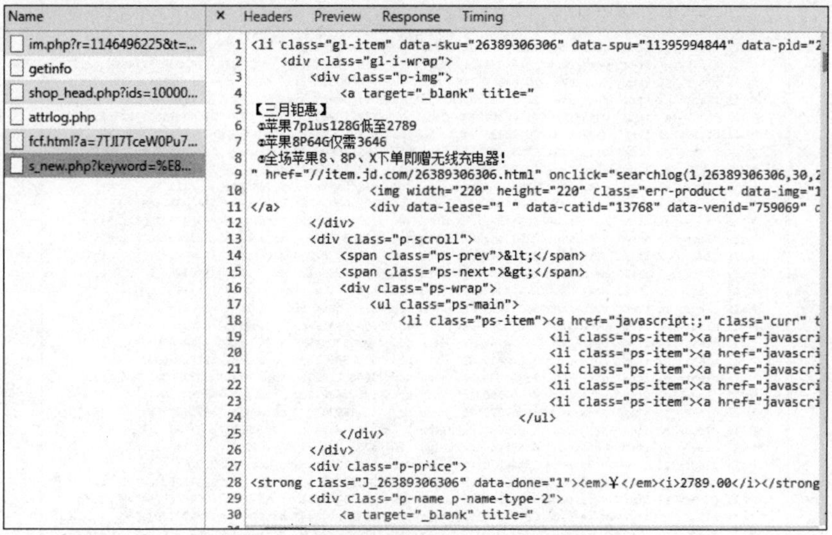

图 12-10 Response

看一下参数请求，如图 12-11 所示，除去一些未知的参数，这些参数不难构造，而那个 show_items 参数其实就是商品的 id，如图 12-12 所示，准确来说是 data-pid。

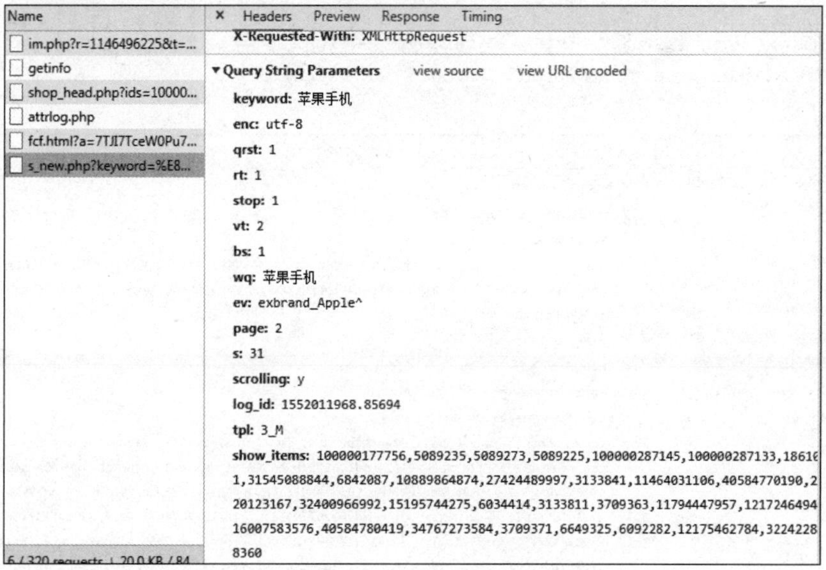

图 12-11 请求的参数

此时如果直接在浏览器上访问这个 Request url，会跳转到 https://www.jd.com/?se=deny 页面，并没有我们需要的信息，主要是请求头中的 referer 参数：

```
https://search.jd.com/Search?keyword=%E8%8B%B9%E6%9E%9C%E6%89%8B%E6%9C%BA&enc=utf-8&wq=%E8%8B%B9%E6%9E%9C%E6%89%8B%E6%9C%BA&pvid=16003d5bddbb46349e4542880c919cc8
```

```
▼<div id="J_goodsList" class="goods-list-v2 gl-type-3 J-goods-list">
  ▼<ul class="gl-warp clearfix" data-tpl="3">
    ▶<li class="gl-item" data-sku="100000177760" data-spu="100000177756" data-pid="100000177756">…</li>
    ▶<li class="gl-item" data-sku="5089253" data-spu="5089235" data-pid="5089235">…</li>
    ▶<li class="gl-item" data-sku="5089275" data-spu="5089273" data-pid="5089273">…</li>
    ▶<li class="gl-item" data-sku="5089267" data-spu="5089225" data-pid="5089225">…</li>
    ▶<li class="gl-item" data-sku="100000287117" data-spu="100000287145" data-pid="100000287145">…</li>
    ▶<li class="gl-item" data-sku="100000177748" data-spu="100000287133" data-pid="100000287133">…</li>
    ▶<li class="gl-item" data-sku="1861101" data-spu="1861091" data-pid="1861091">…</li>
    ▶<li class="gl-item" data-sku="31545088844" data-spu="11891899153" data-pid="31545088844">…</li>
    ▶<li class="gl-item" data-sku="6842063" data-spu="6842087" data-pid="6842087">…</li>
    ▶<li class="gl-item" data-sku="10889864876" data-spu="10110680029" data-pid="10889864874">…</li>
    ▶<li class="gl-item" data-sku="27424489997" data-spu="11569927657" data-pid="27424489997">…</li>
    ▶<li class="gl-item" data-sku="3133851" data-spu="3133841" data-pid="3133841">…</li>
    ▶<li class="gl-item" data-sku="11464031106" data-spu="10240099034" data-pid="11464031106">…</li>
    ▶<li class="gl-item" data-sku="40584770190" data-spu="12571689725" data-pid="40584770190">…</li>
    ▶<li class="gl-item" data-sku="32943442167" data-spu="11388039526" data-pid="25420123167">…</li>
    ▶<li class="gl-item" data-sku="33069047085" data-spu="11955426721" data-pid="32400966992">…</li>
    ▶<li class="gl-item" data-sku="15195744279" data-spu="10621769460" data-pid="15195744275">…</li>
    ▶<li class="gl-item" data-sku="5447438" data-spu="6034414" data-pid="6034414">…</li>
    ▶<li class="gl-item" data-sku="3133821" data-spu="3133811" data-pid="3133811">…</li>
    ▶<li class="gl-item" data-sku="3709379" data-spu="3709363" data-pid="3709363">…</li>
    ▶<li class="gl-item" data-sku="11794447957" data-spu="10285263058" data-pid="11794447957">…</li>
    ▶<li class="gl-item" data-sku="12172464941" data-spu="10335859282" data-pid="12172464941">…</li>
    ▶<li class="gl-item" data-sku="16007583576" data-spu="10685080245" data-pid="16007583576">…</li>
    ▶<li class="gl-item" data-sku="40584780420" data-spu="12571690120" data-pid="40584780419">…</li>
    ▶<li class="gl-item" data-sku="34767273586" data-spu="12118925197" data-pid="34767273584">…</li>
    ▶<li class="gl-item" data-sku="4703560" data-spu="3709371" data-pid="3709371">…</li>
    ▶<li class="gl-item" data-sku="6453576" data-spu="6649325" data-pid="6649325">…</li>
    ▶<li class="gl-item" data-sku="100002731804" data-spu="6092282" data-pid="6092282">…</li>
    ▶<li class="gl-item" data-sku="12175462788" data-spu="10336198639" data-pid="12175462784">…</li>
    ▶<li class="gl-item" data-sku="32242288360" data-spu="11931466831" data-pid="32242288360">…</li>
    ▶<li class="gl-item" data-sku="26389306306" data-spu="11395994844" data-pid="26012022931">…</li>
    ▶<li class="gl-item" data-sku="26017074475" data-spu="11401851439" data-pid="26017074470">…</li>
    ▶<li class="gl-item" data-sku="29324467418" data-spu="25549774554" data-pid="25549774554">…</li>
```

图 12-12　商品标签

这个参数就是地址栏上的那个 url。单击第 2 页，如图 12-13 所示，可以看到网址变为：

```
https://search.jd.com/Search?keyword=%E8%8B%B9%E6%9E%9C%E6%89%8B%E6%9C%BA&enc=utf-8&qrst=1&rt=1&stop=1&vt=2&bs=1&wq=%E8%8B%B9%E6%9E%9C%E6%89%8B%E6%9C%BA&ev=exbrand_Apple%5E&page=3&s=51&click=0
```

```
Name                                  × Headers  Preview  Response  Cookies  Timing
im.php?r=1923726336&t=155...          ▼ Request Headers
getinfo                                 :authority: search.jd.com
attrlog.php                             :method: GET
shop_head.php?ids=10000001...           :path: /s_new.php?keyword=%E8%8B%B9%E6%9E%9C%E6%89%8B%E6%9C%BA&enc=utf-8&qrst=1&rt=1&stop=1&vt=2&bs=1&wq=%E8%8B%B9%E6%9E%9C%E6%89%8B%E6%9C%BA&ev=exbrand_Apple%5E&page=3&s=59&click=0
fcf.html?a=7TJI7TceW0Pu7Tce...          :scheme: https
s_new.php?keyword=%E8%8B...             accept: */*
s_new.php?keyword=%E8%8B...             accept-encoding: gzip, deflate, br
im.php?r=1041577359&t=155...            accept-language: zh-CN,zh;q=0.9
                                        cookie: shshshfpa=22b58a25-872a-06b8-4e35-fa017d1d09e1-1539852128; shshshfpb=10a25156ebd5f458c93252e21213d8d6a9cf2400d1985937b5bc847311; qrsc=3; TrackID=1tHidEAqNsOnK9q4S430JZYPemlg7-G1hhuVdZAvIEK8swy7LEwNzpM0It_0FU3LX0q1crWIY1mqruMLWSaxpx0FG458CcG--RkMuj-leaBI; pinId=IvuW6xsg9bM; __jdu=929779351; __jda=122270672.929779351.1537102249.1539852127.1553955371.3; __jdv=122270672|direct|-|none|-|1553955370593; areaId=13; PCSYCityID=1007; xtest=164.cf6b6759; ipLoc-djd=1-72-2799-0; user-key=e34db74e-ce5b-4d0f-b494-da328872e7f0; cn=0; shshshfp=8fc9ae88f3d3c851786a595ced2dae3b; __jdc=122270672; shshshsID=a09188a9b13fa048a0bbdb144674684b_8_1553957103033; __jdb=122270672.8.929779351|3.1553955371; rkv=V0300; 3AB9D23F7A4B3C9B=35H57JXTDCWDGT2WI2ZIHEGURDWDQ46HAJOUNEJI2NQSOON3LVRAUFLZDK63BDVRTHPNJ2IYMNHMH662G2EU77FFAY
                                        referer: https://search.jd.com/Search?keyword=%E8%8B%B9%E6%9E%9C%E6%89%8B%E6%9C%BA&enc=utf-8&qrst=1&rt=1&stop=1&vt=2&bs=1&wq=%E8%8B%B9%E6%9E%9C%E6%89%8B%E6%9C%BA&ev=exbrand_Apple%5E&page=3&s=59&click=0
                                        user-agent: Mozilla/5.0 (Windows NT 6.3; Win64; x64) AppleWebKit/537.36 (KHTML, like Gecko) Chrome/68.0.3440.106 Safari/537.36
                                        x-requested-with: XMLHttpRequest
```

图 12-13　第 2 页网址

单击第 3 页,可以看到网址变为

```
https://search.jd.com/Search?keyword=%E8%8B%B9%E6%9E%9C%E6%89%8B%E6%9C%BA&enc=utf-8&qrst=1&rt=1&stop=1&vt=2&bs=1&wq=%E8%8B%B9%E6%9E%9C%E6%89%8B%E6%9C%BA&ev=exbrand_Apple%5E&page=5&s=113&click=0
```

分析第 2 页之后的网址可以发现,url 主要修改的字段其实就是 keyword、wq 和 page,其中 keyword 和 wq 是一样的,都是检索词。实际上,把第 1 页改成和第 2 页 url 同样的模板,完全可以。那么我们就可以使用第 2 页的 url 来抓取数据,可以看到第 2 页的 url 中 page 字段为 3。当然,在爬取的时候还可以加一个 user-agent。

2. 编码实现

(1) 创建 Scrapy 项目,并创建爬虫模板:

```
scrapy startproject jd_phone
cd JD
scrapy genspider jd jd.com
```

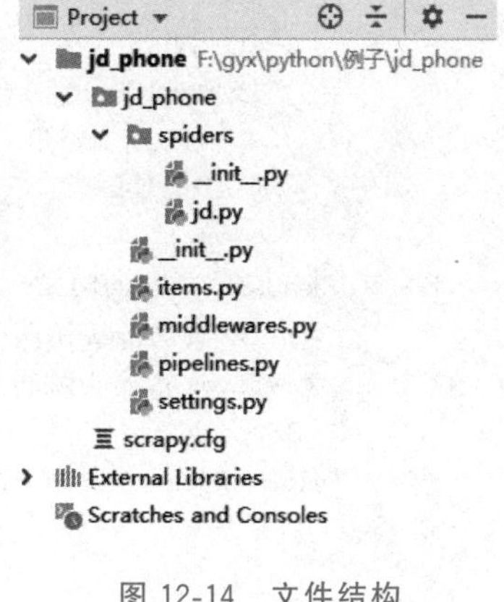

图 12-14 文件结构

文件结构如图 12-14 所示。

(2) 定义字段信息:

```
class JdPhoneItem(scrapy.Item):
    id = scrapy.Field()     #商品编号
    title = scrapy.Field()  #商品名字
    price = scrapy.Field()  #价格
    url = scrapy.Field()    #商品链接
```

(3) 实现爬虫

```
# -*- coding: utf-8 -*-
import scrapy
from jd_phone.items import JdPhoneItem
class JdSpider(scrapy.Spider):
    name = 'jd'
    allowed_domains = ['jd.com']
    keyword = "苹果手机"
    page = 1
    url = 'https://search.jd.com/Search?keyword=%s&enc=utf-8&qrst=1\
            &rt=1&stop=1&vt=2&bs=1&wq=%s&page=%d'
        next_url = 'https://search.jd.com/s_new.php?keyword=%s&enc=utf-8&qrst=1\
                &rt=1&stop=1&vt=2&bs=1&wq=%s&page=%d&scrolling=y&show_items=%s'

    def start_requests(self):
        yield scrapy.Request(self.url % (self.keyword, self.keyword, self.page), callback=
self.parse)
```

```
    def parse(self, response):
        #爬取每页的前 30 个商品,数据直接展示在原网页中
        ids = []
        for li in response.xpath('//*[@id="J_goodsList"]/ul/li'):
            item = JdPhoneItem()
            title = li.xpath('div/div[4]/a/em/text()').extract() #标题
            price = li.xpath('div/div[3]/strong/i/text()').extract() #价格
            id = li.xpath('@data-pid').extract() #id
            ids.append(''.join(id))
            url = li.xpath('div/div[@class="p-name p-name-type-2"]/a/@href').
extract() #需跟进的链接
            item['title'] = ''.join(title)
            item['id'] = ''.join(id)
            item['price'] = ''.join(price)
            item['url'] = ''.join(url)
            if item['url'].startswith('//'):
                item['url'] = 'https:' + item['url']
            yield item

        headers = {'referer': response.url}
        #后 30 页的链接访问会检查 referer,referer 就是本页的实际链接
        #referer 错误会跳转到: https://www.jd.com/?se=deny
        self.page += 1
        yield scrapy.Request(self.next_url % (self.keyword, self.keyword, self.page, ','.
join(ids)),callback=self.next_parse, headers=headers)

    def next_parse(self, response):
        """
        爬取每页的后三十个商品,数据展示在一个特殊链接中: url+id(这个 id 是前三十个商品的 id)
        :param response:
        :return:
        """
        for li in response.xpath('//li[@class="gl-item"]'):
            item = JdPhoneItem()
            title = li.xpath('div/div[4]/a/em/text()').extract() #标题
            price = li.xpath('div/div[3]/strong/i/text()').extract() #价格
            url = li.xpath('div/div[@class="p-name p-name-type-2"]/a/@href').
extract() #需跟进的链接
            id = li.xpath('@data-pid').extract() #id
            item['title'] = ''.join(title)
            item['id'] = ''.join(id) #编号
            item['price'] = ''.join(price)
            item['url'] = ''.join(url)
            if item['url'].startswith('//'):
                item['url'] = 'https:' + item['url']
            yield item
```

```
        if self.page < 100:
            self.page += 1
            yield scrapy.Request(self.url % (self.keyword, self.keyword, self.page),
callback = self.parse)
```

(4) 运行爬虫:

```
scrapy crawl jd -o jd.csv
```

运行结束,打开 jd.csv,可以看到如图 12-15 所示的界面,共爬取信息 2858 条。

price	title	url
6099	Apple iPhone XR (A2108) 128GB 黑色 移动联通电信4G 双卡双待	https://item.jd.com/100000177760.html
6349	Apple iPhone X	https://item.jd.com/5089253.html
4799	Apple iPhone 8 Plus	https://item.jd.com/5089275.html
3999	Apple iPhone 8	https://item.jd.com/5089267.html
9998	Apple iPhone XS Max (A2104) 256GB 深空灰色 移动联通电信4G 双卡双待	https://item.jd.com/100000287113.html
7898	Apple iPhone XS (A2100) 64GB 深空灰色 移动联通电信4G	https://item.jd.com/100000177748.html
3599	Apple iPhone7 Plus	https://item.jd.com/3133847.html
3399	Apple iPhone6s Plus	https://item.jd.com/1861101.html
5758	Apple iPhone XR 黑色 全网通 128GB	https://item.jd.com/31545088844.html
5799	【二手95新】Apple iPhoneX 256G 深空灰色 移动联通电信4G X	https://item.jd.com/6842063.html
2688	Apple iPhone 6s Plus 4G 玫瑰金 全网通 32GB	https://item.jd.com/10889864876.html
3499	Apple iPhone7	https://item.jd.com/3133821.html
9458	Apple iPhone Xs Max 金色 全网通 256GB	https://item.jd.com/27424489997.html
1169	Apple 5s iPhone 5s (A1530) 4英寸 移动联通双4G 金色 官方标配 16G	https://item.jd.com/11464031106.html
2295	【二手95新】 6s Plus 玫瑰金 64G 全网通 二手 iPhone6s Plus 二手	https://item.jd.com/3709379.html
1099	Apple 5s iPhone 5s (A1530) 4英寸 移动联通双4G 金色	https://item.jd.com/40584770190.html
5788	Apple iPhone Xr 红色 全网通 128G	https://item.jd.com/32943442167.html
2899	【二手95新】 7 黑 128G 全网通 二手 iPhone7 二手	https://item.jd.com/5447438.html
6198	Apple iPhone X 全面屏 深空灰色 全网通 64GB	https://item.jd.com/11794447957.html
1118	Apple iPhone 5s智能 金色(移动联通4G) (16G ROM)	https://item.jd.com/16007583576.html
1358	【二手9成新】Apple iphone 6 Plus 6plus 二手 金色 64G 全网通	https://item.jd.com/12172464941.html
2709	Apple iPhone 6s Plus(A1699) 5.5英寸通4G智能 玫瑰金 官方标配 32GB	https://item.jd.com/40584780420.html
4768	【二手9成新】Apple iPhone X 全面屏 移动联通电信4G国行 深空灰色 64GB 全	https://item.jd.com/34767273586.html
1987	【二手95新】 6s 128G 金 iPhone 6s 全网通 二手 二手	https://item.jd.com/4703560.html
4199	【二手95新】Apple iPhone8 Plus 深空灰色 64G 全网通 8 Plus	https://item.jd.com/6453576.html
3199	【二手95新】Apple iPhone8 红色 64G 全网通 8	https://item.jd.com/100002731804.html

图 12-15 爬取结果

12.5 Scrapy 数据容器

视频讲解

Scrapy 中的 Item 是一种简单的容器,用来保存爬取到的数据,其使用方法和 Python 字典类似,虽然可以在 Scrapy 中直接使用 dict,但是 Item 提供了额外保护机制来避免拼写错误导致的未定义字段错误。一般来说,所要保存的任何内容,都需要使用 Item 来定义。

12.5.1 Item 和 Field

Scrapy 提供了 Item 和 Field 两个类,使用这两个类用户可以自定义数据类(如第一个例子中的城市信息),封装爬取到的数据。

- Item 基类:自定义数据类(如 QunarItem)的基类。
- Field 类:描述自定义数据类包含的字段,如 name、url 等。

创建 Scrapy 项目时,会自动生成一个 item.py 文件,里面自定义好了用户的数据类型,如 QunarItem 类,该类继承 scrapy.Item 基类,代码如下:

```
import scrapy
class QunarItem(scrapy.Item):
    #define the fields for your item here like:
    #name = scrapy.Field()
    pass
```

用户可以根据具体要爬取的数据信息，定义需要的字段，以定义爬取的城市信息为例，它包含两个字段，分别是城市名称 name 和城市链接 url，修改该类如下：

```
import scrapy
class QunarItem(scrapy.Item):
    name = scrapy.Field()   #城市名称
    url = scrapy.Field()    #城市 url
```

Item 支持字典接口，在使用上与字典类型类似。

（1）创建 Item 对象：

```
>>> city1 = QunarItem(name = '北京',url = 'http://bnb.qunar.com/city/beijing_city/')
>>> city1
{'name': '北京', 'url': 'http://bnb.qunar.com/city/beijing_city/'}
>>> city2 = QunarItem()
>>> city2
{}
>>> city2['name'] = '郑州'
>>> city2['url'] = 'http://bnb.qunar.com/city/zhengzhou/'
>>> city2
{'name': '郑州', 'url': 'http://bnb.qunar.com/city/zhengzhou/'}
```

（2）获取字段的值：

```
>>> city2['name']
'郑州'
>>> city2['url']
'http://bnb.qunar.com/city/zhengzhou/'
```

（3）获取所有字段名：

```
>>> city2.keys()
dict_keys(['name', 'url'])
```

（4）Item 的复制：

```
>>> city3 = QunarItem()
>>> city3 = city2.copy()
>>> city3
{'name': '郑州', 'url': 'http://bnb.qunar.com/city/zhengzhou/'}
```

12.5.2 Item 扩展

有时候，我们可能需要对原有自定义的数据类进行扩展，用来添加更多的字段。例如，在爬取城市信息(qunar)的项目中，添加一个酒店数量 hotel_num 字段：

```
>>> class newQunarItem(QunarItem): #继承原有的 Item 类型
        hotel_num = scrapy.Field() #酒店数量

>>> city = newQunarItem()
>>> city['name'] = '上海'
>>> city['url'] = 'http://bnb.qunar.com/city/shanghai_city/'
>>> city ['hotel_num'] = 10904
>>> city
{'hotel_num': 10904,
'name': '上海',
'url': 'http://bnb.qunar.com/city/shanghai_city/'}
```

12.5.3 爬取百度贴吧信息

1. 项目需求

爬取百度贴吧的发帖者、主题和回复数，如图 12-16 所示。以爬取“深度学习吧”中的帖子为例，换一个关键字就可以爬取其他吧的信息。

图 12-16 百度贴吧

2. 分析页面

用谷歌浏览器的开发者工具可以看到，帖子在 class="j_thread_list clearfix"的 li 标签中，遍历所有这样的 li 标签，可以得到当前页的所有帖子，帖子的标题在 li 标签下 class="threadlist_title pull_left j_th_tit"的 div>a 元素的文本中，如：

```
<div class = "threadlist_title pull_left j_th_tit ">
    <a rel = "noreferrer" href = "/p/3617695761" title = "集成学习：机器学习兵器谱的"屠龙刀""
     target = "_blank" class = "j_th_tit ">集成学习：机器学习兵器谱的"屠龙刀"</a>
</div>
```

发帖者信息在 class="threadlist_author pull_right 的 div 下，class="frs-author-name-wrap"的 span 下的 a 元素的文本，如：

```
<span class = "frs - author - name - wrap"><a rel = "noreferrer" data - field = "{&quot;un&quot;:
&quot;shajia2646&quot;,&quot;id&quot;:&quot;9c697368616a696132363436c900&quot;}" class = "frs -
author - name j_user_card " href = "/home/main/?un = shajia2646&amp;ie = utf - 8&amp;id =
9c697368616a696132363436c900&amp;fr = frs" target = "_blank"> shajia2646 </a></span>
```

帖子回复数在 class="col2_left j_threadlist_li_left"的 div > span 的文本中，如：

```
<div class = "col2_left j_threadlist_li_left">
        <span class = "threadlist_rep_num center_text" title = "回复"> 0 </span>
</div>
```

如何爬取下一页呢？观察发现，下一页的链接在 class="pagination-default clearfix"的 div 下，倒数第二个 a 标签中的 href 属性中。

```
<a href = "//tieba.baidu.com/f?kw = %E6%B7%B1%E5%BA%A6%E5%AD%A6%E4%B9%A0&amp;
ie = utf - 8&amp;pn = 50" class = "next pagination - item ">下一页 &gt;</a>
```

3. 创建项目

Windows 下在命令行使用 scrapy startproject 命令：

```
F:\gyx\python\例子> scrapy startproject tieba
New Scrapy project 'tieba', using template directory
'c:\users\o\appdata\local\programs\python\python36\lib\site - packages\scrapy\templates\
project', created in:
    F:\gyx\python\例子\tieba

You can start your first spider with:
    cd tieba
    scrapy genspider example example.com
```

4. 定义数据类

在 items.py 中定义自己要抓取的数据结构：

```
import scrapy
class TiebaItem(scrapy.Item):
    #爬取内容：1.帖子标题；2.帖子作者；3.帖子回复数
```

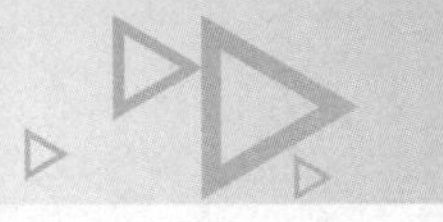

```
    title = scrapy.Field()
    author = scrapy.Field()
    reply_num = scrapy.Field()
```

5. 实现爬虫

在 spider 文件夹下新建 mytieba.py 文件，也可以用 scrapy genspider 命令创建。

```
# -*- coding: utf-8 -*-
import scrapy
from tieba.items import TiebaItem

class MytiebaSpider(scrapy.Spider):
    name = 'mytieba'
    allowed_domains = ['baidu.com']
    page = 0
    keyword = "深度学习"
    url = "https://tieba.baidu.com/f?ie=utf-8&kw=%s"

    def start_requests(self):
        yield scrapy.Request(self.url % (self.keyword), callback=self.parse)

    def parse(self, response):
        for line in response.xpath('//li[@class=" j_thread_list clearfix"]'):
            #初始化 item 对象保存爬取的信息
            item = TiebaItem()
            #这部分是爬取部分,使用 xpath 的方式选择信息,具体方法根据网页结构而定
            item['title'] = line.xpath(
                './/div[contains(@class,"threadlist_title pull_left j_th_tit ")]/a/text()').
extract()
            item['author'] = line.xpath(
                './/div[contains(@class,"threadlist_author pull_right")]//span[contains
(@class,"frs-author-name-wrap")]/a/text()').extract()
            item['reply_num'] = line.xpath(
                './/div[contains(@class,"col2_left j_threadlist_li_left")]/span/text()').
extract()
            yield item
        #提取下一页链接
        next_url = response.xpath('//div[@class="pagination-default clearfix"]/a[last()-
1]/@href').extract()
        next_url = "http:" + next_url[0]
        if next_url:
            yield scrapy.Request(next_url, callback=self.parse)
```

6. 配置爬虫

修改 settings.py 文件：

```
ROBOTSTXT_OBEY = False  #拒绝遵守 Robot 协议
FEED_EXPORT_ENCODING = 'GBK'  #设置导出数据的编码方式为 GBK,以使中文正常显示
```

7. 运行爬虫

在命令行执行爬虫，并将爬取的数据存储到 csv 文件中：

```
F:\gyx\python\例子\tieba> scrapy crawl mytieba -o deepL.csv
```

打开 deepL.csv 文件，可以看到，共爬取帖子 941 条，如图 12-17 所示。

	A	B	C
1	author	reply_num	title
2	SaveNoLoad	16	深度学习Resnet-152网络，单张图片测试时结果全部相同是怎么回事
3	擅棋棋	1	深度学习求大佬给个思路！
4	长青的枯叶	1	江湖救急，使用SSD检测网络帮忙跑几组数据，有偿帮助
5	三滴111	27	大神们，能不能帮我看看这毕设题目哪个好做一些啊？2~5，因为
6	火舞狙击手	1	请问卷积神经网络的输入可以是多张图吗
7	晓晓哒哒HZ	2	用DBN做预测
8	难忘赫奕	2	2070和1080ti那个更适合深度学习图像处理
9	苦觅dream	5	训练神经网络时，在第二个周期开始acc直接是1，这个是咋回事呢？
10	野菊花681	5	恕我直言anaconda3能安装tensorflow就是在扯
11	阿茶茶茶叶	2	Linux下训练的模型可以在win下调用吗
12	vvofdcx	0	请问怎样用孪生神经网络(Siamese Network)做回归呀
13	王博涵水瓶	11	晚上好
14	给你的一...	3	在图像处理训练模型的时候，存储的快照到底怎么理解？save
15	_思影	2	小白做毕设，跪求指导
16	鲶鱼青菜	0	小白想求问大家有没有胶囊网络做检测任务的程序　查到的都是做
17	A昵称真烦	0	小白用matlab做cnn的动态物体检测　请问一下有没有m
18	要吃饭的...	69	人工智能学习资料包
19	爸，爸	0	有没有能做图像风格迁移的。求帮忙，有偿。
20	冷月无声秋	6	请教使用gpu后为什么YOLO检测不出任何东西
21	rayment2008	0	第一做目标检测遇到问题
22	就是三皮...	0	标注平台？
23	贴吧用户_...	0	不同网站上二手房数据聚类分析，有偿，有偿！
24	饭前很饿...	3	深度学习，需要掌握python到什么程度呢
25	不想让你...	0	如何用卷积神经网络做回归任务
26	opencv代做	0	我发表了一篇图片贴，大伙来看看吧~
27	robinspada	4	关于CNN的图片分类问题
919	fox80315	7	有没有杭州研究深度学习的？
920	LJ人工智能	0	【转】Yoshua Bengio AMA总结
921	shajia2646	1	Scikit-Learn：开源的机器学习Python模块
922	LJ人工智能	0	Side system/more elements should be consider when building
923	虔诚的0...	0	黑客帝国之前传
924	shajia2646	0	深度学习新算法，完成字里行间的情绪识别
925	风不在清	2	支持深度学习！
926	丶蝇	0	有人了解百度深度学习研究院吗
927	z443807719	4	真可惜这们还没有什么巨作，可以了解的渠道不多
928	greatman09	1	本吧第33位会员报道
929	120017173	3	google的go语言全称叫什么？
930	changleliulel	3	大概是继移动领域、云技术后一个方向吧，但我预测这个遥不可及
931	shajia2646	0	使用GPU构建更便宜的Google神经网络
932	shajia2646	0	DNN与微软同声传译系统背后的故事
933	120017173	6	深度学习第16位会员前来报道。。。
934	shajia2646	0	《程序员》2013年6月刊：Deep Learning&SDN
935	shajia2646	1	吴义坚：创业去！我用深度神经网络，处理语音识别
936	D系黑	2	量子计算机编程教程，来自D-wave公司的教程
937	shajia2646, sh	1, 2, 1, 8, 2, 12	视频：【Go编程基础】01Go开发环境搭建 |Go视频教程|Go语言基础…，深度学习简介，A tutorial on Deep Learni
938	shajia2646	2	深度学习简介
939	ocp_sole	1	A tutorial on Deep Learning - Video
940	shajia2646	8	【deep learning】sparse autoencoder官方教程
941	shajia2646	2	机器学习的wiki
942	shajia2646	12	go语言wiki

图 12-17　百度贴吧爬取数据结果

视频讲解

12.6 Scrapy 常用命令行工具

Scrapy 提供了两种类型的命令：一种是必须在 Scrapy 项目中运行，是针对项目的命令；另外一种则不需要，属于全局命令。全局命令在项目中运行时的表现可能会与在非项目中的运行表现不完全一样。

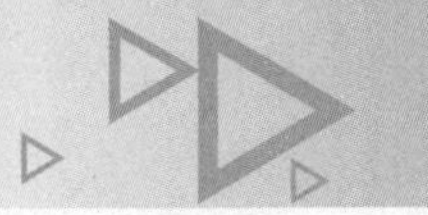

12.6.1 全局命令

在非项目路径下，输入 scrapy，可以展示所有的全局命令，如下：

```
F:\gyx\python\例子> scrapy
Scrapy 1.6.0 - no active project

Usage:
  scrapy <command> [options] [args]

Available commands:
  bench         Run quick benchmark test
  fetch         Fetch a URL using the Scrapy downloader
  genspider     Generate new spider using pre-defined templates
  runspider     Run a self-contained spider (without creating a project)
  settings      Get settings values
  shell         Interactive scraping console
  startproject  Create new project
  version       Print Scrapy version
  view          Open URL in browser, as seen by Scrapy

  [ more ]      More commands available when run from project directory

Use "scrapy <command> -h" to see more info about a command
```

可以看到，最后提示用 scrapy <command> -h 可以查看命令的详细信息。

1. bench

语法：scrapy bench

功能：用于运行 benchmark 测试，测试 Scrapy 在硬件上的效率。

```
scrapy bench
```

2. fetch

语法：scrapy fetch <url>

功能：使用 Scrapy 下载器(downloader)下载给定的 URL，并将获取到的内容送到标准输出。该命令以 spider 下载页面的方式获取页面。如果是在项目中运行，fetch 将会使用项目中 spider 的属性访问，如果在非项目中运行，则会使用默认 Scrapy downloader 设定。例如：

```
F:\gyx\python\例子> scrapy fetch --nolog "http://bnb.qunar.com/hotcity.jsp"
```

3. genspider

语法：scrapy genspider [-t template] <name> <domain>

功能：在当前目录或项目目录中的 spiders 文件夹下创建一个爬虫，如果是在项目中创

建，那么它的 name 将在项目中设置为 spider 的 name，< domain >用来生成 spider 中的 allowed_domains 和 start_urls 属性。下列具体参数中括号里的指令与前面的缩写指令等价。

- scrapy genspider -h (-help)：显示帮助。
- scrapy genspider -l (-list)：显示可用的模板(template)，有 basic、crawl、csvfeed、xmlfeed 四种，默认是 basic，最简单的一种。
- scrapy genspider -e (-edit)：创建后编辑，前提是设置好编辑器，以后设置里会讲。
- scrapy genspider -d (-dump=TEMPLATE)：该命令不会创建一个爬虫，而是在命令行中展示它的模板代码，也就是预览。
- scrapy genspider -t (-template=TEMPLATE)：生成一个对应模板的爬虫。
- scrapy genspider -force：如果指定的 spider 已经存在，那么就用指定的模板覆盖它，默认是 basic 模板。

```
F:\gyx\python\例子> scrapy genspider - l
Available templates:
  basic
  crawl
  csvfeed
  xmlfeed

F:\gyx\python\例子> cd qunar

F:\gyx\python\例子\qunar > scrapy genspider city http://bnb.qunar.com
Created spider 'city' using template 'basic' in module:
  qunar1.spiders.city
```

上面的命令中，city 是 Spider 的名字，http://bnb.qunar.com 是允许的域名。执行该命令后，可在项目的 spider 文件夹下自动生成基于默认 basic 模板的爬虫 city.py 文件，内容如下：

```
import scrapy

class CitySpider(scrapy.Spider):
    name = 'city'
    allowed_domains = ['http://bnb.qunar.com']
    start_urls = ['http://http://bnb.qunar.com/']

    def parse(self, response):
        pass
```

4. runspider

语法：scrapy runspider < spider_file.py >

功能：在未创建项目的情况下，运行一个编写在 Python 文件中的 spider。

```
F:\gyx\python\例子> scrapy runspider test.py
```

5. settings

语法：scrapy settings [option]

功能：获取 Scrapy 的设定。在项目中运行时，该命令将会输出项目的设定值，否则输出 Scrapy 默认设定。例如：

```
F:\gyx\python\例子> scrapy settings --get BOT_NAME
scrapybot

F:\gyx\python\例子> cd qunar

F:\gyx\python\例子\qunar> scrapy settings --get BOT_NAME
qunar
```

6. shell

语法：scrapy shell [url]

功能：以给定的 URL(如果给出)或者空(没有给出 URL)启动 Scrapy shell。查看 Scrapy 终端(Scrapy shell)获取更多信息。

```
scrapy shell
```

7. startproject

语法：scrapy startproject project_name [project_dir]

功能：将在指定目录或默认当前目录下创建一个指定名称的项目。例如，下面的命令会在 F:\gyx 目录下创建一个 scrapy 项目，项目名称为 MyScrapy。

```
F:\gyx\python\例子> scrapy startproject MyScrapy F:\gyx
New Scrapy project 'MyScrapy', using template directory
'c:\users\o\appdata\local\programs\python\python36\lib\site-packages\scr apy\templates\
project', created in:
    F:\gyx

You can start your first spider with:
    cd F:\gyx
    scrapy genspider example example.com
```

8. version

语法：scrapy version [-v]

功能：输出 Scrapy 版本。配合-v 运行时，该命令同时输出 Python、Twisted 及平台的信息，方便 bug 提交，如：

```
F:\gyx\python\例子> scrapy version -v
Scrapy        : 1.6.0
lxml          : 4.3.0.0
libxml2       : 2.9.5
cssselect     : 1.0.3
parsel        : 1.5.1
w3lib         : 1.20.0
Twisted       : 18.9.0
Python        : 3.6.4 (v3.6.4:d48eceb, Dec 19 2017, 06:54:40) [MSC v.1900 64 bit (AMD64)]
pyOpenSSL     : 19.0.0 (OpenSSL 1.1.1a 20 Nov 2018)
cryptography  : 2.5
Platform      : Windows-7-6.1.7601-SP1
```

9. view

语法：scrapy view <url>

功能：在浏览器中打开给定的 URL，并以 Scrapy spider 获取到的形式展现。有时 Spider 获取到的页面和普通用户看到的并不相同。因此，该命令可以用来检查 Spider 所获取到的页面，并确认是不是期望的。例如，下面的命令可以打开去哪儿网的城市列表页面：

```
F:\gyx\python\例子> scrapy view "http://bnb.qunar.com/hotcity.jsp"
```

12.6.2 项目命令

在项目路径下输入 scrapy，可以展示所有的项目命令，如下：

```
F:\gyx\python\例子\qunar> scrapy
Scrapy 1.6.0 - project: qunar

Usage:
  scrapy <command> [options] [args]

Available commands:
  bench         Run quick benchmark test
  check         Check spider contracts
  crawl         Run a spider
  edit          Edit spider
  fetch         Fetch a URL using the Scrapy downloader
  genspider     Generate new spider using pre-defined templates
  list          List available spiders
  parse         Parse URL (using its spider) and print the results
  runspider     Run a self-contained spider (without creating a project)
  settings      Get settings values
  shell         Interactive scraping console
```

```
  startproject   Create new project
  version        Print Scrapy version
  view           Open URL in browser, as seen by Scrapy

Use "scrapy <command> -h" to see more info about a command
```

上面的项目命令中,在全局命令中已经出现过的这里不再介绍,仅介绍只能用在项目中执行的命令。

1. check

语法:scrapy check [-l] <spider>

功能:运行检查,即检查 spiders 是否有代码错误。

- scrapy check:检查所有的 spiders,后边跟上 spider 名字会针对某个 spider 检查。
- scrapy check -l (-list):只列出 contracts,但是不检查。
- scrapy check -v (-verbose):打印出所有 spiders 的 contracts 测试结果,相当于 scrapy check。

```
F:\gyx\python\例子\qunar>scrapy check

----------------------------------------------------------------------
Ran 0 contracts in 0.000s

OK
```

2. crawl

语法:scrapy crawl <spider>

功能:执行爬虫。

- scrapy crawl -a NAME=VALUE:设置爬虫的参数(可能会重复)。
- scrapy crawl --output=FILE (-o FILE):将爬下来的 item 存储到指定文件。
- scrapy crawl --output-format=FORMAT (-t FORMAT):按格式存储 item 到指定文件,常见的有 FILE.json、FILE.csv 格式等。

```
F:\gyx\python\例子\qunar>scrapy crawl city
F:\gyx\python\例子\qunar>scrapy crawl city -o city.csv
F:\gyx\python\例子\qunar>scrapy crawl city -t csv -o city.csv
```

3. edit

语法:scrapy edit <spider>

功能:使用设定的编辑器编辑给定的 spider。该命令仅仅是提供一个快捷方式。开发者可以自由选择其他工具或者 IDE 来编写调试 spider。

4. list

语法:scrapy list

功能：列出当前项目中所有可用的 Spider，每行输出一个 Spider。

```
F:\gyx\python\例子\qunar > scrapy list
city
```

5. parse

语法：scrapy parse < url > [options]

功能：获取给定的 URL 并使用相应的 Spider 分析处理。如果用户提供--callback 选项，则使用 Spider 中的解析方法处理，支持的选项如下。

- --spider=SPIDER：跳过自动检测 Spider 并强制使用特定的 Spider。
- -a NAME=VALUE：设置 Spider 的参数(可能被重复)。
- --callback=CALLBACK or -c CALLBCK：Spider 中用于解析返回(response)的回调函数。
- --pipelines：在 pipeline 中处理 item。
- --rules or -r：使用 CrawlSpider 规则来发现用于解析返回(response)的回调函数。
- --noitems：不显示爬取到的 item。
- --nolinks：不显示提取到的链接。
- --nocolour：避免使用 pygments 对输出着色。
- --depth=DEPTH or -d DEPTH：指定跟进链接请求的层次数(默认：1)。
- --verbose or -v：显示每个请求的详细信息。

```
F:\gyx\python\例子\qunar > scrapy parse -- spider = city "http://bnb.qunar.com/hotcity.jsp"
2019 - 03 - 14 20:54:24 [scrapy.utils.log] INFO: Scrapy 1.6.0 started (bot: qunar)
2019 - 03 - 14 20:54:24 [scrapy.utils.log] INFO: Versions: lxml 4.3.0.0, libxml2 2.9.5,
cssselect 1.0.3, parsel 1.5.1, w3lib 1.20.0, T
wisted 18.9.0, Python 3.6.4 (v3.6.4:d48eceb, Dec 19 2017, 06:54:40) [MSC v.1900 64 bit
(AMD64)], pyOpenSSL 19.0.0 (OpenSSL 1.1.1a
20 Nov 2018), cryptography 2.5, Platform Windows - 7 - 6.1.7601 - SP1
2019 - 03 - 14 20:54:24 [scrapy.crawler] INFO: Overridden settings: {'BOT_NAME': 'qunar', 'FEED_
EXPORT_ENCODING': 'GBK', 'NEWSPIDER_MO
DULE': 'qunar.spiders', 'SPIDER_MODULES': ['qunar.spiders']}
2019 - 03 - 14 20:54:24 [scrapy.extensions.telnet] INFO: Telnet Password: 46064c1b2017a77b
2019 - 03 - 14 20:54:24 [scrapy.middleware] INFO: Enabled extensions:
['scrapy.extensions.corestats.CoreStats',
'scrapy.extensions.telnet.TelnetConsole',
'scrapy.extensions.logstats.LogStats']
2019 - 03 - 14 20:54:24 [scrapy.middleware] INFO: Enabled downloader middlewares:
['scrapy.downloadermiddlewares.httpauth.HttpAuthMiddleware',
 'scrapy.downloadermiddlewares.downloadtimeout.DownloadTimeoutMiddleware',
 'scrapy.downloadermiddlewares.defaultheaders.DefaultHeadersMiddleware',
 'scrapy.downloadermiddlewares.useragent.UserAgentMiddleware',
```

```
'scrapy.downloadermiddlewares.retry.RetryMiddleware',
 'scrapy.downloadermiddlewares.redirect.MetaRefreshMiddleware',
 'scrapy.downloadermiddlewares.httpcompression.HttpCompressionMiddleware',
 'scrapy.downloadermiddlewares.redirect.RedirectMiddleware',
 'scrapy.downloadermiddlewares.cookies.CookiesMiddleware',
 'scrapy.downloadermiddlewares.httpproxy.HttpProxyMiddleware',
 'scrapy.downloadermiddlewares.stats.DownloaderStats']
2019-03-14 20:54:24 [scrapy.middleware] INFO: Enabled spider middlewares:
['scrapy.spidermiddlewares.httperror.HttpErrorMiddleware',
 'scrapy.spidermiddlewares.offsite.OffsiteMiddleware',
 'scrapy.spidermiddlewares.referer.RefererMiddleware',
 'scrapy.spidermiddlewares.urllength.UrlLengthMiddleware',
 'scrapy.spidermiddlewares.depth.DepthMiddleware']
2019-03-14 20:54:24 [scrapy.middleware] INFO: Enabled item pipelines:
[]
2019-03-14 20:54:24 [scrapy.core.engine] INFO: Spider opened
2019-03-14 20:54:24 [scrapy.extensions.logstats] INFO: Crawled 0 pages (at 0 pages/min),
scraped 0 items (at 0 items/min)
2019-03-14 20:54:24 [scrapy.extensions.telnet] INFO: Telnet console listening on 127.0.0.
1:6023
2019-03-14 20:54:24 [scrapy.core.engine] DEBUG: Crawled (200) <GET http://bnb.qunar.com/
hotcity.jsp> (referer: None)
2019-03-14 20:54:25 [scrapy.core.engine] INFO: Closing spider (finished)
2019-03-14 20:54:25 [scrapy.statscollectors] INFO: Dumping Scrapy stats:
{'downloader/request_bytes': 223,
 'downloader/request_count': 1,
 'downloader/request_method_count/GET': 1,
 'downloader/response_bytes': 89820,
 'downloader/response_count': 1,
 'downloader/response_status_count/200': 1,
 'finish_reason': 'finished',
 'finish_time': datetime.datetime(2019, 3, 14, 12, 54, 25, 176779),
 'log_count/DEBUG': 1,
 'log_count/INFO': 9,
 'response_received_count': 1,
 'scheduler/dequeued': 1,
 'scheduler/dequeued/memory': 1,
 'scheduler/enqueued': 1,
 'scheduler/enqueued/memory': 1,
 'start_time': datetime.datetime(2019, 3, 14, 12, 54, 24, 755755)}
2019-03-14 20:54:25 [scrapy.core.engine] INFO: Spider closed (finished)

>>> STATUS DEPTH LEVEL 1 <<<
# Scraped Items ------------------------------------------------------------
[{'name': ['阿坝'],
  'url': ['http://bnb.qunar.com/city/aba/#fromDate=2019-03-16&toDate=2019-03-
19&from=kezhan_allCity']},
 {'name': ['巴亭郡'],
  'url': ['http://bnb.qunar.com/city/ba_dinh_district/#fromDate=2019-03-16&toDate=
2019-03-19&from=kezhan_allCity']},
.....<省略中间部分>…
# Requests -----------------------------------------------------------------
```

视频讲解

12.7 Scrapy 数据处理

当 Item 从 Spider 爬取获得之后，会被送到 Item Pipeline，在 Scrapy 中，Item Pipeline 是处理数据的组件，它们接收 Item 参数并对其进行处理。

Item Pipeline 的典型用法如下：

- 清理脏数据；
- 验证数据的有效性；
- 去重；
- 将 item 保存至数据库，即持久化存储。

12.7.1 实现 Item Pipeline

Item Pipeline 的定义位于 pielines. py 中，实现一个 Item Pipeline 无须继承指定基类，只要实现以下方法。

（1）process_item(self，item，spider)：必须实现的方法，当 Spider 返回数据(yield)时都会调用。该方法用来处理每一项由 Spider 爬取到的数据，其中有两个参数：

- item：爬取到的一项数据(Item 或字典)；
- spider：爬取此数据的 Spider 对象。

如果该方法返回一个 Dict 或 Item，那么返回的数据将会传递给下一个 Pipeline(如果有)继续处理。

如果该方法抛出一个 DropItem 异常，那么该 Item 将会被抛弃，不再传递给后面的 Pipeline 继续处理，也不会被导出。通常检测到无效数据或想要过滤数据时抛出 DropItem 异常。

除了必须实现的 process_item 方法外，还有 3 个比较常用的方法，可根据需要选择实现。

（2）open_spider(self，spider)：在 Spider 打开时(数据爬取前)调用该方法，该方法通常用于数据爬取前的某些初始化工作，如打开数据库连接。

（3）close_spider(self，spider)：在 Spider 关闭时(数据爬取后)调用该方法，该方法通常用于数据爬取后的某些清理工作，如关闭数据库连接。

（4）from_crawler(cls，crawler)：创建 Item Pipeline 对象时调用该方法，其返回一个 Item Pipeline 对象。通常，在该方法中通过 crawler. settings 获取项目的配置文件，根据配置生成 Item Pipeline 对象。

12.7.2 Item Pipeline 举例

扩展前面的例子，将从去哪网上爬取的城市信息存入 MySQL 数据库。

在 MySQL 中创建数据库和表，创建数据库时加上 DEFAULT CHARACTER SET utf8 COLLATE utf8_general_ci，以防出现乱码：

```
create database scrapy DEFAULT CHARACTER SET utf8 COLLATE utf8_general_ci;
use scrapy;
CREATE TABLE city (
    name VARCHAR(100) NOT NULL, #城市名字
    url VARCHAR(150) #城市链接
);
```

创建 Scrapy 项目时，会自动创建一个 pipelines. py 文件，里面是 Item Pipeline 类，本例中为 QunarPipeline 类。下面修改 pipelines. py 文件，实现将爬取到的数据(Item)存储到 MySQL 数据库 scrapy 的 city 表中。

```
# - * - coding: utf - 8 - * -
import pymysql
class QunarPipeline(object):
    host = 'localhost'
    port = 3306
    db = 'scrapy'
    user = 'root'
    passwd = '123'
    charset = 'utf8'
    cursorclass = pymysql.cursors.DictCursor

def open_spider(self, spider):
    #连接 MySQL 数据库
    self.connection = pymysql.connect(host = self.host, port = self.port, user = self.user,
                                      password = self.passwd, db = self.db,
                                     charset = self.charset, cursorclass = self.cursorclass)
     #通过 cursor 创建游标
     self.cursor = self.connection.cursor()

def close_spider(self, spider):
     self.connection.close()

def process_item(self, item, spider):
   #插入数据
   self.cursor.execute(
             "insert into city values( %s, %s)", (item['name'], item['url']))
    #提交 sql 语句
    self.connection.commit()
    return item
```

在 open_spider 方法中首先连接数据库，获取 cursor 以便之后对数据进行增删查改，之后重载方法 process_item(self, item, spider)，在其中通过 cursor 编写 SQL 语句，执行数据的插入操作，然后使用 self. connection. commit()提交 SQL 语句。在 close_spider 方法中关闭数据库连接。

12.7.3 启用 Item Pipeline

在 Scrapy 中，Item Pipeline 是可选组件，要启用某个或某些 Item Pipeline，需要在配置文件 settings.py 中进行配置：

```
ITEM_PIPELINES = {
    'qunar.pipelines.QunarPipeline': 300,
}
```

ITEM_PIPELINES 是一个字典文件，我们把想要启用的 Item Pipeline 添加到这个字典中，其中每一项的键为要打开的 Item Pipeline 类，值是一个 0～1000 的数字，表示优先级，同时启用多个 Item Pipeline 时，Scrapy 根据这些数值大小决定各 Item Pipeline 处理数据的先后次序，数值越小，优先级越高。

最后执行爬虫：

```
scrapy crawl city
```

打开数据库，查看结果，如图 12-18 所示。

name	url
卫东区	http://bnb.qunar.com/city/weidong/#fromDate=2019-03-17&toDate=2019-03-20&from=kezhan_a
卫滨区	http://bnb.qunar.com/city/weibin_xinxiang/#fromDate=2019-03-17&toDate=2019-03-20&from=ke
卫辉市	http://bnb.qunar.com/city/weihui/#fromDate=2019-03-17&toDate=2019-03-20&from=kezhan_allC
印台区	http://bnb.qunar.com/city/yintai/#fromDate=2019-03-17&toDate=2019-03-20&from=kezhan_allCi
印江	http://bnb.qunar.com/city/yinjiang/#fromDate=2019-03-17&toDate=2019-03-20&from=kezhan_al
即墨区	http://bnb.qunar.com/city/jimo/#fromDate=2019-03-17&toDate=2019-03-20&from=kezhan_allCity
厄勒布鲁	http://bnb.qunar.com/city/orebro_ore/#fromDate=2019-03-17&toDate=2019-03-20&from=kezha
历下区	http://bnb.qunar.com/city/lixia/#fromDate=2019-03-17&toDate=2019-03-20&from=kezhan_allCity
历城区	http://bnb.qunar.com/city/licheng_jinan/#fromDate=2019-03-17&toDate=2019-03-20&from=kezh
厚街镇	http://bnb.qunar.com/city/houjiezhen/#fromDate=2019-03-17&toDate=2019-03-20&from=kezhar
原州区	http://bnb.qunar.com/city/yuanzhou/#fromDate=2019-03-17&toDate=2019-03-20&from=kezhan_
原平市	http://bnb.qunar.com/city/yuanping/#fromDate=2019-03-17&toDate=2019-03-20&from=kezhan_
原阳县	http://bnb.qunar.com/city/yuanyang_xinxiang/#fromDate=2019-03-17&toDate=2019-03-20&from=
厦门	http://bnb.qunar.com/city/xiamen/#fromDate=2019-03-17&toDate=2019-03-20&from=kezhan_all
友好区	http://bnb.qunar.com/city/youhao/#fromDate=2019-03-17&toDate=2019-03-20&from=kezhan_all
友谊县	http://bnb.qunar.com/city/youyi/#fromDate=2019-03-17&toDate=2019-03-20&from=kezhan_allCi
双卡拉武里县	http://bnb.qunar.com/city/sangkhla_buri_district/#fromDate=2019-03-17&toDate=2019-03-20&frc
双台子区	http://bnb.qunar.com/city/shuangtaizi/#fromDate=2019-03-17&toDate=2019-03-20&from=kezhai

图 12-18　数据库中结果

执行 SQL 查询 select count(＊) from city，可以看到一共有 4545 条记录。

视频讲解

12.8 爬取文件和图片

除了爬取文本，爬取网站中的文件和图片也是爬虫很常见的应用需求。Scrapy 框架提供了两个特殊的 Item Pipeline，专门用于下载文件和图片，分别是 FilesPipeline 和 ImagesPipeline。

这两个 Item Pipeline 可以看作特殊的下载器，使用时只需要通过 Item 的一个特殊字段将要下载的文件或图片的 url 传递给它们，将会自动将文件或图片下载到本地，并将下载结果存入 Item 的另一个特殊字段。FilesPipeline 和 ImagesPipeline 参数名称和配置如表 12-3 所示。

表 12-3 FilesPipeline 和 ImagesPipeline 参数和配置

	FilesPipeline	ImagesPipeline
导入路径	scrapy. pipelines. files. FilesPipeline	scrapy. pipelines. images. ImagesPipeline
Item 字段	file_urls，files	image_urls，images
存储路径	FILES_STROE	IMAGES_STORE

12.8.1 FilesPipeline

使用 FilesPipeline 可以按照如下步骤进行。

（1）在配置文件 settings. py 中启用 FilesPipeline。

```
ITEM_PIPELINES = {
    'scrapy.pipelines.files.FilesPipeline':1,
    }
```

（2）在配置文件 settings. py 中使用 FILES_STORE 指定文件存储路径。

```
FILES_STORE = 'examples_src'
```

（3）实现 ExampleItem(可选)，在 items. py 中定义 file_urls 和 files 两个字段。

```
class ExampleItem(scrapy.Item):
    file_urls = scrapy.Field()
    files = scrapy.Field()
```

（4）实现 Spider，设置起始爬取点。parse 方法将提取文件的下载 URL 并返回，一般情况下是把这些 URL 赋值给 ExampleItem 的 file_urls。

当 FilesPipeline 下载完 item['file_urls']中的所有文件后，会将各文件的下载结果信息收集到另一个列表，赋值给 item 的 files 字段 item['files']，该字段包含如下内容：

- url：文件的 URL 地址；
- path：文件下载到本地的路径（相对于 FILES_STORE 的相对路径）；
- checksum：文件的校验和。

12.8.2 FilesPipeline 实例

1. 项目需求

爬取 matplotlib 网站 https://matplotlib. org/examples/index. html 上的例子源码文

件,如图 12-19 所示。

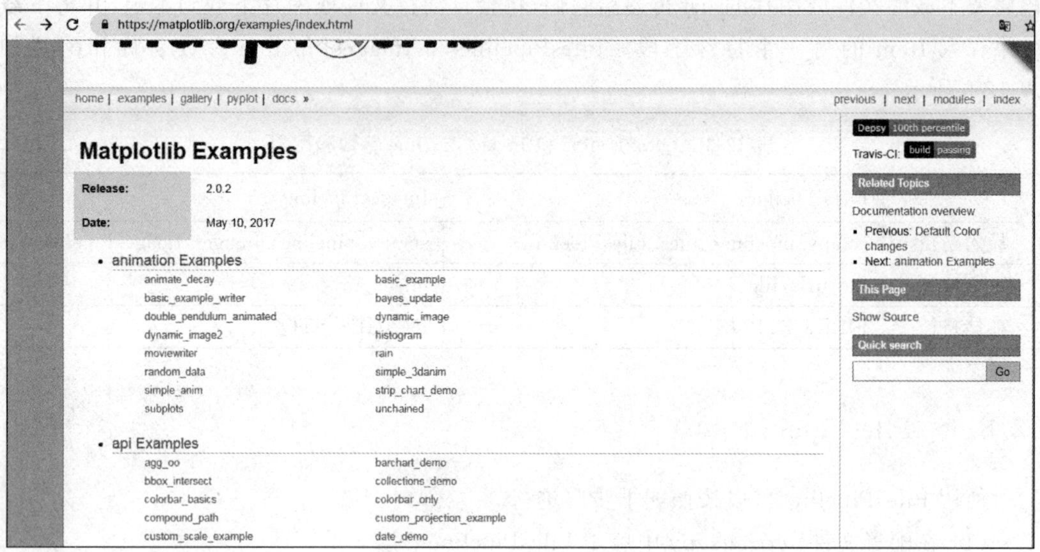

图 12-19 matplotlib 例子页面

2. 页面分析

用谷歌浏览器 Chrome 的开发者工具分析,可以直接右击相应的标签,依次选择 copy、Copy XPath,可以复制相应的 XPath 表达式。例如,animation 例子的 XPath 为//*[@id="matplotlib-examples"]/div/ul/li[1]。

3. 代码实现

创建项目 matplotlib_example,生成爬虫模板:

```
scrapy startproject matplotlib_example
cd matplotlib_example
scrapy genspider examples matplotlib.org
```

在配置文件 settings.py 和 items.py 中的实现在 12.10.1 中已经说明,这里不再赘述。直接看实现 Spider 的具体过程,代码如下:

```
# -*- coding: utf-8 -*-
import scrapy
from matplotlib_example.items import ExampleItem


class ExamplesSpider(scrapy.Spider):
    name = 'examples'
    allowed_domains = ['matplotlib.org']
    start_urls = ['http://matplotlib.org/examples/index.html']

    def parse(self, response):
```

```
        for line in response.xpath('//*[@id="matplotlib-examples"]/div/ul/li'):
            for example in line.xpath('.//ul/li'):
                url = example.xpath('.//a/@href').extract_first()
                url = response.urljoin(url)
                print(url)
                yield scrapy.Request(url, callback=self.parse_example)

    def parse_example(self, response):
        href = response.xpath('//div[@class="section"]/p/a/@href').extract_first()
        url = response.urljoin(href)
        example = ExampleItem()
        example['file_urls'] = [url]
        return example
```

4. 运行爬虫

```
F:\gyx\python\例子\matplotlib_example>scrapy crawl examples -o example.json
```

可以看到在项目文件夹下多了一个 example. JSON 文件，文件内容如图 12-20 所示。每一项主要包含每个文件的 files_urls 和 files 信息，如图 12-21 所示。

example - 记事本

文件(F) 编辑(E) 格式(O) 查看(V) 帮助(H)

[{"file_urls": ["https://matplotlib.org/mpl_examples/api/collections_demo.py"], "files": [{"url": "https://matplotlib.org/mpl_examples/api/collections_de
ecksum": "444b19b47ac56a3680e1a9f801fd612d"}]}, {"file_urls": ["https://matplotlib.org/mpl_examples/api/bbox_intersect.py"], "files": [{"url": "https://ma
e.py", "checksum": "f69b93a86b8821b10fb05ae9c08dfc10"}]}, {"file_urls": ["https://matplotlib.org/mpl_examples/api/custom_projection_example.py"], "files":
trip_chart_demo.py", "path": "full/9ad0bc884a378d9503d26b45ac3f3f32d5f9c170.py", "checksum": "d24baf17090f644c9e62562376e43abf"}]}, {"file_urls": ["https:
"files": [{"url": "https://matplotlib.org/mpl_examples/api/colorbar_basics.py", "path": "full/66628deec772c4bc7ddeaf1bc0736ff1e2695289.py", "checksum": "
les/widgets/check_buttons.py"], "files": [{"url": "https://matplotlib.org/examples/widgets/check_buttons.py", "path": "full/6c9133870723e2cbfd270fee2cb21
rls": ["https://matplotlib.org/examples/widgets/menu.py"], "files": [{"url": "https://matplotlib.org/examples/widgets/menu.py", "path": "full/faf4fe3220d
checksum": "aebba0fc771b8a5085ad17065ae6fda0"}]}, {"file_urls": ["https://matplotlib.org/mpl_examples/api/date_demo.py"], "files": [{"url": "https://matpl
terfaces/lineprops_dialog_gtk.py", "path": "full/6b50d788f92f15298b7baa17cd3f96c52c14d6da.py", "checksum": "caa473f4934df25f1ede6b569ee7bad7"}]}, {"file_u
terfaces/histogram_demo_canvasagg.py"], "files": [{"url": "https://matplotlib.org/examples/user_interfaces/histogram_demo_canvasagg.py", "path": "full/b3
6ba0c30078a6f848.py", "checksum": "0f598aff97983bbeff1cde3f968ae1b0"}]}, {"file_urls": ["https://matplotlib.org/examples/user_interfaces/embedding_in_wx2.
rl": "https://matplotlib.org/examples/user_interfaces/embedding_webagg.py", "path": "full/82c5fd65d1f1441f4afc9682613c133cbf03784a.py", "checksum": "830a
"checksum": "9f563b0bf8cc3fd50be7751863acaa1e"}]}, {"file_urls": ["https://matplotlib.org/examples/user_interfaces/embedding_in_wx3.py"], "files": [{"url"
//matplotlib.org/examples/user_interfaces/embedding_in_qt4.py", "path": "full/69cf7158da474ab2e0ac2a1d147562ef6ba67160.py", "checksum": "70c7ced89d6a91fc
11dc98584d4343d9acd2c5b58365"}]}, {"file_urls": ["https://matplotlib.org/examples/user_interfaces/mpl_with_glade.py"], "files": [{"url": "https://matplotl
py", "path": "full/f09a367a35d22bbc5a248a82d261446f788f827b.py", "checksum": "129de3fdd43c881a3f23e04c6582dc14"}]}, {"file_urls": ["https://matplotlib.org
l": "https://matplotlib.org/examples/user_interfaces/embedding_in_tk2.py", "path": "full/f92f6c4ee87b835086d518c95d4cbebb8251875a.py", "checksum": "3863c
{"file_urls": ["https://matplotlib.org/mpl_examples/units/artist_tests.py"], "files": [{"url": "https://matplotlib.org/mpl_examples/units/artist_tests.py
s/spines_demo_dropped.py", "path": "full/730d6eac5859ce0d3a67a9cc12f2ee831472eee4.py", "checksum": "ab98a5fbbf4bcee9cd96643216fba32b"}]}, {"file_urls": ["
["https://matplotlib.org/examples/user_interfaces/rec_edit_gtk_simple.py"], "files": [{"url": "https://matplotlib.org/examples/user_interfaces/rec_edit_g
ubplots_axes_and_figures/subplot_demo.py", "path": "full/10f399376ba0b88243224679166d306909ed7355.py", "checksum": "4d3a41a7d530fff682a1670b7128bfd4"}]},

图 12-20 example. Json 文件内容

```
{'file_urls': ['https://matplotlib.org/mpl_examples/api/sankey_demo_rankine.py'],
 'files': [{'checksum': '148d107d3b289291dc9b155dbd58f86b',
            'path': 'full/f06f2da251dba6896900f07379a4ef18ef8758eb.py',
            'url': 'https://matplotlib.org/mpl_examples/api/sankey_demo_rankine.py'}]}
```

图 12-21 json 文件每一项内容

在设置的存储文件的路径 examples_src 下，自动生成了一个文件夹 full，该文件夹下是下载的 506 个 Python 源文件，如图 12-22 所示。

图 12-22　下载的文件

视频讲解

12.8.3　ImagesPipeline

图片也是文件,所以下载图片本质上就是下载文件。ImagesPipeline 是 FilesPipeline 的子类,ImagesPipeline 在 FilesPipeline 基础上增加了一些特有的功能。

1. 生成图片缩略图

在配置文件 settings.py 中设置 IMAGES_THUMBS,它是一个字典,每一项的值是缩略图的尺寸,例如:

```
IMAGES_THUMBS = {
    'small': (50, 50),
    'big': (300, 300),
}
```

开启这个功能后,下载 1 张图片时,本地会出现 3 张图片:1 张原图片,2 张缩略图。路径在[IMAGES_STORE]/full/下。

2. 检查图片的宽度和高度

在配置文件 settings.py 中设置 IMAGES_MIN_HEIGHT 和 IMAGES_MIN_WIDTH,它们分别指定图片的最小宽度和高度,过滤掉尺寸小的图片。

```
IMAGES_MIN_WIDTH = 120      #最小宽度
IMAGES_MIN_HEIGHT = 120     #最小高度
```

开启这个功能后，如果下载的图片尺寸为 100×200，该图片就会被抛弃，因为它的宽度不符合标准。同样，当高度不符合标准时也会被抛弃。

12.8.4　爬取百度图片

1. 项目需求

百度图片是一个知名的图片搜索网站，在浏览器中打开 https://image.baidu.com，页面如图 12-23 所示。

图 12-23　百度图片

输入"流浪地球海报"进行搜索，可以看到大量有关电影《流浪地球》的海报，页面如图 12-24 所示。我们的任务是编写爬虫，爬取这些图片。

2. 页面分析

用 Chrome 浏览器打开百度图片，输入"流浪地球海报"，按 F12 键或右击"检查"，打开开发者工具，单击 Network 可以查看页面向服务器请求的资源信息。百度图片的网页是动态的，采用的是 Ajax+JSON 机制，单独一次访问返回的 HTML 只是一个空壳，如图 12-25 所示，需要的图片信息并不在其中，它是通过运行 JavaScript，把图片数据插入网页的 HTML 标签中。所以，我们在开发者工具中虽然能看到这个 HTML 标签，但是网页的原始数据其实没有这个标签，它只在运行时加载和渲染。真实的图片信息被打包放在 JSON 文件当中，所以，真正要解析的是 JSON 文件。

在图 12-25 所示页面的 Network 下选中 XHR 进行筛选，然后用鼠标下滑网页，以刷出更多的图片，我们看到增加了几个以 acjson? 开头的 Ajax 请求，如图 12-26 所示。

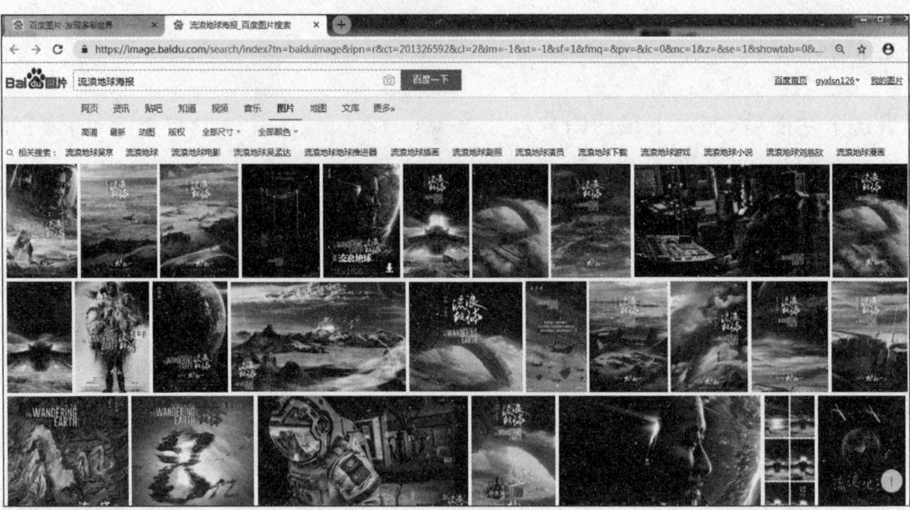

图 12-24　流浪地球海报

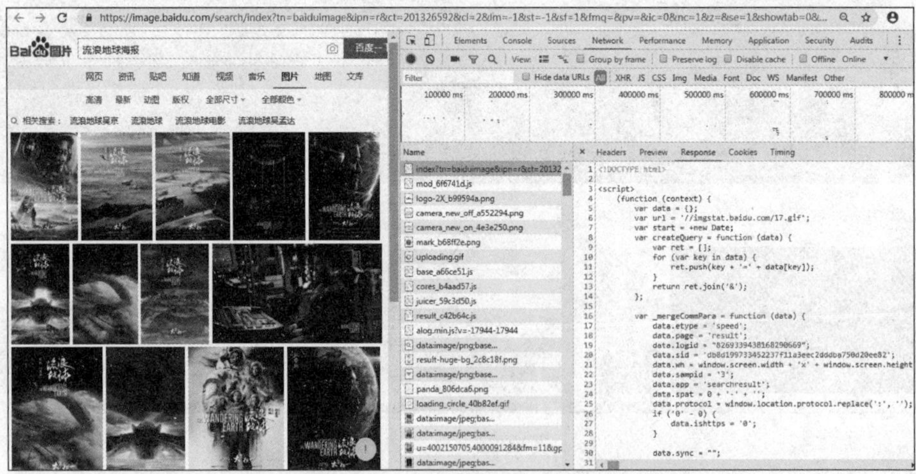

图 12-25　页面向服务器请求的返回信息

Elements　Console　Sources　Network　Performance　Memory　Application　Security　Audits

View:　Group by frame　Preserve log　Disable cache　Offline　Online

Filter　Hide data URLs　All　XHR　JS　CSS　Img　Media　Font　Doc　WS　Manifest　Other

100000 ms　200000 ms　300000 ms　400000 ms　500000 ms　600000 ms　700000 ms　800000 ms

Name	Method	Status	Type	Initiator	Size	...	Waterfall
logininfo?src=pc&page=searchresult&time...	GET	200	xhr	base_a66ce51.js:3	695...	...	
acjson?tn=resultjson_com&ipn=rj&ct=2013...	GET	200	xhr	base_a66ce51.js:3	7.6 ...	...	
acjson?tn=resultjson_com&ipn=rj&ct=2013...	GET	200	xhr	base_a66ce51.js:3	7.0 ...	...	
acjson?tn=resultjson_com&ipn=rj&ct=2013...	GET	200	xhr	base_a66ce51.js:3	7.7 ...	...	
acjson?tn=resultjson_com&ipn=rj&ct=2013...	GET	200	xhr	base_a66ce51.js:3	8.5 ...	...	
acjson?tn=resultjson_com&ipn=rj&ct=2013...	GET	200	xhr	base_a66ce51.js:3	6.9 ...	...	
acjson?tn=resultjson_com&ipn=rj&ct=2013...	GET	200	xhr	base_a66ce51.js:3	7.3 ...	...	

图 12-26　Ajax 请求

单击第一个请求，在右边页面选择 response，可以看到返回的是 JSON 串，如图 12-27 所示。

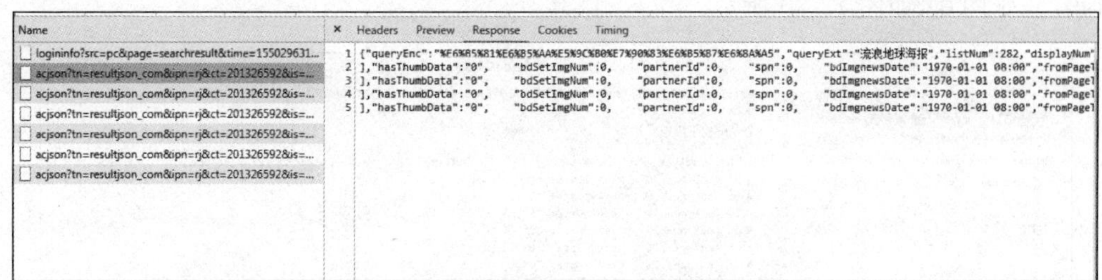

图 12-27　返回的 JSON 文件

选择 Headers 可以看到请求服务器返回 JSON 文件的真正的请求 URL，如图 12-28 所示，

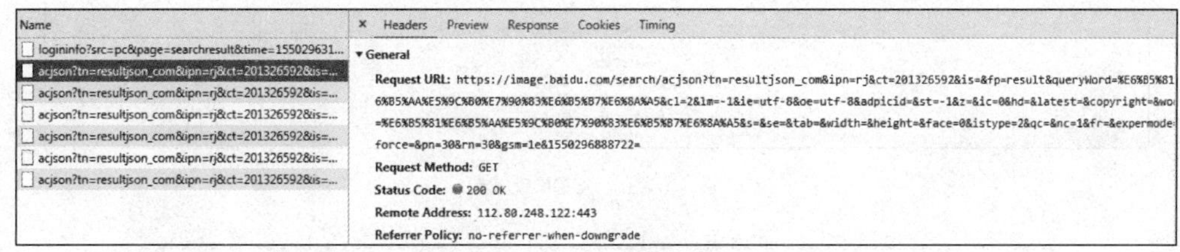

图 12-28　请求 URL

第一个 url：

```
https://image.baidu.com/search/acjson?tn = resultjson_com&ipn = rj&ct = 201326592&is = &fp =
result&queryWord = % E6 % B5 % 81 % E6 % B5 % AA % E5 % 9C % B0 % E7 % 90 % 83 % E6 % B5 % B7 % E6 %
8A % A5&cl = 2&lm = - 1&ie = utf - 8&oe = utf - 8&adpicid = &st = - 1&z = &ic = 0&hd = &latest =
&copyright = &word = % E6 % B5 % 81 % E6 % B5 % AA % E5 % 9C % B0 % E7 % 90 % 83 % E6 % B5 % B7 % E6 %
8A % A5&s = &se = &tab = &width = &height = &face = 0&istype = 2&qc = &nc = 1&fr = &expermode =
&force = &pn = 30&rn = 30&gsm = 1e&1550296888722 =
```

第二个 url：

```
https://image.baidu.com/search/acjson?tn = resultjson_com&ipn = rj&ct = 201326592&is = &fp =
result&queryWord = % E6 % B5 % 81 % E6 % B5 % AA % E5 % 9C % B0 % E7 % 90 % 83 % E6 % B5 % B7 % E6 %
8A % A5&cl = 2&lm = - 1&ie = utf - 8&oe = utf - 8&adpicid = &st = - 1&z = &ic = 0&hd = &latest =
&copyright = &word = % E6 % B5 % 81 % E6 % B5 % AA % E5 % 9C % B0 % E7 % 90 % 83 % E6 % B5 % B7 % E6 %
8A % A5&s = &se = &tab = &width = &height = &face = 0&istype = 2&qc = &nc = 1&fr = &expermode =
&force = &pn = 60&rn = 30&gsm = 3c&1550296888902 =
```

经过观察，发现只有 pn 和 gsm 的值发生了改变，并且可以总结出这些 url 的规律。

- pn 参数：从第几张图片开始加载，即本部分第一张图片在服务器端的序号。
- rn 参数：每页显示的图片数量。
- gsm 参数：pn 参数的 16 位显示。
- queryWord、word：输入的检索关键字。
- 最后 13 位数字是时间戳，在设置请求的 url 时可以不用写进去。

在图 12-28 中单击 Preview，可以看到详细的 JSON 内容，如图 12-29 所示。data 下就是我们要的具体的图片信息。如单击 data 下的第一个，看到这里面有 30 条数据，每一条都对应着一张图片，如图 12-30 所示。

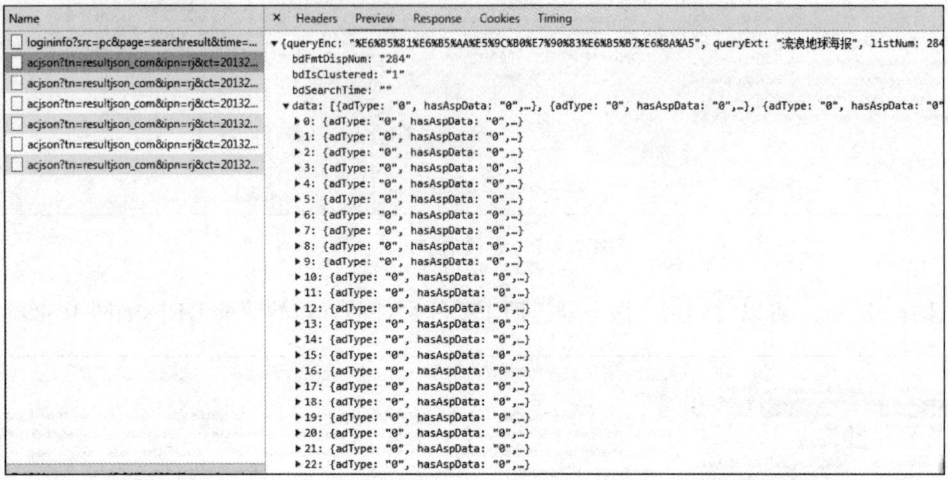

```
Name
logininfo?src=pc&page=searchresult&time=...
acjson?tn=resultjson_com&ipn=rj&ct=20132...
acjson?tn=resultjson_com&ipn=rj&ct=20132...
acjson?tn=resultjson_com&ipn=rj&ct=20132...
acjson?tn=resultjson_com&ipn=rj&ct=20132...
acjson?tn=resultjson_com&ipn=rj&ct=20132...
acjson?tn=resultjson_com&ipn=rj&ct=20132...

× Headers Preview Response Cookies Timing
▼{queryEnc: "%E6%B5%81%E6%B5%AA%E5%9C%B0%E7%90%83%E6%B5%B7%E6%8A%A5", queryExt: "流浪地球海报", listNum: 284
  bdFmtDispNum: "284"
  bdIsClustered: "1"
  bdSearchTime: ""
 ▼data: [{adType: "0", hasAspData: "0",…}, {adType: "0", hasAspData: "0",…}, {adType: "0", hasAspData: "0"
  ▶0: {adType: "0", hasAspData: "0",…}
  ▶1: {adType: "0", hasAspData: "0",…}
  ▶2: {adType: "0", hasAspData: "0",…}
  ▶3: {adType: "0", hasAspData: "0",…}
  ▶4: {adType: "0", hasAspData: "0",…}
  ▶5: {adType: "0", hasAspData: "0",…}
  ▶6: {adType: "0", hasAspData: "0",…}
  ▶7: {adType: "0", hasAspData: "0",…}
  ▶8: {adType: "0", hasAspData: "0",…}
  ▶9: {adType: "0", hasAspData: "0",…}
  ▶10: {adType: "0", hasAspData: "0",…}
  ▶11: {adType: "0", hasAspData: "0",…}
  ▶12: {adType: "0", hasAspData: "0",…}
  ▶13: {adType: "0", hasAspData: "0",…}
  ▶14: {adType: "0", hasAspData: "0",…}
  ▶15: {adType: "0", hasAspData: "0",…}
  ▶16: {adType: "0", hasAspData: "0",…}
  ▶17: {adType: "0", hasAspData: "0",…}
  ▶18: {adType: "0", hasAspData: "0",…}
  ▶19: {adType: "0", hasAspData: "0",…}
  ▶20: {adType: "0", hasAspData: "0",…}
  ▶21: {adType: "0", hasAspData: "0",…}
  ▶22: {adType: "0", hasAspData: "0",…}
```


图 12-29　JSON 数据

```
× Headers Preview Response Cookies Timing
▼{queryEnc: "%E6%B5%81%E6%B5%AA%E5%9C%B0%E7%90%83%E6%B5%B7%E6%8A%A5", queryExt: "流浪地球海报", listNum: 28
  bdFmtDispNum: "284"
  bdIsClustered: "1"
  bdSearchTime: ""
 ▼data: [{adType: "0", hasAspData: "0",…}, {adType: "0", hasAspData: "0",…}, {adType: "0", hasAspData: "0
  ▼0: {adType: "0", hasAspData: "0",…}
     adPicId: "0"
     adType: "0"
     bdFromPageTitlePrefix: ""
     bdImgnewsDate: "1970-01-01 08:00"
     bdSetImgNum: 0
     bdSourceName: ""
     bdSrcType: "0"
     cs: "471493262,1696732171"
     currentIndex: ""
     di: "31350"
     face_info: null
     filesize: ""
     fromPageTitle: "《<strong>流浪地球</strong>》海报"
     fromPageTitleEnc: "《流浪地球》海报"
     fromURL: "ippr_z2C$qAzdH3FAzdH3Ffzk_z&e3Bqzok_z&e3Bv54AzdH3F1gzkAzdH3Fip4sAzdH3Fda8b-88AzdH3FadAzdH3
     fromURLHost: "szb.qzwb.com"
     hasAspData: "0"
     hasLarge: 0
     hasThumbData: "0"
     height: 366
     hoverURL: "https://ss3.bdstatic.com/70cFv8Sh_Q1YnxGkpoWK1HF6hhy/it/u=471493262,1696732171&fm=26&gp=0
     imgCollectionWord: ""
```


图 12-30　某一图片的 JSON 信息

在图 12-30 中可以看到图片的名称、url 等基本信息。

3. 编码实现

（1）创建 Scrapy 项目 baidu_pic，并创建爬虫模板。

```
scrapy startproject baidu_pic
cd baidu_pic
scrapy genspider baidu image.baidu.com
```

如图 12-31 所示，其中 images 为创建的用于存放图片的文件夹。

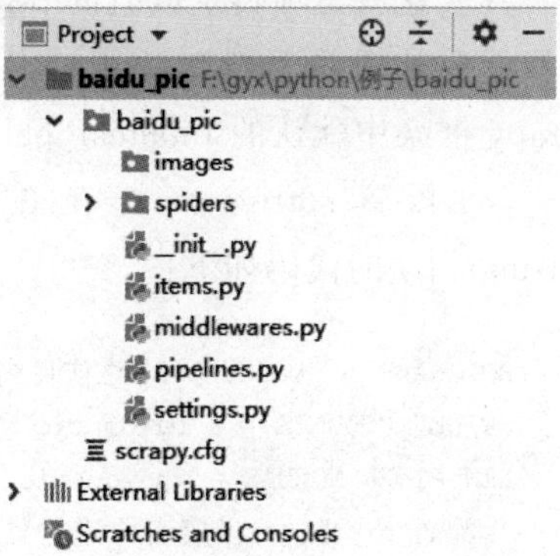

Project
baidu_pic F:\gyx\python\例子\baidu_pic
baidu_pic
images
spiders
__init__.py
items.py
middlewares.py
pipelines.py
settings.py
scrapy.cfg
External Libraries
Scratches and Consoles

图 12-31 百度图片爬虫文件结构

(2) 实现 BaiduPicItem。在 items. py 中定义图片标题和图片 url 两个字段，代码如下：

```
class BaiduPicItem(scrapy.Item):
    pic_name = scrapy.Field() #图片标题
    pic_url = scrapy.Field() #图片 url
```

(3) 设置起始爬取点。Spider 需要指明从某个或某些页面开始爬取，可以通过类属性 start_urls 或 start_requests 方法设置爬取点。这里假如要爬取百度图片的前 10 页内容，需要向服务器发 10 次请求，这里采用 start_requests 方法来定义起始爬取点。

```
def start_requests(self):
    search_word = '流浪地球海报'
    base_url = 'https://image.baidu.com/search/acjson?tn=resultjson_com&ipn=rj&ct=201326592&\
        is=&fp=result&queryWord={0}&cl=2&lm=-1&ie=utf-8&oe=utf-8&adpicid=&st=-1&\
        z=&ic=0&hd=&latest=&copyright=&word={0}&s=&se=&tab=&width=&height=&\
        face=0&istype=2&qc=&nc=1&fr=&expermode=&force=&pn={1}&rn=30&gsm={2}'
    page_count = 30
    for i in range(10): #发送 10 次请求
        index = i * page_count #获取每次请求的起始图片序号
        baidu_pic_url = base_url.format(search_word, index, hex(index)[2:]) #构造请求的 url
        yield Request(baidu_pic_url, callback=self.parse)
```

(4) 实现页面解析函数。parse 方法是百度图片的页面解析函数，是实现 Spider 中最核心的部分，需要将返回的数据封装后提交给 Scrapy 引擎。

```
def parse(self, response):
    item = BaiduPicItem() #实例化 item
    response_dict = json.loads(response.text) #将 json 数据解码为 python 数据类型
    image_data = response_dict['data'] #获取 data 数据，即 30 张图片的详细信息
    for pic in image_data:
        if pic:
            item['pic_url'] = [pic['middleURL']] #图片 url
            item['pic_name'] = pic['fromPageTitleEnc'] #图片名
            yield item
```

(5) 实现 BaiduPicPipeline。

```
class BaiduPicPipeline(object):
    def process_item(self, item, spider):
        return item
```

其实这就是项目生成时的 pipeline，不用做修改，因为这个 pipeline 是 FilesPipeline，但是我们要处理并下载图片用的是 scrapy 的 ImagesPipeline，所以，在 setting 中直接启用 scrapy 框架中默认的 ImagesPipeline，而并没有启用用户定义的这个 FilesPipeline。

（6）配置 settings. py。在配置文件中启用 ImagesPipeline，并指定图片下载目录，settings. py 的代码如下：

```
BOT_NAME = 'baidu_pic' #项目名字,自动生成
SPIDER_MODULES = ['baidu_pic.spiders'] #自动生成
NEWSPIDER_MODULE = 'baidu_pic.spiders' #自动生成
#配置 pipeline,设定需要进行处理的图片路径
#指定下载 Image 的网址在 Item 的 pic_url 中
IMAGES_URLS_FIELD = "pic_url"
#设置图片下载后的存储路径,放到工程目录下 images 文件夹
project_dir = os.path.abspath(os.path.dirname(__file__)) #获取当前目录绝对路径
IMAGES_STORE = os.path.join(project_dir, 'images')        #获取 images 存储路径
#Obey robots.txt rules
ROBOTSTXT_OBEY = False                                     #拒绝遵守 Robot 协议
FEED_EXPORT_ENCODING = 'GBK' #设置导出数据的编码方式为 GBK,以使中文正常显示
ITEM_PIPELINES = {           #配置 ITEMPIPELINES 为 Scrapy 框架的 ImagesPipeline
'scrapy.pipelines.images.ImagesPipeline': 1,
}
```

（7）运行爬虫。

```
scrapy crawl baidu -o baidupic.csv
```

在 images 文件夹下，看到多了一个 full 文件夹，里面是爬取的所有图片，如图 12-32 所示。

图 12-32　爬取的图片文件

输出文件 baidupic. csv 的内容如图 12-33 所示，每行代表一张图片，包含 pic_name 和 pic_url 两项内容。

	A	B
1	pic_name	pic_url
2	《流浪地球》海报（图片来源:豆瓣）	https://ss2.bdstatic.com/70cFvnSh_Q1YnxGkpoWK1HF6hhy/it/u=3500366008,2643920402&fm=11&gp=0.jpg
3	中国人自己的科幻电影《流浪地球》发布意义特辑与冒险小分队主题海	https://ss0.bdstatic.com/70cFvHSh_Q1YnxGkpoWK1HF6hhy/it/u=2783355953,2299849217&fm=11&gp=0.jpg
4	中国人自己的科幻电影《流浪地球》发布意义特辑与冒险小分队主题海	https://ss0.bdstatic.com/70cFvHSh_Q1YnxGkpoWK1HF6hhy/it/u=2783355953,2299849217&fm=11&gp=0.jpg
5	中国人自己的科幻电影《流浪地球》发布意义特辑与冒险小分队主题海	https://ss0.bdstatic.com/70cFvHSh_Q1YnxGkpoWK1HF6hhy/it/u=2783355953,2299849217&fm=11&gp=0.jpg
6	中国人自己的科幻电影《流浪地球》发布意义特辑与冒险小分队主题海	https://ss0.bdstatic.com/70cFvHSh_Q1YnxGkpoWK1HF6hhy/it/u=2783355953,2299849217&fm=11&gp=0.jpg
7	流浪地球官方设计团队被网友碾压!哈哈哈哈	https://ss3.bdstatic.com/70cFv8Sh_Q1YnxGkpoWK1HF6hhy/it/u=1939593658,2307322877&fm=11&gp=0.jpg
8	流浪地球官方设计团队被网友碾压!哈哈哈哈	https://ss3.bdstatic.com/70cFv8Sh_Q1YnxGkpoWK1HF6hhy/it/u=1939593658,2307322877&fm=11&gp=0.jpg
9	中国人自己的科幻电影《流浪地球》发布意义特辑与冒险小分队主题海	https://ss0.bdstatic.com/70cFvHSh_Q1YnxGkpoWK1HF6hhy/it/u=2783355953,2299849217&fm=11&gp=0.jpg
10	中国人自己的科幻电影《流浪地球》发布意义特辑与冒险小分队主题海	https://ss0.bdstatic.com/70cFvHSh_Q1YnxGkpoWK1HF6hhy/it/u=2783355953,2299849217&fm=11&gp=0.jpg
11	中国人自己的科幻电影《流浪地球》发布意义特辑与冒险小分队主题海	https://ss0.bdstatic.com/70cFvHSh_Q1YnxGkpoWK1HF6hhy/it/u=2783355953,2299849217&fm=11&gp=0.jpg
12	新书正版 天意 典藏版 钱莉芳著 三体 流浪地球 微纪 刘慈欣 倪匡等	https://ss0.bdstatic.com/70cFvHSh_Q1YnxGkpoWK1HF6hhy/it/u=2611444953,1297762383&fm=26&gp=0.jpg
13	流浪地球官方设计团队被网友碾压!哈哈哈哈	https://ss3.bdstatic.com/70cFv8Sh_Q1YnxGkpoWK1HF6hhy/it/u=1939593658,2307322877&fm=11&gp=0.jpg
14	中国人自己的科幻电影《流浪地球》发布意义特辑与冒险小分队主题海	https://ss0.bdstatic.com/70cFvHSh_Q1YnxGkpoWK1HF6hhy/it/u=2783355953,2299849217&fm=11&gp=0.jpg
15	你不说 小布还真以为是 《流浪地球》海报本报了 除了《流浪地球》	https://ss0.bdstatic.com/70cFvHSh_Q1YnxGkpoWK1HF6hhy/it/u=848519917,4193879259&fm=11&gp=0.jpg
16	新书正版 天意 典藏版 钱莉芳著 三体 流浪地球 微纪 刘慈欣 倪匡等	https://ss0.bdstatic.com/70cFvHSh_Q1YnxGkpoWK1HF6hhy/it/u=2611444953,1297762383&fm=26&gp=0.jpg
17	中国人自己的科幻电影《流浪地球》发布意义特辑与冒险小分队主题海	https://ss0.bdstatic.com/70cFvHSh_Q1YnxGkpoWK1HF6hhy/it/u=2783355953,2299849217&fm=11&gp=0.jpg
18	新书正版 天意 典藏版 钱莉芳著 三体 流浪地球 微纪 刘慈欣 倪匡等	https://ss0.bdstatic.com/70cFvHSh_Q1YnxGkpoWK1HF6hhy/it/u=2611444953,1297762383&fm=26&gp=0.jpg
19	粉丝手制《流浪地球》海报,官方都看哭了.	https://ss1.bdstatic.com/70cFuXSh_Q1YnxGkpoWK1HF6hhy/it/u=2687946335,3758966476&fm=11&gp=0.jpg
20	粉丝手制《流浪地球》海报,官方都看哭了.	https://ss1.bdstatic.com/70cFuXSh_Q1YnxGkpoWK1HF6hhy/it/u=2687946335,3758966476&fm=11&gp=0.jpg
21	流浪地球官方设计团队被网友碾压!哈哈哈哈	https://ss3.bdstatic.com/70cFv8Sh_Q1YnxGkpoWK1HF6hhy/it/u=1939593658,2307322877&fm=11&gp=0.jpg
22	流浪地球官方设计团队被网友碾压!哈哈哈哈	https://ss3.bdstatic.com/70cFv8Sh_Q1YnxGkpoWK1HF6hhy/it/u=1939593658,2307322877&fm=11&gp=0.jpg
23	中国人自己的科幻电影《流浪地球》发布意义特辑与冒险小分队主题海	https://ss0.bdstatic.com/70cFvHSh_Q1YnxGkpoWK1HF6hhy/it/u=2783355953,2299849217&fm=11&gp=0.jpg
24	你不说 小布还真以为是 《流浪地球》海报本报了 除了《流浪地球》	https://ss0.bdstatic.com/70cFvHSh_Q1YnxGkpoWK1HF6hhy/it/u=848519917,4193879259&fm=11&gp=0.jpg
25	粉丝手制《流浪地球》海报,官方都看哭了.	https://ss1.bdstatic.com/70cFuXSh_Q1YnxGkpoWK1HF6hhy/it/u=2687946335,3758966476&fm=11&gp=0.jpg
26	粉丝手制《流浪地球》海报,官方都看哭了.	https://ss1.bdstatic.com/70cFuXSh_Q1YnxGkpoWK1HF6hhy/it/u=2687946335,3758966476&fm=11&gp=0.jpg

图 12-33　百度图片爬虫的输出文件

12.9　Scrapy 模拟登录

视频讲解

大部分网站都有用户登录功能，而某些网站只有在用户登录后才能获得有价值的信息，爬取这类网站时，Scrapy 需要先模拟用户登录，再爬取内容。

网站登录的核心是向服务器发送含有登录表单数据的 HTTP 请求，通常是 POST 请求。服务器根据保存在客户端(浏览器)的 Cookie 信息(其中包含标识用户身份的 session 信息)，识别出发送请求的用户，决定响应怎样的页面。

Scrapy 提供了一个 FormRequest 类，是 Request 的子类，专门用于构造含有表单的数据请求，FormRequest 的构造器有一个 formdata 参数，用于接收字典形式的表单数据。下面主要介绍使用 FormRequest 模拟登录。

12.9.1　模拟登录分析

以登录 http://example.webscraping.com 为例，介绍模拟登录后爬取用户个人信息的方法，其首页如图 12-34 所示。

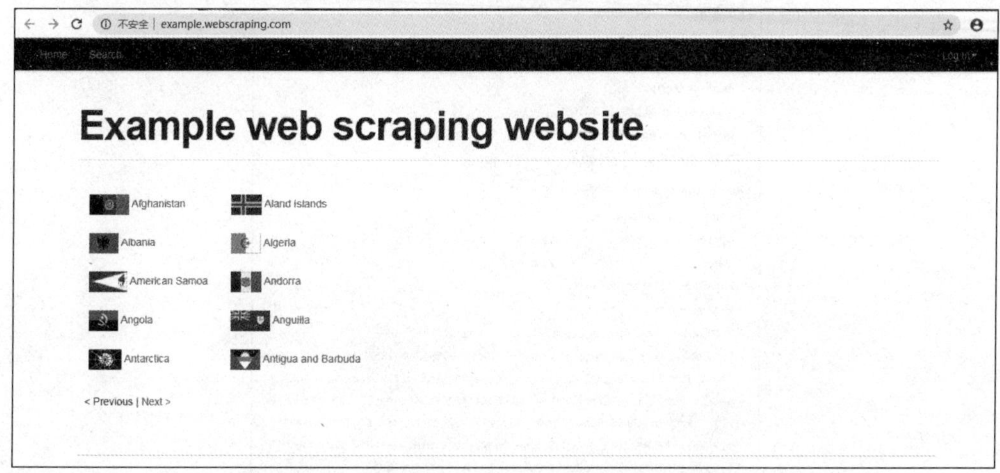

图 12-34　http://example.webscraping.com 首页

用谷歌浏览器打开网站登录页面 http://example.webscraping.com/places/default/user/login，输入账号和密码，打开开发者工具，单击 Login 按钮后，浏览器发送的 HTTP 请求，如图 12-35 所示。

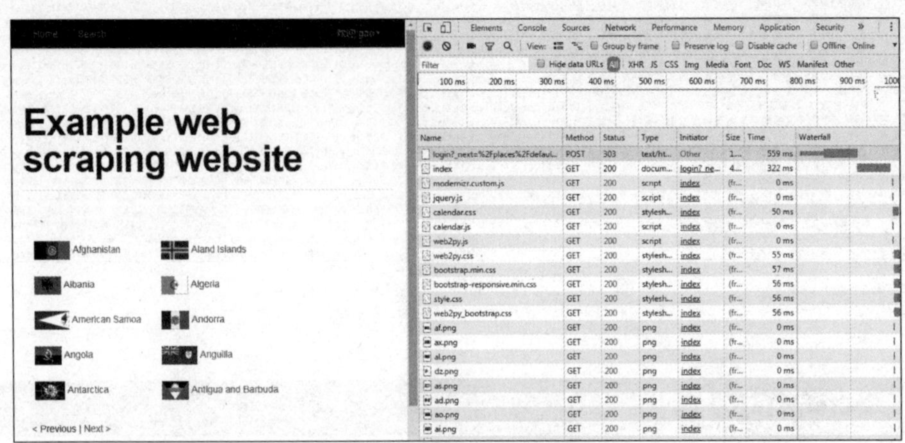

图 12-35　登录 HTTP 请求

可以看出，捕获了很多 HTTP 请求，其中第一个就是发送登录表单数据的 POST 请求，查看该请求，可以找到表单数据，如图 12-36 所示。

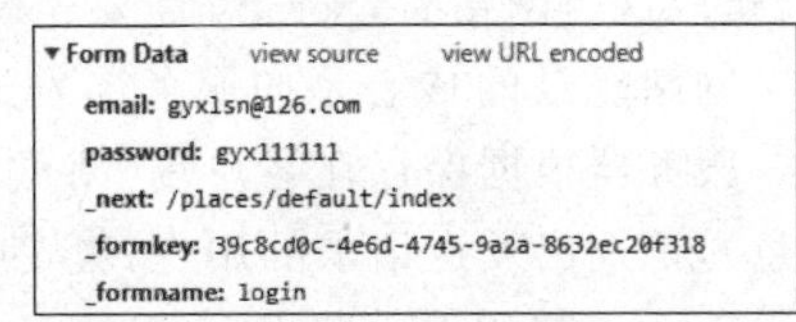

图 12-36　表单数据

该 HTTP 的响应信息如图 12-37 所示。响应头部中的 Set-Cookie 字段就是网站服务器保存在浏览器(客户端)的 Cookie 信息，其中包含标识用户身份的 session 信息，之后对该网站发送的其他 HTTP 请求都会带上这个 seeeion 信息，服务器通过这个 session 识别出发送请求的用户，从而决定响应的页面。从图 12-37 中可以看到，响应的状态码为 303，表示页面重定向，浏览器会读取响应头部中的 Location 字段(本例中为/places/default/index)描述的路径，再次发送一个 GET 请求，如图 12-38 所示，为这个 GET 请求的信息。

图 12-37　响应信息

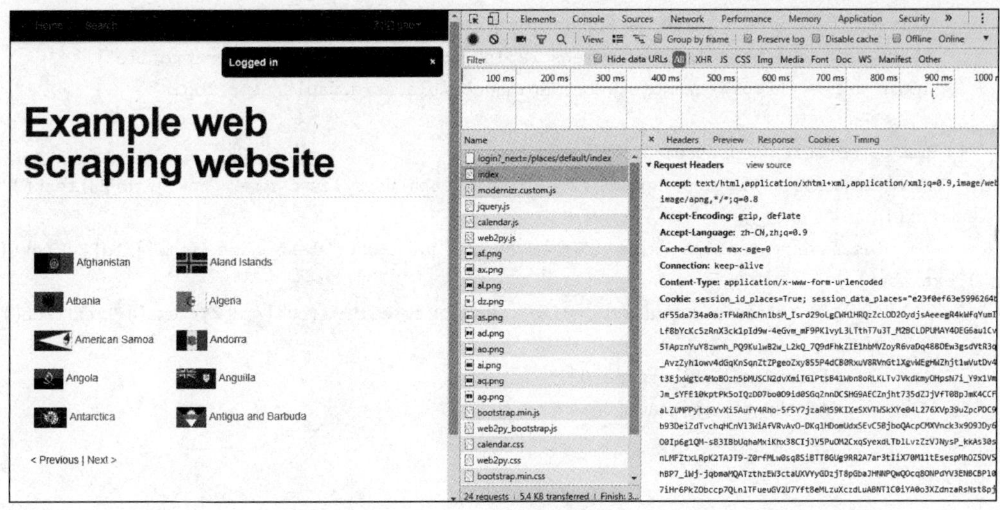

图 12-38 重定向页面

观察请求头部的 Cookie 字段，可以发现，它携带了之前 POST 请求获取的 Cookie 信息。最终浏览器用该请求响应的 HTML 文档刷新了页面，在页面右上角显示“欢迎 gao”表示登录成功。

我们的任务是首先模拟登录，登录成功后爬取用户的个人信息，如图 12-39 所示，爬取用户的 FirstName、LastName 和 E-mail 信息。

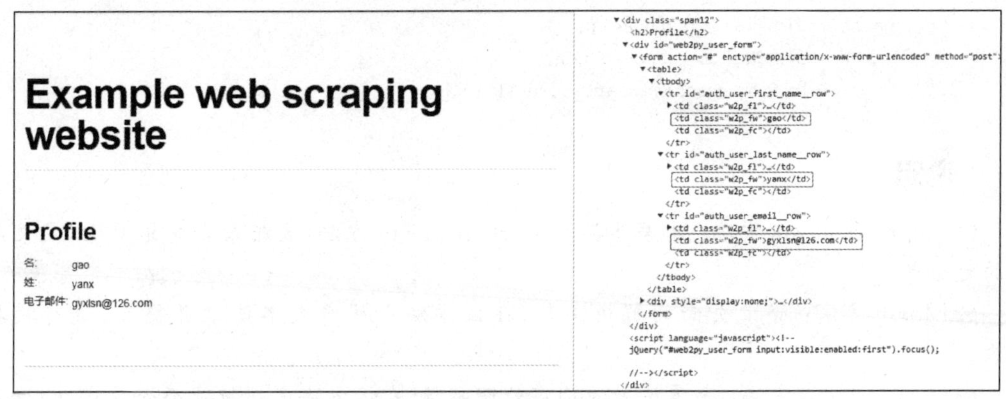

图 12-39 用户个人信息页面

12.9.2 代码实现

```
# - * - coding: utf - 8 - * -
import scrapy
from scrapy import FormRequest

class LoginSpider(scrapy.Spider):
    name = "login"
```

```
    allowed_domains = ["example.webscraping.com"]
    start_urls = ['http://example.webscraping.com/places/default/user/profile']
    login_url = 'http://example.webscraping.com/places/default/user/login'

    def parse(self, response):
        firstname = response.xpath('//*[@id="auth_user_first_name__row"]/td[2]/text()').
extract()
        lastname = response.xpath('//*[@id="auth_user_last_name__row"]/td[2]/text()'
).extract()
        email = response.xpath('//*[@id="auth_user_email__row"]/td[2]/text()').extract()
        yield {
            'firstName': firstname[0],
            'lastName': lastname[0],
            'email': email[0]
        }

    def start_requests(self):
        yield scrapy.Request(self.login_url, callback=self.login)

    def login(self,response):
        formdata = {
            'email': 'gyxlsn@126.com', 'password': 'gyx111111'}
        yield FormRequest.from_response(response, formdata=formdata,
                                        callback=self.parse_login)

    def parse_login(self, response):
        if 'Welcome gao' in response.text:
            yield from super().start_requests()
```

说明

(1) start_requests 方法：重写基类的 start_requests 方法，最先请求登录页面，定义爬取的起始点。

(2) login 方法：登录页面的解析函数，在该方法中构造表单请求并提交，进行模拟登录。

(3) parse_login 方法：表单请求的响应处理函数，在该方法中判断是否登录成功，如果成功，调用基类的 start_requests 方法，继续爬取类属性 start_urls 中的页面。

(4) parse 方法：登录成功后个人信息页面的解析函数，获取 FirstName、LastName 和 E-mail 信息。

运行爬虫，部分运行结果如下，可以看到方框内为爬取的个人信息。

```
2019-03-21 16:44:15 [scrapy.core.engine] INFO: Spider opened
2019-03-21 16:44:15 [scrapy.extensions.logstats] INFO: Crawled 0 pages (at 0 pages/min),
scraped 0 items (at 0 items/min)
2019-03-21 16:44:15 [scrapy.extensions.telnet] INFO: Telnet console listening on 127.0.0.1:6023
2019-03-21 16:44:16 [scrapy.core.engine] DEBUG: Crawled (200) <GET http://example.
webscraping.com/places/default/user/login> (referer: None)
```

```
2019-03-21 16:44:16 [scrapy.downloadermiddlewares.redirect] DEBUG: Redirecting (303) to
<GET http://example.webscraping.com/places
/default/index> from <POST http://example.webscraping.com/places/default/user/login>
2019-03-21 16:44:17 [scrapy.core.engine] DEBUG: Crawled (200) <GET http://example.
webscraping.com/places/default/index> (referer:
http://example.webscraping.com/places/default/user/login)
2019-03-21 16:44:17 [scrapy.core.engine] DEBUG: Crawled (200) <GET http://example.
webscraping.com/places/default/user/profile> (referer:
http://example.webscraping.com/places/default/index)
2019-03-21 16:44:17 [scrapy.core.scraper] DEBUG: Scraped from <200 http://example.
webscraping.com/places/default/user/profile>
{'firstName': 'gao', 'lastName': 'yanx', 'email': 'gyxlsn@126.com'}
2019-03-21 16:44:17 [scrapy.core.engine] INFO: Closing spider (finished)
```

第 13 章

词云实战——爬取豆瓣影评生成词云

视频讲解

13.1 功能介绍

“词云”就是对网络文本中出现频率较高的“关键词”予以视觉上的突出，形成“关键词云层”或“关键词渲染”，从而过滤掉大量的文本信息，使浏览网页者只要一眼扫过文本就可以领略文本的主旨。

豆瓣电影提供最新的电影介绍及评论，包括上映影片的影讯查询及购票服务。用户可以记录想看、在看和看过的电影电视剧，打分、写影评。豆瓣电影会根据用户的口味推荐好电影。本程序使用 Python 爬虫技术获取豆瓣电影(https://movie.douban.com/)中最新电影的影评，经过数据清理和词频统计后，对电影《黑豹》影评信息进行词云展示，效果如图 13-1 所示。

图 13-1 《黑豹》影评信息词云显示结果

13.2 程序设计的思路

本程序主要分 3 个过程。

1. 抓取网页数据

使用 Python 爬虫技术获取豆瓣电影中的最新上映电影网页(见图 13-2),其网址为 https://movie.douban.com/cinema/nowplaying/zhengzhou/。

图 13-2 最新上映电影网页

通过其 HTML 解析出每部电影的 id 号和电影名,获取某本 id 号就可以得到该部电影的影评网址,形式如下:

https://movie.douban.com/subject/26861685/comments

其中 26861685 就是某部电影《红海行动》的 id 号。这样仅仅获取 20 个影评,可以指定开始号 start 来获取更多影评。

https://movie.douban.com/subject/26861685/comments? start=40&limit=20

这意味从第 40 条开始的 20 个影评。

将某部影评信息存入 eachCommentList 列表中。

2. 清理数据

通常将某部影评信息存入 eachCommentList 列表中。为便于数据清理和词频统计,把 eachCommentList 列表形成字符串 comments。对 comments 字符串中的"看""太""的"等虚词(停用词)清理掉后词频统计。

3. 用词云进行展示

最后使用 WordCloud 词云包对影评信息进行词云展示。

视频讲解

13.3 关键技术

13.3.1 安装 WordCloud 词云

按照最常规的 pip install wordcloud 命令安装。

如果安装失败，可以使用 Windows 二进制安装包（whl 文件）直接安装。步骤如下：

首先转到 http://www.lfd.uci.edu/～gohlke/pythonlibs/＃wordcloud，下载需要的对应版本的 wordcloud 的 whl 文件。如果用户使用的是 64bit 的 Python 3.6，则请下载图 13-3 中框住的文件。

Wordcloud, a little word cloud generator.
wordcloud‑1.5.0‑cp27‑cp27m‑win32.whl
wordcloud‑1.5.0‑cp27‑cp27m‑win_amd64.whl
wordcloud‑1.5.0‑cp35‑cp35m‑win32.whl
wordcloud‑1.5.0‑cp35‑cp35m‑win_amd64.whl
wordcloud‑1.5.0‑cp36‑cp36m‑win32.whl
wordcloud‑1.5.0‑cp36‑cp36m‑win_amd64.whl
wordcloud‑1.5.0‑cp37‑cp37m‑win32.whl
wordcloud‑1.5.0‑cp37‑cp37m‑win_amd64.whl
wordcloud‑1.5.0‑cp38‑cp38‑win32.whl
wordcloud‑1.5.0‑cp38‑cp38‑win_amd64.whl

图 13-3 安装包

然后，在 cmd 命令行中，进入刚刚下载的文件的路径，使用 pip install wordcloud-1.5.0-cp36-cp36m-win_amd64.whl 命令开始安装，大约一分钟就可以安装完成。

13.3.2 使用 WordCloud 词云

1. WordCloud 的基本用法

```
class wordcloud.WordCloud(font_path = None, width = 400, height = 110, margin = 2, ranks_only = None, prefer_horizontal = 0.9, mask = None, scale = 1, color_func = None, max_words = 110, min_font_size = 4, stopwords = None, random_state = None, background_color = 'black', max_font_size = None, font_step = 1, mode = 'RGB', relative_scaling = 0.5, regexp = None, collocations = True, colormap = None, normalize_plurals = True)
```

这是 wordcloud 的所有参数，下面具体介绍各个参数。

font_path：string //字体路径，需要展现什么字体就把该字体路径＋后缀名写上，如：font_path ＝'黑体.ttf'

- width：int (default＝400) //输出的画布宽度，默认为 400 像素。
- height：int (default＝200) //输出的画布高度，默认为 200 像素。
- prefer_horizontal：float (default＝0.90) //词语水平方向排版出现的频率，默认 0.9（所以词语垂直方向排版出现频率为 0.1）。
- mask：nd-array or None (default＝None) //如果参数为空，则使用二维遮罩绘制词云。

如果 mask 非空，设置的宽高值将被忽略，遮罩形状被 mask 取代。除全白（＃FFFFFF）的部分将不会绘制，其余部分会用于绘制词云。例如，bg_pic ＝ imread('读取一张图片.png')，背景图片的画布一定要设置为白色（＃FFFFFF），然后显示的形状为不是白色的其他颜色。可以用 photoshop 工具将自己要显示的形状复制到一个纯白色的画布上再保存。

- scale：float (default＝1) //按照比例进行放大画布，如设置为 1.5，则 //长和宽都是原来画布的 1.5 倍
- min_font_size：int (default＝4) //显示的最小的字体大小

- font_step: int (default=1)　　　　//字体步长,如果步长大于1,会加快运算,
　　//但是可能导致结果出现较大的误差
- max_words: number (default=200)　//要显示的词的最大个数
- stopwords: set of strings or None　　//设置需要屏蔽的词,如果为空,则使用内
　　//置的 STOPWORDS
- background_color: color value (default="black") //背景颜色,如 background_color=
　　//'white',背景颜色为白色,默认颜
　　//色为黑色
- max_font_size: int or None (default=None) //显示的最大的字体大小
- mode: string (default="RGB")　　//当参数为"RGBA"并且 background_color
　　//不为空时,背景为透明
- relative_scaling: float (default=.5)　//词频和字体大小的关联性
- color_func: callable, default=None　　//生成新颜色的函数,如果为空,则使用
　　//self.color_func
- regexp: string or None (optional)　　//使用正则表达式分隔输入的文本
- collocations: bool, default=True　　//是否包括两个词的搭配
- colormap: string or matplotlib colormap, default="viridis" //给每个单词随机分
　　//配颜色,若指定 color_func,则忽略该方法

wordcloud 提供的方法如下:

fit_words(frequencies)　　　　//根据词频生成词云
generate(text)　　　　//根据文本生成词云
generate_from_frequencies(frequencies[, …])　　//根据词频生成词云
generate_from_text(text)　　　　//根据文本生成词云
process_text(text)　//将长文本分词并去除屏蔽词(此处指英语,中文分词还是需要
　　//自己用别的库先行实现,使用上面的 fit_words(frequencies))
recolor([random_state, color_func, colormap])　　//对现有输出重新着色.重新上色
　　//会比重新生成整个词云快很多
to_array()　　　　//转化为 numpy array
to_file(filename)　　　　//输出到文件

2. WordCloud 的基本用法

```
#导入 wordcloud 模块和 matplotlib 模块
from wordcloud import WordCloud,ImageColorGenerator,STOPWORDS
import matplotlib.pyplot as plt, numpy as np
from PIL import Image
text = open('test.txt','r',encoding = 'utf - 8').read()  #读取一个 txt 文件,注意修改文件的编
                                                         #码格式
bg_pic = np.array(Image.open("alice.png"))               #读入背景图片
'''设置词云样式'''
```

```
wc = WordCloud(
    background_color = 'white',    # background_color 参数为设置背景颜色,默认颜色为黑色
    mask = bg_pic,
    # 如果有中文,这句代码必须添加,不然会出现方框而不出现汉字
    font_path = 'simhei.ttf',      # 通过 font_path 参数来设置字体集
    max_words = 2000,
    max_font_size = 150,
    random_state = 30, scale = 1.5)
wc.generate_from_text(text)        # 根据文本生成词云
image_colors = ImageColorGenerator(bg_pic)
plt.imshow(wc)                     # 显示词云图片
plt.axis('off')
plt.show()
print('display success! ')
wc.to_file('test2.jpg')            # 保存图片
```

只有在设置 mask 的情况下,才会得到一个拥有图片形状的词云。本程序使用的模板图是 alice.jpg,如图 13-4 所示,生成的词云形状如图 13-5 所示。

图 13-4　模板图

图 13-5　生成的词云图

3. WordCloud 的设置停用词

也可以设置停用词("太""的"等虚词),使得词云中不显示该虚词,代码如下:

```
from os import path
from PIL import Image
import numpy as np
import matplotlib.pyplot as plt
from wordcloud import WordCloud, STOPWORDS, ImageColorGenerator
# 读取整个文章
text = open('test.txt','r').read()       # 读取一个 txt 文件
# read the mask / color image taken from
```

```
alice_coloring = np.array(Image.open("alice.png"))
#设置停用词
stopwords = set(STOPWORDS)
stopwords.add("的")          #人工添加停用词
stopwords.add("了")          #人工添加停用词
#可以通过 mask 参数 来设置词云形状
wc = WordCloud(background_color = "white", max_words = 2000, mask = alice_coloring,
               stopwords = stopwords, max_font_size = 40, random_state = 42)
#生成词云
wc.generate(text)
#根据图片生成颜色
image_colors = ImageColorGenerator(alice_coloring)
plt.imshow(wc, interpolation = "bilinear")
plt.axis("off")
plt.show()
```

4. WordCloud 使用词频

```
import jieba.analyse
from PIL import Image, ImageSequence
import numpy as np
import matplotlib.pyplot as plt
from wordcloud import WordCloud, ImageColorGenerator
lyric = ''
f = open('./test.txt','r',encoding = 'utf - 8')                #注意修改文件的编码格式
for i in f:
    lyric += f.read()
#用 jieba 分词来对文章做分词提取出词频高的词
result = jieba.analyse.textrank(lyric,topK = 50,withWeight = True)
keywords = dict()
for i in result:
    keywords[i[0]] = i[1]
print(keywords)
```

输出如下：

```
{'听见': 0.26819943990969086, '风雨': 0.4369472045572426, '不能': 0.4145571125899367, '生命': 0.5934235845918548, '理想': 0.265108776687659
25, '星河': 0.23975886019089002, '青春': 0.24010255181105905, '希望': 0.494835681401572, '痛算': 0.27939232288036236, '梦想': 0.660715759292
7637, '大家': 0.2630206522238169, '日落': 0.24124829031114808, '相信': 1.0, '随风': 0.24679509210701486, '热血': 0.3747213789071734, '怒放':
0.4236733731776506, '忘掉': 0.37456984152879724, '卷起': 0.28349442481975, '兄弟': 0.41239452275709515, '超越': 0.39647241012049056, '英雄':
0.31311037526555513, '像是': 0.30426828861337796, '跌倒': 0.3625975500392993, '想要': 0.5829550209468557, '命运': 0.7201128992940313, '变
化': 0.2686953866879604, '天空': 0.3146976061015469, '父亲': 0.24636152229739733, '世界': 0.3565812143701714, '没有': 0.5977870162380065,
 '人生': 0.3775236250279759, '生活': 0.2663673685783774, '改变': 0.8023053505916324, '穿行': 0.30336139077497054, '海洋': 0.286876509213735
3, '追逐': 0.28164694577079186, '拥有': 0.5511676957186838, '太阳': 0.31281001159455113, '知道': 0.28305393123835487, '拍拍': 0.287728985167
5474, '摇摆': 0.4813790823694424, '力量': 0.5692829648461694, '翅膀': 0.36632797341678375, '朋友': 0.2528034375864833, '挣脱': 0.39383738344
839236, '奔跑': 0.4640807450464461, '方向': 0.4093246167577443, '就算': 0.9832790417761437, '水手': 0.3471435439240663, '忘记': 0.2386272480
9926258}
```

```
image = Image.open('./tim.png')
graph = np.array(image)
wc = WordCloud(font_path = './fonts/simhei.ttf',background_color = 'White',max_words = 50,mask = graph)
wc.generate_from_frequencies(keywords)          #词频生成词云
```

```
image_color = ImageColorGenerator(graph)
plt.imshow(wc)
plt.imshow(wc.recolor(color_func = image_color))
plt.axis("off")
plt.show()
wc.to_file('dream.png')
```

视频讲解

13.4 程序设计的步骤

1. 抓取网页数据

第一步要对网页进行访问，Python 中使用的是 urllib 库。代码如下：

```
from urllib import request
resp = request.urlopen('https://movie.douban.com/nowplaying/hangzhou/')
html_data = resp.read().decode('utf - 8')
```

其中，https://movie.douban.com/cinema/nowplaying/zhengzhou/是豆瓣最新上映的电影页面，可以在浏览器中输入该网址进行查看。

html_data 是字符串类型的变量，其中存放了网页的 HTML 代码。输入 print(html_data)可以查看最新上映影讯信息，如图 13-6 所示。

```
<div id="nowplaying">
    <div class="mod-hd">
        <h2>正在上映</h2>
    </div>
    <div class="mod-bd">
        <ul class="lists">
                <li
                    id="6390825"
                    class="list-item"
                    data-title="黑豹"
                    data-score="6.8"
                    data-star="35"
                    data-release="2018"
                    data-duration="135分钟(中国大陆)"
                    data-region="美国"
                    data-director="瑞恩·库格勒"
                    data-actors="查德维克·博斯曼 / 露皮塔·尼永奥 / 迈克尔·B·乔丹"
                    data-category="nowplaying"
                    data-enough="True"
                    data-showed="True"
                    data-votecount="64156"
                    data-subject="6390825"
                >
```

图 13-6 最新上映影讯信息 HTML 标签

第二步，需要对得到的 HTML 代码进行解析，得到我们需要的数据。在 Python 中使用 BeautifulSoup 库（如果没有，则使用 pip install BeautifulSoup 进行安装）进行 HTML 代码的解析。

BeautifulSoup 使用的格式如下：

```
BeautifulSoup(html,"html.parser")
```

第一个参数为需要提取数据的 html，第二个参数是指定解析器，然后使用 find_all()读

取 html 标签中的内容。

但是 html 中有这么多标签，该读取哪些标签呢？其实，最简单的办法是打开爬取网页的 html 代码，然后查看需要的数据在哪个 html 标签中，如图 13-6 所示。

从图 13-6 中可以看出，在< div id='nowplaying'>标签开始是我们想要的数据，里面有电影的名称、评分、主演等信息。相应的代码如下：

```
from bs4 import BeautifulSoup as bs
soup = bs(html_data, 'html.parser')
nowplaying_movie = soup.find_all('div', id = 'nowplaying')
nowplaying_movie_list = nowplaying_movie[0].find_all('li', class_ = 'list - item')
```

其中 nowplaying_movie_list 是所有电影信息的列表，可以用 print(nowplaying_movie_list[1])查看第二部影片——《红海行动》的内容，如图 13-7 所示。

```
<li
    id="26861685"
    class="list-item"
    data-title="红海行动"
    data-score="8.5"
    data-star="45"
    data-release="2018"
    data-duration="138分钟"
    data-region="中国大陆 香港"
    data-director="林超贤"
    data-actors="张译 / 黄景瑜 / 海清"
    data-category="nowplaying"
    data-enough="True"
    data-showed="True"
    data-votecount="312987"
    data-subject="26861685"
>
    <ul class="">
        <li class="poster">
            <a href="https://movie.douban.com/subject/26861685/?from=playing_poster" class=ticket-btn target="_blank" data-psource="poster">
                <img src="https://img3.doubanio.com/view/photo/s_ratio_poster/public/p2514119443.webp" alt="红海行动" rel="nofollow" class="" />
            </a>
        </li>
        <li class="stitle">
            <a href="https://movie.douban.com/subject/26861685/?from=playing_poster"
                class="ticket-btn"
                target="_blank"
                title="红海行动"
                data-psource="title">
                红海行动
            </a>
        </li>
```

图 13-7 《红海行动》电影信息的 HTML 标签

在图 13-7 中可以看到 data-subject 属性中放了电影的 id 号码，而在 img 标签的 alt 属性中放了电影的名字。因此，就通过这两个属性来得到电影的 id 和名称(注：打开电影短评的网页需要用到电影的 id，所以需要对它进行解析)，代码如下：

```
nowplaying_list = []
for item in nowplaying_movie_list:
        nowplaying_dict = {}          //以字典形式存储每部电影的 id 和名称
        nowplaying_dict['id'] = item['data - subject']
        for tag_img_item in item.find_all('img'):
            nowplaying_dict['name'] = tag_img_item['alt']
            nowplaying_list.append(nowplaying_dict)
```

其中，列表 nowplaying_list 中就存放了最新电影的 id 和名称，可以使用 print(nowplaying_list)进行查看，代码如下：

```
[{'id': '6390825', 'name': '黑豹'}, {'id': '26861685', 'name': '红海行动'}, {'id': '26698897', 'name': '唐人街探案 2'}, {'id': '26393561', 'name': '小萝莉的猴神大叔'}, {'id': '26649604', 'name': '比得兔'},{'id': '26603666', 'name': '妈妈咪鸭'}, {'id': '30152451', 'name': '厉害了,我的国'}, {'id': '26972275', 'name': '恋爱回旋'}, {'id': '26575103', 'name': '捉妖记 2'}, {'id': '27176717', 'name': '熊出没·变形记'},{'id': '26611804', 'name': '三块广告牌'}, {'id': '25829175', 'name': '西游记女儿国'}, {'id': '27085923', 'name': '灵魂当铺之时间典当'}, {'id': '27114417', 'name': '祖宗十九代'}, {'id': '25899334', 'name': '飞鸟历险记'}, {'id': '3036465', 'name': '爱在记忆消逝前'}, {'id': '27180882', 'name': '疯狂的公牛'}, {'id': '25856453', 'name': '闺蜜 2'}, {'id': '26836837', 'name': '宇宙有爱浪漫同游'}]
```

可以看到和豆瓣网址上面是匹配的。这样就得到了最新电影的信息了。接下来就要对最新电影短评进行分析了。例如,《红海行动》的短评网址为 https://movie.douban.com/subject/26861685/comments? start=0&limit=20,其中 26861685 就是《红海行动》电影的 id,start=0 表示评论的第 0 条评论。

查看上面的短评页面的 HTML 代码,发现关于《红海行动》评论的数据是在 div 标签的 comment 属性下面,如图 13-8 所示。

```
<div class="comment">
    <h3>
        <span class="comment-vote">
            <span class="votes">10708</span>
            <input value="1323425806" type="hidden"/>
            <a href="javascript:;" class="j a_show_login" onclick="">有用</a>
        </span>
        <span class="comment-info">
            <a href="https://www.douban.com/people/dreamfox/" class="">乌鸦火堂</a>
                <span>看过</span>
                <span class="allstar40 rating" title="推荐"></span>
            <span class="comment-time " title="2018-02-13 15:35:16">
                2018-02-13
            </span>
        </span>
    </h3>
    <p class="">

            <span class="short">春节档最好!最好不是战狼而是战争,有点类似黑鹰坠落,主旋律色彩下,真实又残酷的战争渲染。故事性不强,文戏不超20分钟
有条不紊,军械武器展示效果不错。尺度超大,钢锯岭式血肉横飞,还给你看特写!敌人如丧尸一般打不完,双方的狙击手都是亮点</span>
    </p>
</div>
```

图 13-8 《红海行动》短评信息的 HTML 标签

因此,对此标签进行解析,代码如下:

```
requrl = 'https://movie.douban.com/subject/' + nowplaying_list[0]['id'] + '/comments' + '?'
 + 'start = 0' + '&limit = 20'
resp = request.urlopen(requrl)
html_data = resp.read().decode('utf - 8')
soup = bs(html_data, 'html.parser')
comment_div_lits = soup.find_all('div', class_ = 'comment')
```

此时在 comment_div_lits 列表中存放的就是 class_='comment'的所有 div 标签里面的 html 代码了。在图 13-8 中还可以发现在< div class_='comment'>标签的 p 标签下面存放了网友对电影的评论,因此,对 comment_div_lits 代码中的 HTML 代码继续进行解析,代码如下:

```
eachCommentList = []
for item in comment_div_lits:
    b = item.find('p').find('span') # 获取 p 标签内部的 span 标签(即评论)
    if b.string is not None:
        eachCommentList.append(item.find_all('p')[0].string)
```

使用 print(eachCommentList)查看 eachCommentList 列表中的内容,可以看到其中存

储了我们想要的影评。

至此，已经爬取了豆瓣最近播放电影的评论数据，接下来就要对数据进行清洗和词云显示了。

2. 数据清洗

数据清洗是消去数据分析无关信息，这里为了方便对数据进行清洗，将列表中的数据放在一个字符串中，代码如下：

```
comments = ''
for k in range(len(eachCommentList)):
comments = comments + (str(eachCommentList[k])).strip()
```

使用print(comments)进行查看，可以看到所有的评论已经变成一个字符串了，但是我们发现评论中还有不少标点符号等。这些符号对进行词频统计根本没有用。因此，要将它们清除。所用的方法是正则表达式，Python中正则表达式是通过re模块来实现的，代码如下：

```
import re
pattern = re.compile(r'[\u4e00-\u9fa5]+')
filterdata = re.findall(pattern, comments)
cleaned_comments = ''.join(filterdata)
```

继续使用print(cleaned_comments)语句进行查看，可以看到此时评论数据中已经没有那些标点符号了，数据被清“干净”了。

因为要进行词频统计，所以先要进行中文分词操作。在这里使用的是结巴分词。如果没有安装结巴分词，可以在控制台使用pip install jieba进行安装（注：可以使用pip list查看是否安装了这些库）。中文分词代码如下：

```
import jieba.analyse        #分词包
#使用结巴分词进行中文分词
result = jieba.analyse.textrank(cleaned_comments,topK = 50,withWeight = True)
keywords = dict()
for i in result:
    keywords[i[0]] = i[1]
print("删除停用词前",keywords)
```

结果如下：

```
{'大片': 0.28764823530539835, '动作': 0.42333889433557714, '人质': 0.18041389646505365, '不能':
0.18403284248005652, '行动': 0.5258110409848542, '的': 0.19000741337241692, '看到':
0.16410604936619055, '太': 0.250308587701313, '导演': 0.3247672024874971, '军人':
0.22827987403008904, '主旋律': 0.21300534948534544, '电影': 1.0, '作战': 0.17912699218043704,
'震撼': 0.24439586499277743, '国产': 0.37209344994813087, '人物': 0.3211015399811397, '红海':
0.2759713023909607, '有点': 0.19442262680122022, '节奏': 0.28504415161934643, '战争片':
0.305141973888238, '战争': 0.38941165361568963, '爆破': 0.17280424905747072, '演员':
0.18291268026465418, '全程': 0.1812416074586381, '湄公河': 0.4937422787186316, '还有':
0.17809860837238478, '个人': 0.2610284731772877, '黑鹰坠落': 0.21305500057787405, '剧情':
0.21982545428026873, '战狼': 0.611947562855697, '从头': 0.21612064060347713, '文戏':
0.38037163533740115, '军事': 0.39830147699101087, '好看': 0.1843800611024451, '觉得':
0.18438026420714343, '坦克': 0.2103294696884718, '海军': 0.2780877491487478, '黄景':
0.2762848729539791, '喜欢': 0.186512622392206, '好莱坞': 0.3041242625437134, '狙击手':
0.4529383170599891, ……}
```

从结果可以看到进行词频统计了，但数据中有“太”“的”等虚词（停用词），而这些词在任何场景中都是高频时，并且没有实际的含义，所以要对它们进行清除。

本程序把停用词放在一个 stopwords.txt 文件中，将数据与停用词进行比对即可。停用词代码如下：

```
keywords = { x:keywords[x] for x in keywords if x not in stopwords}
print("删除停用词后",keywords)
```

继续使用 print ()语句查看结果，可见停用词已经被清除了。

由于前面只是爬取了第一页的评论，所以，数据有点少，在最后给出的完整代码中，爬取了 10 页的评论，所得数据还是有参考价值。

3. 用词云进行显示

```
import matplotlib.pyplot as plt
import matplotlib
matplotlib.rcParams['figure.figsize'] = (10.0, 5.0)
from wordcloud import WordCloud        #词云包
#指定字体类型、字体大小和字体颜色
wordcloud = WordCloud(font_path = "simhei.ttf",background_color = "white",max_font_size = 80,
stopwords = stopwords)
word_frequence = keywords
myword = wordcloud.fit_words(word_frequence)
plt.imshow(myword) #展示词云图
plt.axis("off")
plt.show()
```

其中，simhei.ttf 是用来指定字体的，可以在百度上输入 simhei.ttf 进行下载后，放入程序的根目录即可。

完整程序代码如下：

```
import warnings
warnings.filterwarnings("ignore")
import jieba        #分词包
import jieba.analyse
import numpy        #numpy 计算包
import re
import matplotlib.pyplot as plt
from urllib import request
from bs4 import BeautifulSoup as bs
import matplotlib
matplotlib.rcParams['figure.figsize'] = (10.0, 5.0)
from wordcloud import WordCloud      #词云包

#分析网页函数
def getNowPlayingMovie_list():
```

```
    resp = request.urlopen('https://movie.douban.com/nowplaying/zhengzhou/')
    html_data = resp.read().decode('utf-8')
    soup = bs(html_data, 'html.parser')
    nowplaying_movie = soup.find_all('div', id='nowplaying')
    nowplaying_movie_list = nowplaying_movie[0].find_all('li', class_='list-item')
    nowplaying_list = []
    for item in nowplaying_movie_list:
        nowplaying_dict = {}
        nowplaying_dict['id'] = item['data-subject']
        for tag_img_item in item.find_all('img'):
            nowplaying_dict['name'] = tag_img_item['alt']
            nowplaying_list.append(nowplaying_dict)
    return nowplaying_list

#爬取评论函数
def getCommentsById(movieId, pageNum):
    eachCommentList = [];
    if pageNum>0:
         start = (pageNum-1) * 20
    else:
        return False
    requrl = 'https://movie.douban.com/subject/' + movieId + '/comments' + '?' + 'start=' +
str(start) + '&limit=20'
    print(requrl)
    resp = request.urlopen(requrl)
    html_data = resp.read().decode('utf-8')
    soup = bs(html_data, 'html.parser')
    comment_div_lits = soup.find_all('div', class_='comment')
    for item in comment_div_lits:
        if item.find('p').find('span').string is not None:
            eachCommentList.append(item.find_all('p')[0].string)
    return eachCommentList

def main():
    #循环获取第一个电影的前10页评论
    commentList = []
    NowPlayingMovie_list = getNowPlayingMovie_list()
    for i in range(10):
        num = i + 1
        commentList_temp = getCommentsById(NowPlayingMovie_list[1]['id'], num)//指定那部电影
        commentList.append(commentList_temp)
    #将列表中的数据转换为字符串
    comments = ''
    for k in range(len(commentList)):
        comments = comments + (str(commentList[k])).strip()
    #使用正则表达式去除标点符号
    pattern = re.compile(r'[\u4e00-\u9fa5]+')
    filterdata = re.findall(pattern, comments)
    cleaned_comments = ''.join(filterdata)
    #使用结巴分词进行中文分词
```

```
    result = jieba.analyse.textrank(cleaned_comments,topK = 50,withWeight = True)
    keywords = dict()
    for i in result:
        keywords[i[0]] = i[1]
    print("删除停用词前",keywords) #{'演员': 0.18290354231824632, '大片': 0.2876433001472282}
    #停用词集合
    stopwords = set(STOPWORDS)
    f = open('./StopWords.txt',encoding = "utf8")
    while True:
        word = f.readline()
        if word == "":
            break
        stopwords.add(word[: - 1])
    print(stopwords)
    keywords = { x:keywords[x] for x in keywords if x not in stopwords}
    print("删除停用词后",keywords)
    #用词云进行显示
    wordcloud = WordCloud(font_path = "simhei.ttf",background_color = "white",
max_font_size = 80,stopwords = stopwords)
    word_frequence = keywords
    myword = wordcloud.fit_words(word_frequence)
    plt.imshow(myword) #展示词云图
    plt.axis("off")
    plt.show()
#主函数
main()
```

程序运行后显示的图像如图 13-9 所示。

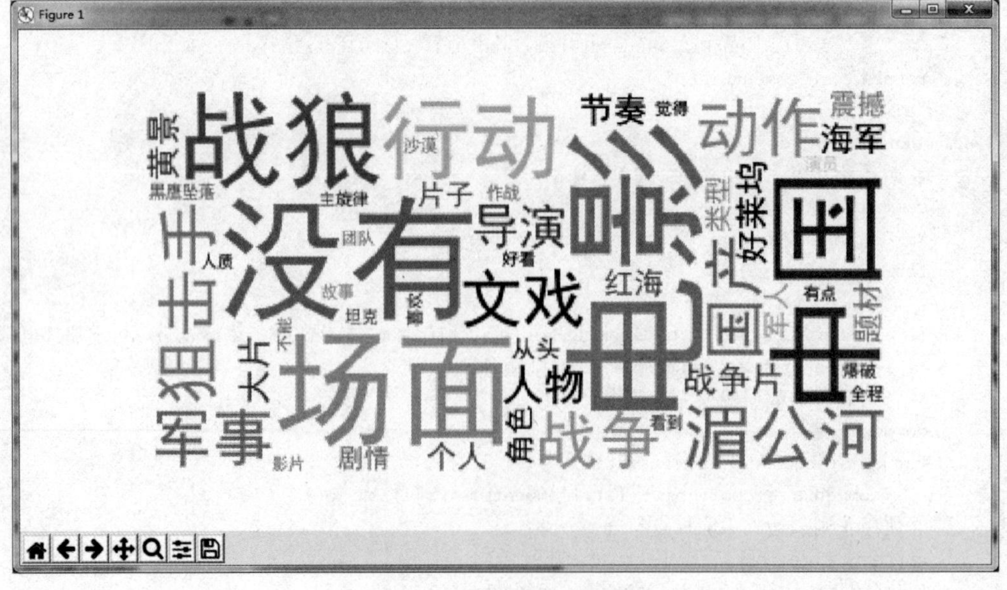

图 13-9 词云显示结果

参考文献

[1] 刘浪. Python 基础教程[M]. 北京：人民邮电出版社，2015.

[2] 范传辉. Python 爬虫开发与项目实战[M]. 北京：机械工业出版社，2017.

[3] 菜鸟教程. Python 3. 教程. http://www.runoob.com/python3.

[4] 廖雪峰. Python 教程. http://www.liaoxuefeng.com/.

[5] 罗攀，蒋仟. 从零开始学 Python 网络爬虫[M]. 北京：机械工业出版社，2017.

[6] 齐文光. Python 网络爬虫实例教程[M]. 北京：人民邮电出版社，2018.

[7] 谢乾坤. Python 爬虫开发——从入门到实战[M]. 北京：人民邮电出版社，2018.

[8] 夏敏捷. 校园网 Web 搜索引擎的设计与实现[J]. 中原工学院学报，2011(8)，27-30.

图书资源支持

感谢您一直以来对清华版图书的支持和爱护。为了配合本书的使用，本书提供配套的资源，有需求的读者请扫描下方的“书圈”微信公众号二维码，在图书专区下载，也可以拨打电话或发送电子邮件咨询。

如果您在使用本书的过程中遇到了什么问题，或者有相关图书出版计划，也请您发邮件告诉我们，以便我们更好地为您服务。

我们的联系方式：

地　　址：北京市海淀区双清路学研大厦 A 座 714

邮　　编：100084

电　　话：010-83470236　010-83470237

客服邮箱：2301891038@qq.com

QQ：2301891038（请写明您的单位和姓名）

资源下载：关注公众号“书圈”下载配套资源。

书圈

获取最新书目

观看课程直播